教育部世行贷款 21 世纪初高等教育教学改革项目研究成果
高 等 学 校 教 材

基 础 化 学 实 验

高丽华　主编

化 学 工 业 出 版 社
教 材 出 版 中 心
·北 京·

图书在版编目(CIP)数据

基础化学实验/高丽华主编. —北京:化学工业出版
社,2004.7(2025.9重印)
教育部世行贷款21世纪初高等教育教学改革项目研
究成果　高等学校教材
ISBN 978-7-5025-5764-5

Ⅰ.基…　Ⅱ.高…　Ⅲ.化学实验-高等学校-教材
Ⅳ.O6-3

中国版本图书馆CIP数据核字(2004)第061187号

责任编辑：宋林青　唐旭华　　　　　　　　　　文字编辑：李　玥
责任校对：蒋　宇　　　　　　　　　　　　　　装帧设计：蒋艳君

出版发行：化学工业出版社（北京市东城区青年湖南街13号　邮政编码100011）
印　　装：涿州市般润文化传播有限公司
787mm×1092mm　1/16　印张14¾　字数357千字　2025年9月北京第1版第6次印刷

购书咨询：010-64518888　　　　　　　　售后服务：010-64518899
网　　址：http://www.cip.com.cn
凡购买本书，如有缺损质量问题，本社销售中心负责调换。

定　　价：32.00元

前　言

　　基础化学泛指无机化学、分析化学、有机化学和物理化学，人们习惯称之为"四大化学"。"四大化学"相应的实验历来是彼此独立的，由于需要自成体系，每一门课程的实验教材篇幅都比较大，而实际的有效利用率并不高，且其间有些不必要的重复。社会的进步对高等工科院校的化学教育提出了许多挑战性的问题，如课程体系、教学内容、学时安排等。自1997年以来，我们对四大化学实验如何适应教学改革发展的要求做了较为深入的探讨，从实验教学的课程框架上，在保证原四大化学实验基本教学要求的基础上，考虑到课程的系统性、科学性和完整性，改变了四大化学实验"各自为政"的传统模式，以化学一级学科为平台，对实验内容进行了精简和重组，将它们组合成一门课程，即"基础化学实验"。几年来的教学实践证明这种安排是实用、合理的，也的确收到了较好的教学效果，本书是我们教研室实验教学实践经验的总结，是国家级教改项目（世行贷款）"21世纪初一般院校工科人才培养模式改革的研究与实践"的研究成果之一。

　　科学素质的培养是教育的根本任务，因此，本书的编写注重"强调基础，突出提高"。为了加强学生的基本技能训练，使他们练好基本功，本书专门安排了基本操作实验的内容。同时，为了使学生实现由学习知识技能向进行科学研究的过渡，使他们初步掌握一套进行研究工作的方法，具备一定的科研能力，进一步培养创新能力，本书在系统地完成了四大化学基本实验的基础上，以较大篇幅设置了综合、设计性实验。这部分实验更注意与实际应用相结合，更主要的是力求反映近年来化学学科新技术的发展趋势。另外，与科技发展相适应，在仪器更新速度不断加快的情况下，本书尽量采用较新型号的仪器为参考。

　　本书由高丽华主编，参加编写工作的有李建宇（第一部分1～3及4.1～4.6，其中3.3由周威执笔），杜海燕和刘效兰（第一部分4.7～4.11及实验4、实验5、实验39～47），李政一（实验2、实验3、实验13～28、实验58及实验65），孙宇梅（实验29～36、实验56及第三部分），张颂培（实验6、实验11、实验12、实验37、实验38及实验48～55），高丽华（第一部分4.12、实验1、实验7～10及综合性实验和设计性实验部分）。全书由高丽华、李建宇和孙宇梅统稿，高丽华主审。在编写过程中，祝钧阅读了书稿并提出了宝贵意见；李倩、吴爱萍和孙玉娥帮助收集和整理了资料。

　　本书的编写得到了学校教务处的支持和帮助，在此表示衷心的感谢。

　　由于编者水平有限，本书可能存在错误和不当之处，希望广大师生提出宝贵意见和建议。

编　者

2004年5月于北京

目　录

第一部分　基本知识和基本操作

第二部分　实　　验

第三部分　附　　录

第一部分　基本知识
和基本操作

1 基础化学实验的基本常识

1.1 基础化学实验教学的目的、任务和要求

1.1.1 基础化学实验教学的目的和任务

化学是一门实验科学，许多化学理论和规律都是从实验中总结出来的；而任何理论的检验、评价乃至应用，又都是以实验为依据的。实验是培养学生动手能力的重要手段，实验教学的功能不是课堂教学所能替代的，因此，基础化学实验与课堂讲授的理论部分一样，是学生掌握知识、培养能力、孕育创新精神必不可少的教学环节。通过实验教学，学生可以掌握从事科学实验的基本技能和方法，学会运用实验的方法验证和探索化学变化的规律。因此，基础化学实验教学的目的和任务如下。

① 通过观察实验事实，完成从感性认识向理性认识的过渡，加深对课堂讲授的基本理论和基本知识的理解；

② 通过对实验现象的分析和解释，增强运用所学理论解决实验问题的能力，进而掌握科学的逻辑思维方法；

③ 对学生进行科学实验方法的基本训练，使学生能正确掌握化学实验的基本操作、基本技能技巧以及正确使用基本实验仪器，培养学生独立工作的能力。使学生既具备坚实的实验基础，又具有初步的研究能力，实现由学习知识技能向进行科学研究的初步转变，使他们初步掌握一套进行研究工作的方法，为今后的工作奠定良好的基础。

④ 在实验中逐步培养学生严谨的科学态度、严肃的工作作风和良好的实验工作习惯，从而使学生具备基本的科研素质。

1.1.2 基础化学实验教学的基本要求

实验是人们运用或探求知识的一种实践活动，它不同于听课或看书，有它自己的特点和规律，有一定的工作程序。尽管基础化学实验对学生的训练和培养是初步的，但学生却能经历一个个实验工作的全过程。要圆满完成一个实验，需要周密的计划和妥善的安排，因此，要求学生必须了解实验工作的基本程序：首先明确实验的要求；其次做好一切准备工作；三是进行实验，观察和记录实验现象和所得的结果；四是清理实验中所使用的仪器和药品，使实验室一切恢复备用状态；最后整理、分析实验结果，得出结论。

学生在完成每项实验时，既要动脑又要动手，以培养分析、综合的思维能力和较强的动手能力。不仅要搞清、弄懂实验原理，能正确表示实验结果及处理有关数据；而且要在操作上进行严格训练，即使是一个很简单的操作，也要一丝不苟地进行练习。

要以严谨的科学态度和严肃的工作作风对待实验工作的每一个环节，包括对实验原理的理解、实验方法的比较、实验条件的选择、实验技能的训练、实验现象的观察和记录、实验数据的处理、文献资料的查阅、实验结果的分析讨论和实验报告的书写等。要严格要求自己，应该看到实验对自己的锻炼和培养是多方面的。例如对实验方法、步骤的理解和掌握，对实验现象的观察和分析，就是在培养自己的思维方式和工作方法；又如保持桌面整洁，仪器存放有序，污物不乱扔，就是在培养自己从事科学实验的良好工作作风和习惯，不能认为这些都是无关紧要的小事，人才就是在平常点滴小事的磨炼中逐渐成长起来的，良好的工作作风和习惯，不仅是做好实验、搞好学习所必需的，而且也反映着一个人的思想修养和素质。

1.1.2.1　学生实验守则

① 课前认真预习，阅读实验教材及教科书中的相关内容，查阅有关资料，以明确实验目的和要求，透彻理解实验原理，了解实验内容、操作步骤及操作过程中应注意的问题，并拟定完整的实验方案，写出预习报告。无预习报告者不得进入实验室。

② 进行实验时必须服从教师的指导，认真操作，仔细观察，准确、如实地记录实验现象和数据。有条不紊地进行实验，不得喧哗、嬉闹。原始数据必须记在记录本上，不得写在纸条上或其他地方，如实地记录原始数据，记录本要编页码，不准撕页，不得涂改。注意理论联系实际，运用已学的知识分析实验中的各种现象，解决实验中遇到的问题。

③ 按时、认真地完成实验报告。按统一格式书写，要求整齐、清洁，字迹端正，图表清晰，叙述有条理。报告中的现象和数据要实事求是，严禁弄虚作假凑数据。实验报告不符合要求者，必须重作。一份好的实验报告，应该是既有所观察到的实验现象，又有说明和解释；既有实验数据，又有分析和结论；既有成败的经验教训，又有对实践的体会，甚至还有改进的建议。

④ 遵守实验室的规章制度，养成良好的实验室工作习惯。对公用和个人的仪器从摆放到使用要求规范化；污物、废纸、火柴梗等杂物及时放入垃圾箱，废液及时倒入废液缸。

⑤ 爱护仪器设备，使用精密仪器时必须按规程细心谨慎地进行操作。不了解仪器的使用方法时不得乱试，以免损坏仪器。如仪器发生故障，应立即停止使用，并报告指导教师予以排除，不得擅自拆卸仪器。损坏仪器及时报损、补领，不得乱拿、乱用他人的仪器。要养成节约水、电、试剂的习惯。

⑥ 执行实验室的安全规定，在实验中使用易燃、易爆、有毒物品以及接触带电设备时，要注意防护，严格按照规定操作。未经实验室负责人员批准，严禁将实验室的一切物品携出室外。严禁在实验室中饮食。

⑦ 实验完毕，应请指导教师检查数据。清洗仪器，将仪器、药品及器具归还原处，实验台整理干净，并检查水、电是否关好。应安排轮流值日，以保持实验室整洁。

1.1.2.2　实验报告的基本格式

实验报告的具体格式因实验的类型而异，下面列出不同类型的实验报告的示例以供参考。

合成实验报告

实验名称：

学院（系）：　　　　专业：　　　　年级：　　　　班级：

学号：　　　　姓名：　　　　实验日期：

一、实验目的

　　略写。

二、反应原理

　　略写。

三、实验步骤及现象记录

　　不要抄书上的文字，实验步骤可用"框图"表示，每一个操作可作为一个"框图"，画出仪器装置图。

四、实验结果

　　产物的颜色状态：

　　理论产量计算：

　　产量＝　　　　；

　　产率＝　　　　。

五、问题与讨论

性质实验报告

实验名称：

学院（系）：　　　　专业：　　　　年级：　　　　班级：

学号：　　　　姓名：　　　　实验日期：

一、实验目的

　　略写。

二、实验内容（以表格形式填写）

实验步骤	实验现象	解释及反应方程式
1. $0.1mol \cdot L^{-1} HCl(2mL)＋甲基橙摇匀 \rightarrow$ 2.	溶液呈红色	$HCl \longrightarrow H^+ + Cl^-$

三、问题与讨论

测定实验报告

实验名称：

学院（系）：　　　　专业：　　　　年级：　　　　班级：

学号：　　　　姓名：　　　　实验日期：

一、实验目的

　　略写。

二、实验原理

　　略写。

三、实验步骤

　　不要抄书上的文字，实验步骤可用一流程图来表示，达到根据此流程图即可进行实验的目的。

四、数据记录与结果处理

　　可将实验中测定的数据与所需计算的结果总结在一个表格中。

五、问题与讨论

1.2 实验室工作知识

了解实验室工作知识，是保持良好实验环境和正常工作秩序、防止意外事故、圆满完成实验的重要前提和保证。

1.2.1 实验室安全规则

① 禁止用火焰检查可燃性气体（如煤气、氢气、乙炔等）泄漏的部位，应该用肥皂水来检查管道、阀门是否漏气。

② 一切涉及易挥发和易燃物质的实验，都必须在远离火源的地方进行，并尽可能在通风橱中进行。操作、倾倒易燃液体时，要远离火源。严禁用火焰或电炉直接加热易燃液体。

③ 蒸馏可燃液体时，操作人员不可离开，应随时注意仪器和冷凝管的运行情况。需要向蒸馏容器中补充液体时，应先停止加热，冷却后再进行。

④ 使用酒精灯时，酒精切勿装满，应不超过容积的 2/3。燃着的酒精灯应用灯帽盖灭，不可用嘴吹。

⑤ 加热时不要将试管口指向自己或别人；不要俯视正在加热的液体，以免溅出的液体将人烫伤；加热含有强氧化剂的溶液，不要蒸干或引进有机物，以防发生爆炸；如需嗅试剂的气味时，使瓶口远离鼻子，用手在试剂瓶上方扇动，使空气流向自己而闻出气味，不可将鼻子直接对着瓶口。

⑥ 一切涉及有毒、有刺激性、有恶臭物质的实验，必须在通风橱中进行。

⑦ 有毒药品，如重铬酸钾、铅盐、含砷、汞化合物，尤其是氰化物等剧毒化学品，绝对不得倒入下水道，应集中收集，并贴注标签，统一处理。

⑧ 实验室内严禁饮水、进食、吸烟。做完实验，应把手洗干净才能离开实验室。

1.2.2 实验室意外事故的处理方法

(1) 火灾

一旦发生着火，不可惊惶失措，必须临危不惧，冷静沉着地采取以下处理措施。

① 扑灭火源，如果是酒精、苯或醚等有机溶剂着火，应立即用湿布或沙土扑灭；若火势较大，可使用 CCl_4 灭火器或 CO_2 灭火器。与水发生剧烈反应的化学药品（如金属钠）或比水轻的有机溶剂着火，着火面积不大可用沙土扑灭，火势较大可用 CO_2 灭火器，千万不可用水去扑救。如果电器设备着火，必须使用 CCl_4 灭火器，绝对不可用水和泡沫灭火器。衣服着火时，应立即用湿布或石棉布压灭火焰；若着火面积较大，可躺在地上打滚，千万不要慌张乱跑。

② 防止火势蔓延，立即转移一切可燃物，切断电源，关闭煤气阀门，停止通风。如果火势较大，立即报告有关部门，请求救援。

(2) 烫伤

较轻的烫伤或烧伤，可用 90%～95% 酒精轻拭伤处，或用稀高锰酸钾溶液擦洗伤处，然后涂以凡士林或烫伤油膏。如果伤势较重，注意不要将水泡碰破，避免感染，用消毒纱布小心包扎，及时送医院治疗。

(3) 割伤

用药棉揩净伤口，若伤口较脏，可用 3% 双氧水擦洗或用碘酒涂于伤口四周。处理后用红药水涂于伤处，再用纱布包扎。但要注意：红药水不可与碘酒同时使用。若创伤较大，出血较多，须在伤处上方扎止血带，用纱布盖住伤口，立即送医院治疗。

（4）化学灼伤

先立即用大量水冲洗，再用相应的消除该化学药品的物质处理，洗净伤处，然后送医院治疗。酸、碱灼伤可用如下方法处理。

① 强酸灼伤。立即用大量水冲洗，然后擦上碳酸氢钠油膏或凡士林。若酸溅入眼中，先用大量水冲洗，再用饱和碳酸氢钠溶液或氨水冲洗，最后用水清洗。

② 浓碱灼伤。立即用大量水冲洗，然后用柠檬酸或硼酸饱和溶液冲洗，再擦上凡士林。若碱溅入眼中，用硼酸溶液冲洗，再用水清洗。

（5）吸入刺激性气体

可吸入少量酒精和乙醚混合蒸气，然后到室外呼吸新鲜空气。

（6）毒物进入口内

将 5～10mL 稀硫酸铜溶液（1%～5%）加入一杯温水中内服，再用手指伸入喉部，刺激促使呕吐，然后送医院治疗。

1.2.3 有关化学试剂的初步知识

化学试剂是实验中不可缺少的物质，初步了解试剂的性质、分类、等级及使用、保管常识是非常必要的。

1.2.3.1 常用化学试剂的规格

按纯度和杂质含量，国内一般将生产的化学试剂分为以下 4 种级别，见表 1-1。

表 1-1 化学试剂的分级

级别	习惯等级	代号	标签颜色	适 用 范 围
一级	保证试剂、优级纯	G. R.	绿	作为基准物，主要用于精密的科研和分析鉴定
二级	分析试剂、分析纯	A. R.	红	用于一般的科研和分析鉴定
三级	化学试剂、化学纯	C. P.	蓝	用于工业分析和要求较高的无机或有机实验
四级	实验试剂	L. R.	黄或其他颜色	用于普通的实验，或用于要求较高的工业生产

除上述四种级别的试剂外，还有适合某一方面需要的特殊规格试剂，如色谱试剂、指示剂、生化试剂和超纯试剂等。

各种级别的试剂及工业品因纯度的不同，价格差别很大，所以使用时，在满足实验要求的前提下，应根据节约的原则，选用适当规格的试剂。

1.2.3.2 保管常用试剂的一般常识

保管化学试剂，要注意防火、防水、防挥发、防曝光和防变质。应根据试剂的易燃性、腐蚀性、潮解性和毒性等不同特点，采取不同的方式保存。危险性试剂必须严格管理和控制，应分类隔开存放，不可混放。一般来说，无机试剂要与有机试剂分开存放。

以下根据不同试剂的特点简要说明其保存知识。

① $KMnO_4$、$K_2Cr_2O_7$、$KClO_3$、硝酸盐和过氧化物等强氧化剂，应存放于阴凉通风处，不可与还原性物质或可燃物一起存放，避免受热、受撞击。

② Li、Na、K、锌粉和电石可与水发生剧烈反应，产生可燃性气体。Li 须以石蜡密封，Na、K 须保存于煤油中，锌粉和电石应置于干燥处。

③ 有机溶剂等易燃液体试剂，应保存在阴凉通风处，注意单独存放，远离火源。

④ 铝粉、镁粉、硫磺和红磷等易燃固体试剂应存放于通风干燥处，注意单独存放。白磷须保存在水中，且置于阴凉避光的地方。

⑤ 剧毒药品如氰化物、含砷化合物、汞盐以及汞等，应由专人负责，锁于铁柜中。其他有毒试剂，如钡盐、铅盐、锑盐等，也应妥善保管。

⑥ 见光易分解或变质的试剂 $KMnO_4$、亚硝酸盐、$AgNO_3$ 等，应以棕色瓶盛放，避光保存。但对于见光易分解的过氧化氢，则不能存放在棕色瓶中，而应存放在不透明的塑料瓶中，以免棕色玻璃中重金属成分催化过氧化氢的分解。

⑦ 固体试剂一般存放在易于取用的广口瓶中，液体试剂则存放在细口瓶中。盛强碱性试剂的细口瓶应配用橡皮塞。试剂瓶应贴上标签，注明试剂名称、纯度、浓度和配制日期。标签外面贴透明胶带保护。

1.2.4　实验室废液的处理

实验室的废液不能直接排入下水道，应根据污物的性质分别收集处理。以下介绍几种不同废液的处理方法。

① 废酸液应先收集于陶瓷缸或塑料桶中，然后以过量的 Na_2CO_3 或 $Ca(OH)_2$ 溶液中和，或以废碱中和，中和后用大量水冲稀排放。

② 氢氧化钠、氨水用稀废酸中和后，用大量水冲稀排放。

③ 将含氰废液倒入废酸缸是极其危险的，氰化物遇酸产生剧毒的 HCN 气体，瞬时可使人丧命。少量含氰化物废液可用 NaOH 溶液将 pH 调至 10 以上，再加入过量的 3‰ $KMnO_4$ 溶液使其氧化分解；当含氰废液的量较大时，可加入过量的 $Ca(ClO)_2$ 和 NaOH 溶液进行破坏。另外，氰化物在碱性介质中与亚铁盐作用可生成亚铁氰酸盐而被破坏。

④ 含汞、砷、锑、铋等离子的废液应先将溶液的酸度控制为 0.3‰ 的 H^+ 浓度，再使其形成硫化物沉淀，作为废渣处理。

⑤ 有机溶剂如果废液量较大，有回收价值的溶剂应经蒸馏回收使用。无回收价值的少量废液可用水稀释排放；若废液量较大，可用焚烧法处理；不易燃烧的有机溶剂，可用易燃溶剂稀释后再焚烧。

⑥ 处理少量废液最简单的方法是用大量水稀释后排放。根据污物排放最高允许浓度以及废物的量，估算应用水稀释的倍数，以免稀释度不够使污物排放超标，或过量稀释造成水的浪费。

8

2 实验中的数据表达与处理

完成一个实验，一方面需要分析研究实验方案，选择适当的测量方法；另一方面还必须将所得数据加以整理归纳，以寻求被研究的变量间的关系和相应的规律。然而，无论是测量工作，还是数据处理，都必须建立正确的误差概念。应该说，科学工作者正确表达实验结果的能力与其能准确进行实验工作的本领是同等重要的。

2.1 误差的概念

在实验测量中，无论如何仔细，误差总是客观存在的。即使是选择最准确的实验方法、使用最精密的仪器设备、由技术熟练的人员进行操作，同一个实验的一系列多次重复测量，其结果也不会完全相同，测量结果与真实值之间或多或少会有一些差距，这些差距就是误差。不难看出，误差是测量过程中的必然产物。因此，化学工作者应能够借助数理统计与概率论的基本理论和方法，分析各个测量环节中可能产生的误差及其规律，得出尽可能接近客观真实值的结果。

2.1.1 误差的种类和起因

根据误差产生的原因和性质，可将误差分为系统误差和偶然误差两大类。

2.1.1.1 系统误差

系统误差又称可测误差，是由实验过程中某种固定原因（例如仪器的准确程度、测量方法和试剂纯度等）造成的。当与在不同仪器上或用不同方法得到的另一组结果进行比较时，这种误差就能显示出来。系统误差在同一条件下重复测定时会重复出现，它对测量结果的影响具有单向性，总是偏向某一方，或是偏大，或是偏小，即正负、大小都有一定的规律性。其主要来源如下。

（1）仪器误差

由于仪器本身不够精密引起的误差。例如，分析天平的量臂不等，砝码数值不准确所引起的误差；移液管、滴定管的刻度未经校正而引起的体积读数误差；分光光度计波长不准确引起的误差等。

（2）试剂误差

试剂不纯所导致的误差。

（3）方法误差

实验方法本身不够完善所造成的误差。例如，滴定分析中，反应进行不完全、指示剂终点与化学计量点不符以及发生副反应等，都会造成实验结果的偏高或偏低。

9

（4）操作误差

测定者的个人习惯和特点所引起的误差，例如记录某一信号的时间总是滞后，读取仪表时头总是偏向一方，判定终点颜色的敏感性因人而异等。

从系统误差的来源可以看出，它重复地以固定形式出现，不可能通过增加平行测定次数加以消除。科学的校正方法是通过做对照实验、空白实验，对实验仪器进行校准，改进实验方法，制定标准操作规程，使用纯度高的试剂等措施，能够对这类误差进行校正。

2.1.1.2 偶然误差

即使已对系统做了校正，但在同等条件下、以同样的仔细程度对某一个量进行重复测量时，仍会发现测量值之间存在微小差异，这种差异的产生没有一定的原因，差异的正负和大小也不确定。这种由某些难以控制、无法避免的偶然因素造成的误差称为偶然误差，又称随机误差。如电压的突然变化等因素，会影响仪器读数的准确性；估计仪器最小分度时偏大或偏小；控制滴定终点的指示剂颜色稍有深浅等。

偶然误差在实验中是不可避免的，但是它完全遵循统计规律，当测定次数很多时，符合正态分布。因此，为了减少偶然误差，应该重复多次进行平行实验而取平均值。在消除了系统误差的条件下，多次测量结果的平均值可能更接近于真实值。

在系统误差和偶然误差之间难以划分绝对的界限，它们有时很难区别，例如滴定时对滴定终点的观察、对颜色深浅的判断，有系统误差，也有偶然误差。

除了系统误差和偶然误差外，还有一种误差称之为疏失误差，也称过失误差，是由于测量过程中操作人员粗心大意或违反操作规程所造成的误差。例如，读错或记错数据、计算错误、试剂溅失或加错试剂等不应该出现的原因引起的误差。应当明确，疏失误差并非偶然误差，在实验中如果发现了疏失误差，应及时纠正或将所得数据舍弃。

系统误差和疏失误差是可以避免的，而偶然误差则不可避免，因此最好的实验结果应该是只含偶然误差。

2.1.2 准确度和精密度

准确度是指测得值与真实值的吻合程度，准确度的高低，通常以误差的大小来衡量，误差越小，准确度越高，反之亦然。

精密度是指在相同条件下测量结果相互之间的吻合程度，精密度常用偏差表示，偏差越小，则表明精密度越好，说明测定的重现性好。精密度由测量结果的重复性和测得数值的有效数字位数来体现，重复性越好，有效数字的位数越多，则说明测量进行得越精密。

评价实验结果的优劣，必须从准确度和精密度两个方面来考虑。一般情况下，真实值是未知的，常常用多次测量的算术平均值来代替。若测量值与平均值相差不大，则是一个精密的测量；一个精密的测量不一定是准确的测量，而一个准确的测量必然是精密的测量。精密度是保证准确度的先决条件，只有精密度高，才能得到高的准确度；如果精密度低，测得的结果不可靠，衡量准确度就失去了意义。但是，高的精密度不一定能保证高的准确度，有时还必须进行系统误差的校正，才可能得到高的准确度。

2.1.3 误差与偏差

2.1.3.1 绝对误差与相对误差

误差有两种表示方法：绝对误差与相对误差。

$$绝对误差＝测量值－真实值$$

$$相对误差＝（绝对误差/真实值）×100\%$$

绝对误差与被测量的单位相同，相对误差是无因次的。绝对误差的大小与被测量的大小无关，而相对误差的大小与被测量的大小及绝对误差的数值都有关系。不同被测量的相对误差可以相互比较。因此，无论是比较各种测量的精度，还是评定测量结果的质量，采用相对误差都更为合理。

例如，用千分之一的分析天平称得某一样品的质量为 10.005g，该样品的真实值是 10.006g；又称得另一样品的质量为 0.101g，它的真实值是 0.102g。两个测量的绝对误差相同，均为

$$10.005g－10.006g＝－0.001g$$

$$0.101g－0.102g＝－0.001g$$

但它们的相对误差却不同，分别为

$$（－0.001/10.006）×100\%＝－0.01\%$$

$$（－0.001/0.102）×100\%＝－1\%$$

用相对误差能更清楚地比较出两个测量结果的准确度。在相同绝对误差的情况下，被称量物体的质量较大者，相对误差较小，称量的准确度较高。

2.1.3.2　绝对偏差与相对偏差

误差是测量值与真实值的比较，但一般来说真实值不易获得，往往用多次测量的平均值来代替，测量值与平均值之差称为偏差。偏差有绝对偏差和相对偏差之分，其定义如下：

$$绝对偏差＝测量值－平均值$$

$$相对误差＝（绝对偏差/平均值）×100\%$$

绝对偏差是指单次测定值与平均值的差值；相对偏差则是指绝对偏差在平均偏差中占的百分比。

绝对偏差和相对偏差只能说明单次测定结果对平均值的偏离程度，为了说明测定的精密度，常用平均偏差来表示。平均偏差是先将单次测量的绝对偏差的绝对值求和，然后除以测定次数。例如，某滴定分析进行了 5 次重复测量，其结果分别为 15.26mL、15.28mL、15.20mL、15.27mL 和 15.23mL，则平均值为

$$\frac{（15.26＋15.28＋15.20＋15.27＋15.23）mL}{5}＝15.25mL$$

每次测量值的绝对偏差为

$$（15.26－15.25）mL＝0.01mL$$

$$（15.28－15.25）mL＝0.03mL$$

$$（15.20－15.25）mL＝－0.05mL$$

$$（15.27－15.25）mL＝0.02mL$$

$$（15.23－15.25）mL＝－0.02mL$$

$$平均偏差＝\frac{|0.01|＋|0.03|＋|-0.05|＋|0.02|＋|-0.02|}{5}mL＝0.026mL$$

测定结果可记录为 (15.25±0.026)mL，"±"表示 15.25 这个数值可能会大些，也可能会小些。

2.2 实验结果的数据处理

为了得到准确的实验结果，不但要准确地进行测量，还要正确地进行记录和计算。在记录和表达数据结果时，不仅要表示数量的大小，而且要反映测量的精确程度。

2.2.1 有效数字及其运算规则

有效数字是指实际上能测量到的数字，通常包括全部准确数字和一位不确定的可疑数字。记录数据的有效数字应体现出实验所用仪器和实验方法所能达到的精确程度。任何测量的精确程度都是有限的，只能以一定的近似值来表示。测量结果数值计算的准确度不应超过测量的准确度，如果任意地将近似值保留过多的位数，反而会歪曲测量结果的真实性。下面就实验数据的记录及运算规则作简略介绍。

① 当记录一个量的数值时，只需写出它的有效数字，并尽可能包括测量误差。若未标明误差值，可假定其为这一位数的±1个单位或±0.5个单位。例如，使用 $1/10℃$ 刻度的温度计测量某系统的温度时，读数为 $20.68℃$，前三位可由温度计的刻度准确读取，最后一位 8 是估读的，有人可能估读为 7 或 9，则最后一位数字为存疑数字。前面的准确数字连同末位的存疑数字，统称为有效数字，最后一位数的误差值假定为±1。

在确定有效数字时，须注意"0"这个符号，要作具体分析。紧接小数点后的"0"仅起定位作用，不算有效数字，例如，0.00013 中小数点后的 3 个"0"都不是有效数字，只有"13"是有效数字；而 0.130 中"13"后的"0"是有效数字；至于 2500 中的"0"就很难说是不是有效数字；但如写作 $2.500×10^3$，则两个"0"均是有效数字，有效数字为四位；若写成 $2.50×10^3$，则有效数字为三位。

② 舍去多余数字时采用四舍五入法。

③ 当数值的首位大于或等于 8，其有效数字应多算一位。如 9.28 表面上看是三位有效数字，在运算时可看成四位有效数字。

④ 进行加减运算时，保留各小数点后的数字位数与最少者相同。例如

$$
\begin{array}{r}
0.254 \\
21.2 \\
+\ 1.23 \\
\end{array}
\quad\xrightarrow{\text{以 21.2 为基准进行修约}}\quad
\begin{array}{r}
0.3 \\
21.2 \\
+\ 1.2 \\
\hline
22.7 \\
\end{array}
$$

⑤ 在乘除法运算中保留各数值的有效位数不大于其中的有效数字位数最低者。例如，$1.578×0.0182/81$，其中 81 的有效数字位数最低，但由于首位是 8，故可看成三位有效数字，其余各数都保留三位，则为：$1.578×0.0182/81=3.55×10^{-4}$，最后结果也保留三位有效数字。

⑥ 对于复杂的计算，应先加减，后乘除。在运算未达到最后结果之前的中间各步，可多保留一位，以免多次四舍五入造成误差积累，对结果带来较大影响，但最后结果仍保留应有的位数。

⑦ 在对数运算中所取对数位数（对数首数除外）应与真数的有效数字位数相同。如 pH、pK 等，其有效数字的位数仅取决于小数部分的位数，其整数部分只说明原数值的方次。例如，pH$=2.49$，表示 H^+ 浓度为 $3.2×10^{-3}mol/L$，是两位有效数字。

⑧ 在整理最后结果时，须按测量结果的误差进行化整，表示误差的有效数字最多用两位，而当误差的第一位是 8 或 9 时，只需保留一位数。测量值的末位数应与误差的末位数对应。例如：

测量结果为

$$x_1 = 1001.77 \pm 0.033$$
$$x_2 = 237.464 \pm 0.127$$
$$x_3 = 123357 \pm 878$$

化整结果为

$$x_1 = 1001.77 \pm 0.03$$
$$x_2 = 237.464 \pm 0.13$$
$$x_3 = (1.234 \pm 0.009) \times 10^5$$

⑨ 简单的计数、分数或倍数，属于准确数或自然数，其位数是无限的；计算式中的常数和一些取自手册的常数，可根据需要取有效数字。

⑩ 计算平均值时，如参加平均的数值在 4 个以上，则平均值的有效数字可多取一位。

2.2.2 实验结果的表达

从实验得到的数据中包含了许多信息。对这些数据用科学的方法进行归纳与整理，提取出有用的信息，发现事物的内在规律，是化学实验的主要目的。通常情况下，常用列表法和作图法表达实验结果。

2.2.2.1 列表法

实验结束后，将实验数据按自变量、因变量的关系，一一对应地列出，这种表达方式称为列表法。列表法简单易行、直观，便于处理和运算，不引入处理误差。

列表时应注意以下几点。

① 完整的数据表应包括表的序号、名称、项目、说明及数据来源。

② 原始数据表格，应记录包括重复测量结果的每个数据，表内或表外适当位置注明如室温、大气压、日期、仪器方法等条件。

③ 将表分为若干行，每一变量占一行，每行中的数据应尽量化为最简单的形式，一般为纯数，根据"物理量＝数值×单位"的关系，将量纲、公共乘方因子放在第一栏名称下，以量的符号除以单位来表示，如 $T/℃$、p/kPa 等。

④ 每一行所记录的数字排列要整齐，有效数字记至第一位可疑数字，小数点对齐。如用指数表示，可将指数放在行名旁，但此时指数上的正负应异号。如测得的 K_a 为 1.75×10^{-5}，则行名可写为 $K_a \times 10^5$。

⑤ 自变量通常选择最简单的，要有规律地递增或递减，最好为等间隔。

2.2.2.2 作图法

作图法可以形象、直观地表示出各个数据连续变化的规律性，能直接反映出自变量和因变量间的变化关系，从图上易于找出所需数据以及周期性变化；并能从图上求出实验的内插值、外推值、曲线某点的切线斜率、截距以及极值点、拐点等。为得到与实验数据偏差最小而又光滑的曲线图形，作图时须注意以下几点。

① 最常用的坐标纸为直角坐标纸。作图时以横坐标表示自变量，纵坐标表示因变量。横、纵坐标不一定从"0"开始，可视实验具体数值范围而定。比例尺的选择非常重要，应

遵循以下几条原则。

　　a. 坐标纸刻度应能表示出全部有效数字，以便从图中得到的精密度与测量的精密度相当。

　　b. 所选定的坐标标度应便于从图上读出任一点的坐标值，通常使用单位坐标格所代表的变量为 1、2、5 的倍数，而不用 3、7、9 的倍数或小数。

　　c. 充分利用坐标纸的全部面积，使全图分布均匀合理。

　　d. 若作直线求斜率，则比例尺的选择应使直线倾角接近 45°，这样斜率测求的误差小。

　　e. 若作曲线求特殊点，则比例尺的选择应使特殊点表现明显。

　　② 选定比例尺后，画上坐标轴，在轴旁说明该轴所代表的变量名称及单位。在纵坐标轴左边和横坐标下面每隔一定距离写出该处变量应有的值，以便作图和读数，但不应将实验值写在坐标轴旁或代表点旁。读数时，横坐标从左向右，纵坐标自下而上。

　　③ 将相当于测量数值的各点绘于图上。在点的周围以圆圈、方块、三角、十叉等不同符号标出，点要有足够的大小，它可以粗略地表明测量误差的范围。在一张图上如有几组不同的测量值时，各组测量值的代表点应采用不同的符号表示，以便区别，并加以说明。

　　④ 做出各点后，用曲线尺做出尽可能接近于实验点的曲线，曲线应平滑均匀，细而清晰。曲线不必通过所有的点，但各点应在曲线两旁均匀分布，点和曲线间的距离表示测量的误差。

　　⑤ 每个图应有简单的标题，横、纵坐标轴所代表的变量名称及单位，作图所依据的条件说明等。

　　⑥ 目前，随着电脑的普及，各种软件均有作图的功能，应尽量使用。但也要遵循上述原则。

3 实验室常用仪器、设备的使用

3.1 常用玻璃仪器及其使用

3.1.1 常用玻璃仪器

常用玻璃仪器见表 3-1。

表 3-1 常用玻璃仪器

仪器名称	主要用途	注意事项
试管 离心试管	1. 少量试剂的反应容器； 2. 收集少量气体； 3. 离心试管用于沉淀的分离	1. 普通试管可直接用火加热，但加热后不可骤冷； 2. 离心试管只能用水浴加热； 3. 反应液体不超过试管容积的 1/2，加热时不超过 1/3； 4. 加热液体时管口不要对人，将试管倾斜 45°，同时不断振荡，火焰上端不能超过试管中液面； 5. 加热固体时管口向下倾斜
烧杯	1. 常温或加热条件下大量物质的反应容器； 2. 配制溶液； 3. 容量较大者可用作水浴	1. 反应液体不得超过烧杯容积的 2/3； 2. 加热时垫石棉网，外壁擦干
蒸发皿	用于蒸发、浓缩液体	不宜骤冷
量出式量筒 量入式量筒 量杯	粗略量取一定体积的液体	1. 不能加热，不可在其中配制溶液； 2. 读数时应直立，读取弯月面最下点刻度

仪器名称	主要用途	注意事项
细口瓶　广口瓶　滴瓶	1. 试剂瓶宜盛放液体试剂，广口瓶宜用于存放固体试剂； 2. 滴瓶用于盛放少量液体试剂或溶液； 3. 棕色瓶用于存放见光易分解的试剂	1. 不能加热； 2. 磨口塞或滴管要原配，不可"张冠李戴"； 3. 盛放碱液时应使用橡皮塞； 4. 带磨口的细口瓶，在不用时要洗净，且在磨口处垫纸条； 5. 滴管吸液不可吸得太满，也不可倒置，以免污染试剂
长颈漏斗　漏斗	1. 长颈漏斗在定量分析中用于过滤沉淀； 2. 短颈漏斗用于一般过滤	不能直接用火加热
布氏漏斗　吸滤瓶	用于减压过滤	1. 滤纸必须与漏斗底部吻合，过滤前须先用滤液将滤纸润湿； 2. 吸滤瓶不可加热
容量瓶	1. 将精密称量的物质配制成准确浓度的溶液； 2. 将准确体积及浓度的浓溶液稀释成准确浓度及体积的稀溶液	1. 不能烘烤，也不能以任何方式加热； 2. 容量瓶与磨口塞要配套使用； 3. 容量瓶是量器，不是容器，不宜长期存放溶液
锥形瓶	1. 加热处理试样； 2. 滴定分析	加热时应置于石棉网上，一般不可烧干
酸式滴定管　碱式滴定管	用于定量分析	1. 不能加热； 2. 活塞要原配； 3. 酸式滴定管用于盛放酸性溶液或氧化性溶液，不宜盛放碱液； 4. 碱式滴定管不能长期存放碱液，不能存放与橡胶作用的溶液

仪器名称	主要用途	注意事项
移液管　吸量管	准确量取各种不同量的溶液	1. 不能加热； 2. 如移液管未标"吹"字,不可用外力使残留在移液管末端的溶液流出
称量瓶	高形用于称量基准物、样品；矮形用于测定水分、烘干基准物	1. 磨口塞要原配； 2. 不可盖紧磨口塞烘烤
普通干燥器　真空干燥器	1. 保持烘干或灼烧后的物质的干燥； 2. 真空干燥器通过抽真空造成负压,可使物质更快更好地干燥	1. 底部放干燥剂,干燥剂不要放得过满,装至下室一半即可； 2. 不可将红热的物质放入,放入热物质后要不时开盖,直至热物质完全冷却
碘量瓶	碘量法或生成挥发性物质的分析	1. 磨口塞要原配； 2. 加热时要打开瓶塞
点滴板	用于定性分析点滴实验	不能加热
表面皿	盖烧杯及漏斗或存放待干燥的固体物质	不可直接加热
坩埚	用于样品高温加热用	1. 依试样的性质选用不同材料的坩埚； 2. 瓷坩埚加热后不能骤冷

仪器名称	主要用途	注意事项
恒压滴液漏斗	1. 用于合成反应的液体加料操作； 2. 也可用于简单的连续萃取操作	上、下磨口按标准磨口配套使用
球形 梨形 筒形 分液漏斗	1. 分离两种不相混溶的液体； 2. 用溶剂从溶液中萃取某种成分； 3. 用溶剂从混合液中提取杂质，达到洗涤的目的	1. 磨口塞要原配，不可加热； 2. 加入全部液体的总体积不得超过漏斗容积的 3/4； 3. 分液时上口塞要接通大气（玻塞上侧槽对准漏斗上端口径上的小孔）
蒸馏头 克氏蒸馏头	1. 蒸馏使用； 2. 克氏蒸馏头作减压蒸馏用	磨口按标准磨口配套使用
温度计套管	用于连接反应器和温度计	磨口按标准磨口配套使用
搅拌器套管	用于连接反应器和搅拌器	磨口按标准磨口配套使用
弯形干燥管	防止空气中的潮气进入反应体系，接于冷凝管上端	磨口按标准磨口配套使用

仪器名称	主要用途	注意事项
梨形烧瓶　圆底烧瓶 三口烧瓶　锥形烧瓶	1. 圆底烧瓶最常用于有机合成和蒸馏(包括减压蒸馏); 2. 梨形烧瓶的用途与圆底相似,其特点是在合成少量有机物时烧瓶中可保持较高液面,蒸馏时残留在烧瓶中的液体少; 3. 三口烧瓶最常用于进行搅拌的实验; 4. 锥形烧瓶常用于重结晶操作	1. 必须按标准磨口配套; 2. 应在石棉网上或加热浴中加热
接引管　二叉接引管	1. 用于引导馏液; 2. 二叉接引管用于减压蒸馏,可收集不同馏分而又不中断蒸馏	磨口按标准磨口配套使用
分水器	接收回流蒸气冷凝液,并将冷凝液中水分从有机物中分出	磨口按标准磨口配套使用
直型冷凝管　球型冷凝管　空气冷凝管	用于冷凝和回流	1. 140℃以下时用空气冷凝管; 2. 回流冷凝管要直立使用; 3. 磨口按标准磨口配套使用
维氏分馏柱	用于分馏分离多组分沸点相近的物质	磨口按标准磨口配套使用

3.1.2 使用标准磨口仪器的注意事项

① 磨口必须保持洁净，尤其是不得沾有固体杂质，否则磨口不能紧密连接；硬质砂粒还会造成磨口的永久性损坏。

② 使用完毕，应立即拆卸、洗净，否则磨口连接处会发生黏结，以致难以拆开。

③ 常压使用时，一般不必在磨口涂润滑脂，以免沾污物料。为防止黏结，也可在磨口靠大端的部位涂敷很少量的润滑脂（凡士林、真空活塞脂或硅脂）。如果要处理盐类或碱性物质，应将磨口的全部表面涂一薄层润滑脂。

减压蒸馏时，磨口仪器必须涂润滑脂（真空活塞脂或硅脂）。涂润滑脂之前，磨口表面一定要干燥。

从内磨口涂有润滑脂的仪器中倾出物料前，须先用脱脂棉或滤纸蘸有机溶剂（如石油醚、乙醚、丙酮等易挥发物质）将磨口表面的润滑脂擦拭干净，以免污染物料。

④ 若磨口发生黏结，采取以下措施可能使磨口松开：

a. 将磨口竖立，向缝隙中滴加几滴甘油；

b. 将黏结的磨口仪器置于水中逐渐煮沸；

c. 用木块轻轻地沿磨口轴线敲击外磨口边缘，振动磨口；

d. 用电吹风或用酒精灯火焰烘烤磨口外部几秒钟，使磨口外部受热膨胀，内部尚未膨胀。

3.1.3 常用玻璃仪器装置

有机化学实验常用的典型玻璃仪器装置主要有以下几种。

3.1.3.1 回流装置

许多有机化学反应往往需用较长的时间并在沸腾的状态下进行，为防止被加热的反应物或溶剂的蒸气逸出，需要使用回流装置。

常用回流装置如图 3-1 和图 3-2 所示。图 3-1 (a) 是最简单的回流装置；图 3-1 (b) 是防潮回流装置，可防止空气中潮气侵入；图 3-1 (c) 所示的回流装置可吸收尾气，用于有害气体生成的情况；图 3-1 (d) 可及时排除所生成的水。图 3-2 为回流滴加装置，为了防止某些放热反应失控，或为控制反应的选择性，需要将某一反应物逐渐缓慢加入反应器中，这时可采用这种带有恒压滴液漏斗的回流装置。

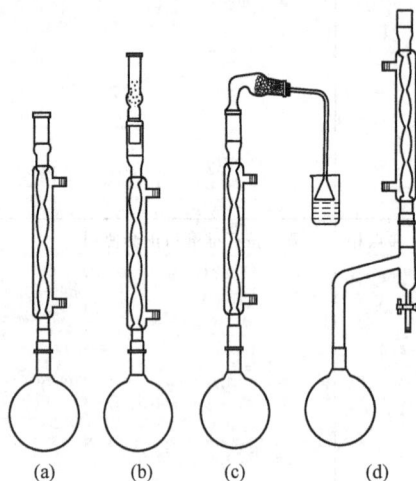

(a)　(b)　(c)　(d)

图 3-1　回流冷凝装置　　　　　　　　图 3-2　回流滴加装置

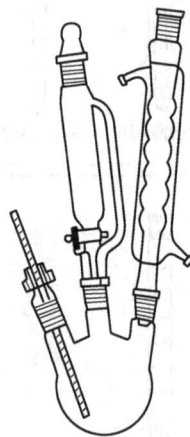

3.1.3.2 机械搅拌回流装置

在进行固体与液体或互不相溶液体的非均相反应时，为了加速反应或避免不必要的副反应发生，需要进行搅拌，图3-3为适合不同需要的机械搅拌装置。

需要根据反应物的性质和多少，选用如图3-4所示的不同搅拌棒。

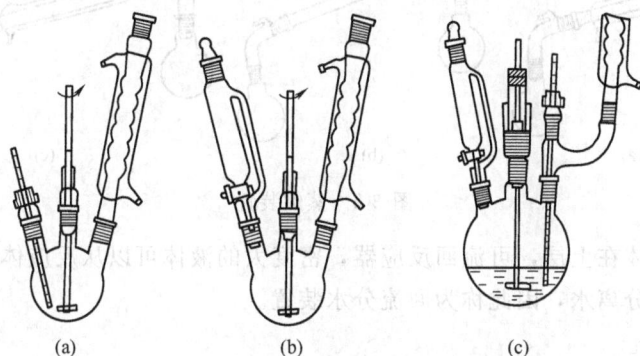

图 3-3 机械搅拌装置

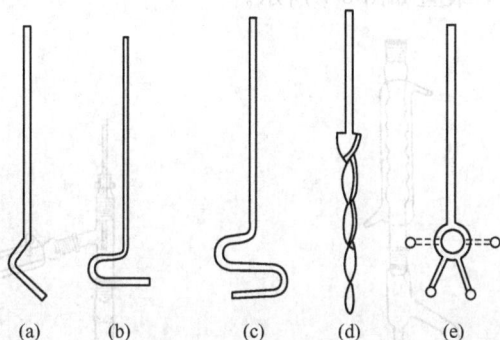

图 3-4 搅拌棒

搅拌棒是由电动搅拌器带动的，搅拌棒可采用简易密封〔见图3-3（a）、图3-3（b）〕和液封〔见图3-3（c）〕两种方法固定。一般的反应都采用前者，它用一根短橡皮管将搅拌棒固定在搅拌棒套管上，为减小搅拌时的摩擦力，可在搅拌棒与橡皮之间滴加少量甘油。如果反应中产生大量气体，为避免气体逸出，则采用液封装置，管中装液体石蜡、甘油或浓硫酸。

反应装置一般使用电加热为宜。如使用电磁搅拌，可以改成平底反应器再放入合适的转子。

3.1.3.3 蒸馏装置

蒸馏是液体有机化合物最常用的分离和纯化方法。蒸馏装置主要包括蒸馏烧瓶、冷凝管和接受器3部分。可根据不同要求采用如图3-5所示的蒸馏装置，其中，图3-5（a）是简单蒸馏装置；图3-5（b）是可控制馏分的蒸馏装置；图3-5（c）是控制馏分并带有尾气吸收的蒸馏装置，用于蒸馏中有低沸点有害气体产生的情况。

3.1.3.4 回流分水装置

为了提高某些可逆反应正向进行的转化率，常常将产物之一不断地从反应混合物体系中除去，可采用如图3-6所示的回流分水装置。回流分水装置与回流装置的不同是，在回流冷凝管的下端连接一个分水器，回流液体经分水器后，可以将密度不同且互不相溶的两种液体

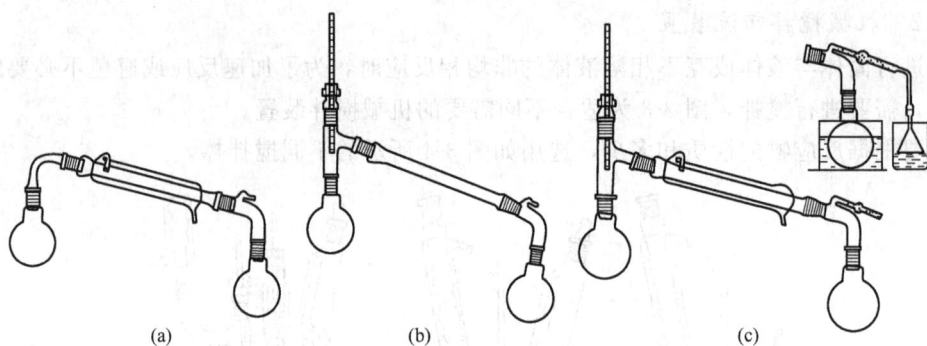

图 3-5 蒸馏装置

分开，密度小的液体在上层，可流回反应器，密度大的液体可以从反应体系中分离出来。大多数情况都是用来分离水，因此称为回流分水装置。

3.1.3.5 分馏装置

分馏装置与普通蒸馏装置的区别在于烧瓶和冷凝管之间增加了一个分馏柱，通过分馏柱将沸点相近的各组分分开，装置如图 3-7 所示。

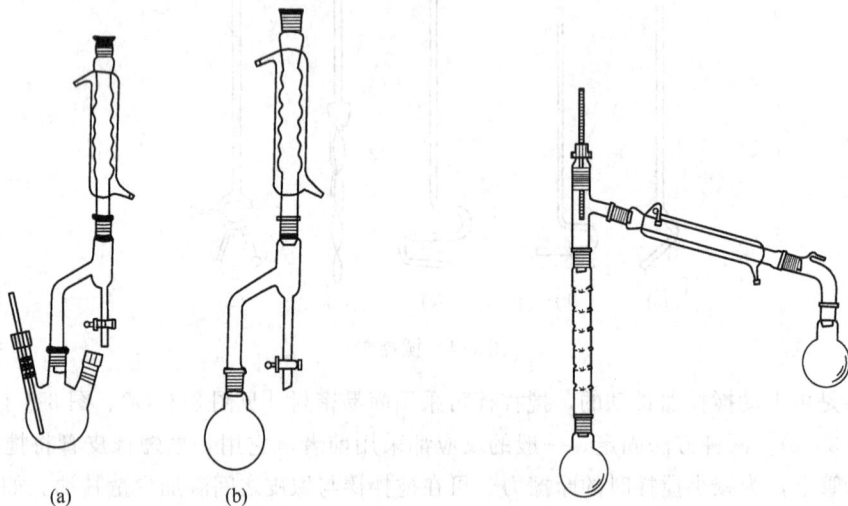

图 3-6 回流分水装置   图 3-7 简单分馏装置

3.1.3.6 减压蒸馏装置

减压蒸馏装置由蒸馏、测压、保护和抽气 4 部分组成，如图 3-8 所示。蒸馏部分由圆底烧瓶、克氏蒸馏头、冷凝管、多头接引管和接受器组成。克氏蒸馏头带有支管一侧的上口插温度计，另一口插一根毛细管（提供沸腾中心和起搅拌作用）。毛细管上端套一带螺旋夹的橡皮管，下端离烧瓶底大约 $1 \sim 2\text{mm}$。整套仪器必须装配紧密，所有接头须润滑并密封，防止漏气，这是保证减压蒸馏顺利进行的先决条件。

测压一般使用水银压力计或压力表，也可使用配有压力表的循环水泵直接测得。

保护系统由安全瓶（缓冲用吸滤瓶）和 $2 \sim 3$ 个分别装有无水氯化钙、氢氧化钠、活性炭等的吸收塔组成，吸收塔通常连接在泵和压力计之间，起保护油泵的作用。

抽气减压使用水泵或机械油泵，油泵的真空度高。

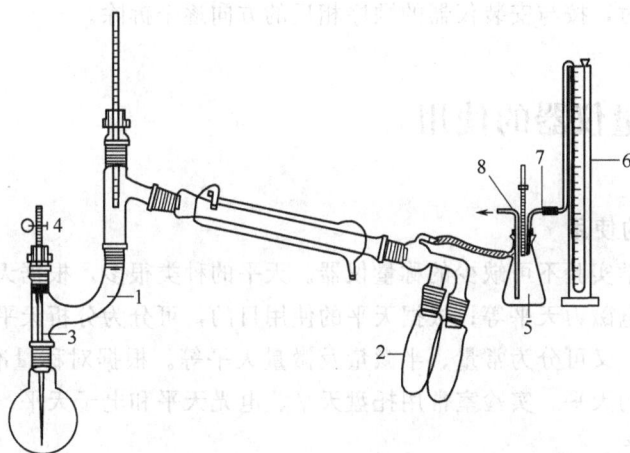

图 3-8 减压蒸馏装置

1—克氏蒸馏头；2—接收器；3—毛细管；4—螺旋夹；5—吸滤瓶；

6—水银压力计；7—二通旋塞；8—导管

3.1.3.7 水蒸气蒸馏装置

如图 3-9 所示，水蒸气蒸馏装置主要由水蒸气发生器和普通蒸馏装置组成，水蒸气导管必须插入烧瓶底部，而且要带有安全阀。

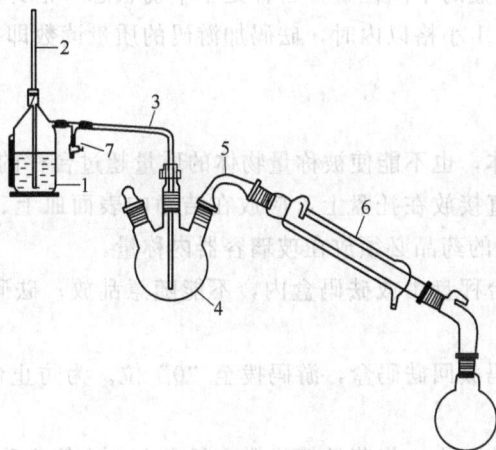

图 3-9 水蒸气蒸馏装置

1—水蒸气发生器；2—安全管；3—水蒸气导管；4—三口烧瓶；

5—馏出液导管；6—冷凝管；7—螺旋夹

3.1.4 玻璃仪器的安装及拆卸

标准磨口仪器是具有标准内磨口和外磨口的玻璃仪器。使用时根据实验的需要选择合适的容器和合适的口径。相同编号的磨口仪器，它们的口径是统一的，连接是紧密的，使用时可以互换，因此组装起来非常方便，可利用少量的仪器组装成多种不同的实验装置。安装各种仪器时，原则是按照从下向上、从左向右的顺序依次装配。应注意保持磨口连接处严密。装配完毕的实验装置应该是：从正面看，反应器、分馏柱与桌面垂直；从侧面看，所有仪器应处在同一平面上，做到横平竖直，同时铁架都应整齐地放在仪器的背部。

拆卸仪器装置时，按与安装仪器的顺序相反的方向逐个拆除。

3.2 基本度量仪器的使用

3.2.1 称量仪器的使用

天平是进行化学实验不可缺少的称量仪器。天平的种类很多，根据天平的平衡原理，可分为杠杆式天平和电磁力天平等；根据天平的使用目的，可分为分析天平和专用天平；根据天平的分度值大小，又可分为常量、半微量及微量天平等。根据对称量准确度的不同要求，需要使用不同类型的天平。实验室常用托盘天平、电光天平和电子天平。

3.2.1.1 托盘天平

托盘天平（又称台秤）一般能称准至 0.1g，适用于粗称样品。

（1）使用方法

① 调整零点，将游码拨到标尺的"0"位，观察指针是否停在刻度盘的中间位置。若不在，可调节托盘下侧的平衡调节螺丝。当指针在刻度盘的中间左右摆动大致相等时，说明台秤处于平衡状态，这时指针能停在刻度盘的中间位置。此中间位置称为零点。

② 称量左盘放被称物，右盘放砝码。砝码用镊子夹取，质量小于 10g 或 5g 时可使用游码标尺。当指针停在刻度盘的中间位置，台秤处于平衡状态，指针所停的位置称为停点。停点与零点两者之间相差在 1 小格以内时，砝码加游码的质量读数即被称物的质量。

（2）注意事项

① 台秤要放平稳。

② 不可称量热的物体，也不能使被称量物体的质量超过台秤的最大称量值。

③ 被称的药品不得直接放在托盘上，应放在洁净的表面皿上、烧杯中或光洁的称量纸上；吸湿性强或有腐蚀性的药品必须放在玻璃容器内称量。

④ 砝码只允许放在台秤盘中或砝码盒内，不能随意乱放；砝码必须用镊子夹取，不得用手拿。

⑤ 称量完毕，将砝码放回砝码盒，游码拨至"0"位。为防止台秤摆动，将托盘叠放在同一侧。

⑥ 保持台秤清洁，若不小心将药品等物撒在托盘上，应停止称量，擦净后方可使用。

3.2.1.2 电光分析天平

电光分析天平通常称为分析天平，能精确称量至 0.0001g，它是基础化学实验最常用的精密仪器之一，主要用于定量分析。根据加码方式的不同，分为半机械加码电光天平（见图 3-10）和全机械加码电光天平（见图 3-11）两种。

（1）构造

① 天平梁有 3 个玛瑙刀等距安装在梁上，梁的两边装有调节横梁平衡位置（即零点粗调）的两个平衡螺丝，梁的中间装有垂直的指针，用以指示平衡位置，支点刀的后上方装有调节天平灵敏度的"重心螺丝"。

② 立柱安装在底板上，柱的上部装有能升降的托梁架，关闭天平时，用它托住天平梁，以减少对刀口的磨损。柱的中部装有空气阻尼器的外筒。

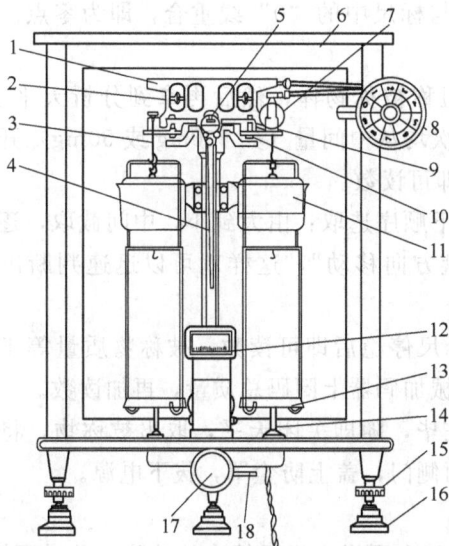

图 3-10 半机械加码电光天平

1—横梁；2—平衡砣；3—吊耳；4—指针；5—支点刀；
6—框罩；7—环形砝码；8—指数盘；9—承重刀；
10—支架；11—阻尼筒；12—投影屏；13—秤盘；
14—盘托；15—螺旋脚；16—天平足；
17—开关旋钮（升降枢）；18—微动调节杆

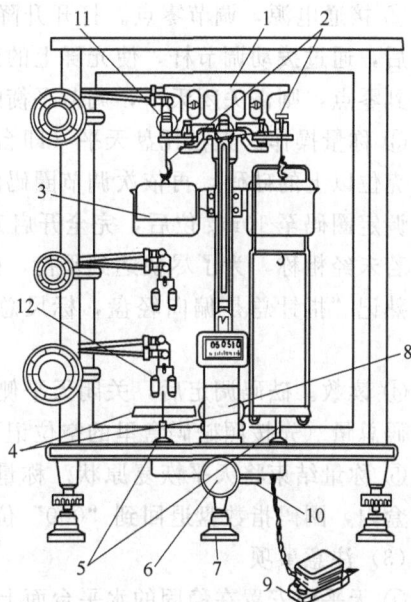

图 3-11 全机械加码电光天平

1—横梁；2—吊耳；3—阻尼筒；4—秤盘；5—盘托；
6—开关旋钮（升降枢）；7—天平足；8—照明器；
9—变压器；10—微动调节杆；
11—环码（毫克组）；12—砝码

③ 悬挂系统在横梁的左右两端各悬挂一个吊耳，它的底板下嵌有光面玛瑙，与力点刀口相接触，使吊钩、秤盘、阻尼器内筒能自由摆动；空气阻尼器内筒套入固定在立柱上的外筒中，两筒间隙均匀，没有摩擦，开启天平后，内筒能自由上下移动，由于筒内空气阻力的作用，使天平横梁很快停摆而达到平衡。两个秤盘挂在吊耳上。

④ 读数系统指针下端装有缩微标尺，缩微标尺上的分度线经放大后，再反射到光屏上。从屏上可看到标尺的投影，中间为零，左负右正。屏中央有一条刻线，标尺投影与该线重合处即为天平的平衡位置。天平箱下有一调节杆，用以细调天平零点，可使光屏在小范围内左右移动。

⑤ 升降枢用于开启或关闭天平，位于天平底板正中，与托梁架、盘托、光源相连。

⑥ 天平箱下装有 3 个垫脚，前面的脚带有旋钮，可使底板升降，用于调节天平的水平位置。天平是否处于水平位置，可通过观察装在天平立柱后上方的气泡水平仪来确定。

⑦ 机械加码装置转动圈码指数盘，可在天平梁右边吊耳上加 10～990mg 圈形砝码。

⑧ 砝码每台天平都配有一砝码盒，内装标称值为 1g、2g、2g、5g、10g、20g、20g、50g、100g 共 9 个砝码。标称值相同的砝码，其实际质量可能有微小差别，所以分别用一些标记加以区别。取用砝码时必须用镊子，用毕及时放回盒内。

（2）使用方法

以下介绍半机械加码电光天平的使用方法，全机械加码电光天平的使用方法基本相同。

① 取下天平防尘罩，叠整齐后放在天平箱的上方。检查天平是否水平，圈码有无脱落，吊耳是否错位，圈码指数盘是否回零等。

② 接通电源，调节零点。打开升降旋钮，可在光屏上看到标尺的投影在移动。当标尺稳定后，通过拨动调节杆，使光屏上的刻线恰好与标尺中的"0"线重合，即为零点。如果调不到零点，则需关闭天平，调节平衡螺丝。

③ 称量操作。先在托盘天平（即台秤）上粗称被称物体，然后再拿到分析天平上称。加好克位以上的砝码，再依次调节圈码的量，每次均从中间量（如 500mg 或 50mg）开始调节，调定圈码至 10mg 位后，完全开启升旋钮，即可读数。

若未经粗称，为了尽快达到平衡，砝码按如下顺序选取：由大到小，中间截取，逐级试验。熟记"指针总是偏向轻盘，标尺总是向重盘方向移动"，这样就可以迅速判断出哪个盘重。

④ 读数。砝码调定后，关闭天平侧门。待标尺停稳后即可读数，被称物质量等于秤盘上砝码总量（先按照砝码盒里的空位记下）加机械加码器上圈码总质量，再加读数。

⑤ 称量结束将天平恢复原状。称量、记录完毕，随即关闭天平，取出被称物，将砝码夹回盒内，圈码指数盘退回到"000"位，关闭两侧门，盖上防尘罩，拔下电源。

（3）注意事项

① 天平应安置在稳固的水平台面上，保持清洁和干燥，天平箱内的硅胶应及时更换。

② 称量时要特别注意保护刀口。如启动升降枢时，必须缓慢均匀；增减砝码或取放物体时，必须关闭升降枢。这是保护刀口的关键，每位学生必须严格遵守此项规定。

③ 取放砝码必须用镊子夹取，不能用手直接拿。砝码只能放在天平盘上或砝码盒内，不能随便乱放。

④ 使用指数盘加减环码时，应一挡一挡地轻轻转动，避免环码相互碰撞脱落或缠绕在一起。

⑤ 不能称量过冷或过热的物体，以免引起天平梁热胀冷缩，另外冷热空气对流也使称量不准确。

⑥ 药品不能直接放在天平盘上称量。吸湿性强、易挥发或有腐蚀性的药品必须放在密闭容器内迅速称量。

⑦ 称量过程中不能开启天平前门取放物体和砝码，应使用两边的侧门。称量时，一定要关好侧门，以防气流影响读数的准确性。

⑧ 在同一实验中，所有的称量要使用同一架天平，可减少称量的系统误差。

⑨ 称量物和砝码要放在秤盘的中央，避免秤盘左右摆动。此外，称量物不能超过最大载重，否则易损坏天平。

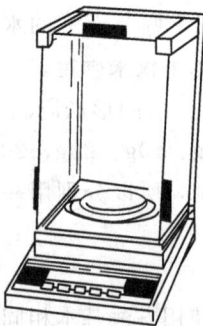

⑩ 称量后，检查升降枢是否关闭，砝码盒内砝码是否齐全，称量物是否取出，指数盘是否恢复零位，侧门是否关好，然后罩上天平罩，在使用登记本上签字，经教师检查后方可离开天平室。

3.2.1.3　电子分析天平

电子分析天平是新一代的天平，它是根据电磁力平衡原理制造的。它应用电子控制技术及电流测量的准确性，加快了称量速度，提高了称量的准确性和稳定性。电子天平型号很多。图 3-12 为 BP210S型电子天平，感量为 0.1mg，最大载荷为 210g，其显示屏和控制键板（见图 3-13）只有开/关键、清除键、校准/调整键、功能键、打印键、除皮/调零键和质量显示屏。

图 3-12　BP210S型电子天平

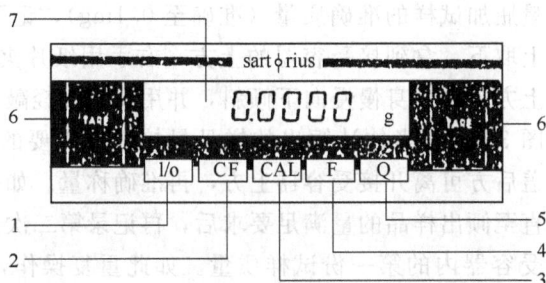

图 3-13 BP210S 型天平显示屏及控制板

1—开/关键；2—清除键（CF）；3—校准/调整键（CAL）；4—功能键（F）；5—打印键；
6—除皮/调零键（TARE）；7—质量显示屏

（1）BP210S 型电子天平的使用方法

① 检查天平后面的水平仪，如不水平，应通过调节天平前边左、右两个水平支脚而使其达到水平状态。

② 接通电源，屏幕右上角显示"0"，预热 30min。

③ 按开/关键，显示屏出现"0.0000g"。如果显示不是"0.0000g"，则按 TARE 键调零。

④ 将称量物轻轻放在秤盘中央，可看见显示屏上的数字在不断变化，待数字稳定并出现质量单位"g"后，即可记录称量结果。

⑤ 称量完毕，取下被称物，如果不久还要称量，应暂不按"开/关键"，天平将自动保持零位，或者按一下"开/关键"，让天平处于待命状态，再来称量时按一下"开/关键"即可使用。如果不再用天平，应拔下电源插头，盖上防尘罩。

（2）注意事项

① 如果天平长时间没用过，或天平移动过位置，应进行校准。校准要在天平通电预热 30min 后进行。程序为：调整水平，按下"开/关键"，显示稳定后如不为零，则按一下"TARE 键"，稳定地显示"0.0000g"后，按一下校准键（CAL），天平将自动进行校准，屏幕显示出"CAL"，表示正在进行校准。10s 左右，"CAL"消失，表示校准完毕，应显示出"0.0000g"，如果显示不为零，可按一下"TARE 键"，然后可进行称量。

② 要避免可能影响天平示值变动性的各种因素，如空气对流、温度波动、不够干燥等。

3.2.1.4 称量方法

（1）直接法

在空气中稳定的、没有吸湿性的试样或试剂，可以用直接法称量。用角匙取试样，放在已知质量的清洁而干燥的表面皿或硫酸纸上，一次称取一定质量的试样，然后将试样全部转移到接受容器中。注意：不得用手直接取放被称物，而要采用戴汗布手套、垫纸条、用镊子等办法，以免引入误差。

（2）差减（减量）法

称取试样的质量由两次称量之差求得。此法适用于称取易吸水、易氧化或易与空气中某些组分反应的物质。操作方法如下。

将适量的待称样品放入洁净、干燥的称量瓶中，盖好瓶盖。用清洁纸条叠成 1cm 宽的纸带套在称量瓶上（或戴汗布手套拿取称量瓶），左手拿住纸尾部（见图 3-14），把称量瓶

27

放到秤盘正中，称出称量瓶加试样的准确质量（准确至 0.1mg），记下称量数值。左手仍用纸带将称量瓶从天平盘上取下，拿到接受容器的上方，右手用纸片夹住瓶塞柄，打开瓶盖，瓶盖也不离开接受容器上方，将瓶身慢慢向下倾斜，并用瓶盖轻轻敲击瓶口上缘，使试样缓缓倒入接受容器内（见图 3-15）。当估计倾出的样品量接近所需要的质量时，再边敲瓶口，边将瓶身竖起，盖好瓶盖后方可离开接受容器上方，再准确称量。如果一次倾出样品的量不够，可再次倾倒样品，直至倾出样品的量满足要求后，再记录第二次天平称量读数。两次称量读数之差即为倒入接受容器内的第一份试样质量。如此重复操作，可连续称取若干份样品。若倒出的样品太多，不可用角匙把样品放回称量瓶，只能弃去重称。

使用电子天平的除皮功能，使差减法称量更加快捷。将称量瓶放在电子天平的秤盘上，显示稳定后，按一下"TARE"键显示为零，然后取出称量瓶向容器中敲出一定量的样品，再将称量瓶放在天平上称量，如果所示质量达到要求，即可记录称量结果。如果要连续称量样品，则再按一下"TARE"键使显示为零，重复上述操作即可。

（3）增量法

当需要用直接法配制指定浓度的标准溶液时，常用增量法称取基准物质。这种方法只适用于称取不易吸湿、且不与空气中的组分发生作用、性质稳定的粉末状物质。操作方法如下。

准确称量一清洁干燥的小器皿（如小表面皿、小烧杯等），记下称量读数。再适当调整砝码数（准至 10mg），然后用角匙向小器皿内逐渐加试样，半开天平进行试重，直到所加试样与指定量相差很小时（通常应小于 10mg），开启天平，小心地把盛有试样的角匙伸入小器皿上方 2~3cm 处，轻轻将角匙中的试样抖入（见图 3-16）。这时既要看角匙，又要注视投影屏，待微分标牌正好移至需要的刻度时，立即停止抖入试样。这步操作要十分仔细，如果不慎多加了试样，只能关闭天平升降旋钮，用角匙取出多余的试样，重复上述操作。

图 3-14　用纸带拿称量瓶的方法　　　图 3-15　样品转移操作　　　图 3-16　向秤盘中加样

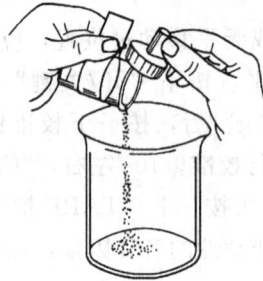

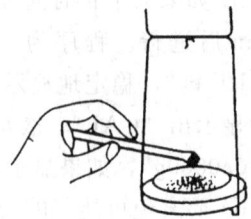

3.2.2　基本度量仪器的使用

移液管、吸量管、滴定管、容量瓶、量筒、微量进样器等是化学实验中测量溶液体积的常用的度量仪器（简称量器）。

量器按准确度分为 A、B 级别，一般来说，A 级的准确度比 B 级高一倍。过去也曾用"一等"、"二等"，"Ⅰ"、"Ⅱ"或"（1）"、"（2）"等来表示量器的级别。如果量器上没有这些符号，表示无级别，例如量筒。

3.2.2.1　吸管

吸管一般用于准确量取一定体积的液体，其种类较多。无分度吸管通称移液管，其中部膨大，上下两端细长，管颈上部刻有一环形标线，膨大部分标有它的容积和标定时的温度。

分度吸管又称吸量管，一般只用于量取小体积的溶液，管上带有分度，可以吸取不同体积的溶液。用吸量管移取溶液不及用移液管准确。以下是它们的使用方法。

（1）洗涤

在使用前，移液管和吸量管都必须洗净，使整个内壁和下部的外壁都不挂水珠。洗涤时，先用自来水冲洗，再用铬酸洗液（或选用其他洗涤液）洗涤。操作时以左手持洗耳球，将食指或拇指放在洗耳球上方，右手手指拿住移液管和吸量管管颈标线以上的地方，如图 3-17 所示，将洗耳球紧按在管口上，管尖贴在滤纸上，用洗耳球吹去管中残留的水。然后排除洗耳球中的空气，将移液管和吸量管插入洗液瓶中，左手拇指或食指慢慢放松，洗液缓慢吸入移液管球部或吸量管全管的 1/4 处。拿开洗耳球，再用右手食指按住管口，把管横过来，左手扶住管的下端，慢慢松开右手食指，一边转动移液管或吸量管，一边使管口降低，让洗液布满全管。洗液从上口放回原瓶，然后用自来水充分冲洗。再用蒸馏水按前述的方法将整个内壁洗 3 遍，洗过的水从下口放出。也可以用洗瓶从上口进行吹洗。最后用洗瓶吹洗下部的外壁。

（2）用移液管移取溶液

移取溶液前，必须用滤纸将下管内外的水除去，然后用欲吸溶液洗 3 遍。操作方法是：将欲移取的溶液吸至移液管球部（尽量勿使溶液流出，以免稀释溶液），按前述洗涤操作进行，每次用过的溶液从下口放出弃去。

移取溶液时，将移液管插入欲移取溶液液面下 1～2cm 处，插入太深，会使外壁沾带溶液过多；插入太浅，当液面下降时会造成吸空。左手将排除空气后的洗耳球紧按在移液管口上，并注意使移液管管尖的位置随液面的下降而下降。当管中液面上升至刻度线以上时，迅速用右手食指堵住管口（食指最好潮而不湿），左手改拿容器，将移液管向上提离液面，并将曾伸入液面的下管沿容器内壁轻转两圈，以除去管外壁上挂的溶液。然后使容器倾斜 45°，其内壁与移液管尖紧贴，移液管垂直，此时微微松开右手食指，使液面缓缓下降，直到视线平视弯月面与标线相切时，立即按紧食指。左手改拿接受溶液的容器，将容器倾斜，使其内壁紧贴移液管尖成 45°倾斜，松开右手食指，溶液沿器壁自由流下（见图 3-18），待液面下降至管尖后，再等 15s，取出移液管。注意：除非特别注明需要"吹"之外，管尖最后留有的少量溶液不能用外力震出或吹出，因为在检定移液管体积时没有计入这部分溶液。

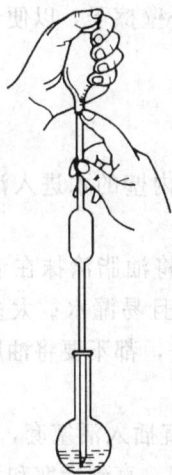

图 3-17　移液准备　　　　　　　　　　　　图 3-18　放溶液

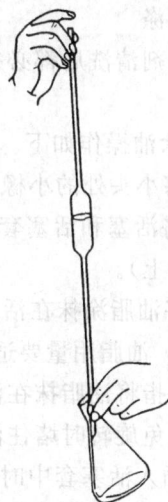

（3）用吸量管吸取溶液

用吸量管吸取溶液时，吸取溶液和调节液面到最上面标线的操作与移液管相同。放溶液时，当液面缓缓下降至与所需刻度相切时，按住管口，移去接收容器。若吸量管的分度刻至管尖，管上标有"吹"字，并且需要从最上面的标线放至管尖时，则当溶液流到管尖时，立即从管口吹一下。有一种吸量管的分度刻至离管尖尚差 1～2cm 处，使用这种吸量管时，不要使液面降至刻度以下。在同一实验中应尽可能使用同一根吸量管的同一部位，并且尽可能使用上面部分，而不用末端收缩部分。

移液管和吸量管用毕应洗净，放在吸管架上。

3.2.2.2　滴定管

滴定管是滴定时用来准确测量流出溶液体积的量器。常量分析最常用的是容积为 50mL 的滴定管，其最小刻度是 0.1mL，最小刻度间可估计到 0.01mL。还有容积为 10mL、5mL、2mL 和 1mL 的微量滴定管。表 2-1 所示的两种滴定管比较常用，一种有塞滴定管，称为酸式滴定管（简称酸管）；另一种无塞滴定管，称为碱式滴定管（简称碱管）。除强碱溶液外，一般溶液作为滴定液时，都采用酸式滴定管，碱性溶液会腐蚀玻璃，时间长一些，活塞便旋不动。碱式滴定管的下端连接一橡皮管或乳胶管，管内装有玻璃珠，用以控制溶液的流出，橡皮管或乳胶管下面接一尖嘴玻璃管。凡是会与橡皮管发生反应的溶液，如高锰酸钾、碘和硝酸银等溶液，都不能装入碱式滴定管。某些见光易分解的溶液，如高锰酸钾、硝酸银等，可采用棕色滴定管。

（1）酸式滴定管的准备

① 根据沾污的程度可采用以下方法清洗。

a. 用自来水冲洗。

b. 用滴定管刷蘸合成洗涤剂刷洗，注意铁丝部分不得触及管壁。

c. 如果用以上方法难以清洗干净，可使用铬酸洗液。加入 5～10mL 洗液，边转边将滴定管放平，为防洗液撒出，将滴定管口对着洗液瓶口。洗净后，将一部分洗液从管口放回原瓶，最后打开活塞，将剩余的洗液从出口放回原瓶。必要时可加满洗液进行浸泡。

d. 有针对性地选用洗涤液进行洗涤，如管内壁残存有二氧化锰时可用草酸溶液或过氧化氢加酸溶液洗涤。

用各种洗涤剂清洗后都必须用自来水充分洗净，并将管外壁擦干，以便于观察内壁是否挂有水珠。

② 活塞的涂油操作如下。

a. 拿下活塞小头处的小橡皮圈，再取下活塞。

b. 用滤纸将活塞和活塞套擦干，并注意不要再使滴定管内壁的水进入活塞套（将滴定管平放在实验台上）。

c. 用手指将油脂涂抹在活塞的大头，另用纸卷或火柴棍将油脂涂抹在活塞套的小口内侧（见图 3-19）。油脂用量要适当，太少，活塞转动不灵活，且易漏水；太多，易堵塞活塞孔。也可以用手指将油脂抹在活塞的两头。不论采用哪种方法，都不要将油脂涂在活塞孔的上、下两侧，以免旋转时堵住活塞孔。

d. 将活塞插入活塞套中时，活塞孔应与滴定管平行，径直插入活塞套，不要转动活塞，这样可以避免将油脂挤在活塞孔中。然后向同一方向旋转活塞，直到活塞和活塞套上的油脂全部透明为止。经处理后活塞应转动灵活，油脂层没有纹络。

③ 用自来水充满滴定管，将其放在滴定管架上垂直静置 2min，观察有无漏水现象；然后将活塞旋转 180°，再如前检查。如果漏水，应重新涂油。

有时出口管尖会被油脂堵塞，可将它插入热水中温热片刻使油脂软化，然后打开活塞，管内的水突然流下，将软化的油脂冲出。油脂排除后，关闭活塞。

为了避免活塞被碰松动时脱落损坏，应在涂好油脂的滴定管旋塞末端套上一个小橡皮圈。此时应注意手指抵住活塞柄，不使活塞松动。如果套橡皮圈时使活塞松动，会影响密合性。

从管口将自来水倒出时，注意一定不要打开活塞，否则活塞上的油脂会冲入滴定管，造成其内壁再次污染。自来水洗后，再用蒸馏水洗 3 遍，每次大约用 5～10mL。洗涤时，双手持滴定管身两端无刻度处，边转动边倾斜滴定管，使水布满全管并轻轻振荡。然后直立，打开活塞将水放掉，这样也洗刷了出口管。也可以将大部分水从管口倒出，再将其余的水从出口管放出。每次放水时，尽量使管内不残留水。洗净后的滴定管倒挂在滴定台上备用。

（2）碱式滴定管的准备

检查乳胶管和玻璃球是否完好。若胶管已老化，玻璃球过大（不易操作）或过小（漏水），都要更换。

碱管的洗涤方法与酸管相同。在需要用铬酸洗液洗涤时，将玻璃球向上推至与滴定管管身下端相接触（以阻止洗液与乳胶管接触），然后加满洗液，放置几分钟，再依次用自来水和蒸馏水洗净。

（3）操作溶液（标准溶液或待标定溶液）的装入

先将操作溶液摇匀，使凝结在瓶壁上的水珠混入溶液。用该溶液润湿滴定管 2～3 次，每次用 10mL 溶液，双手拿住滴定管两端无刻度部位转动滴定管，使溶液洗遍全部内壁，再将溶液从上下两口放出弃去。其后，装入溶液，左手持滴定管上端无刻度部位，右手拿盛溶液的细口试剂瓶，将溶液直接倒入滴定管，不得借助其他容器（如烧杯、漏斗等）来转移。然后排除管下端的气泡：对于酸管，右手拿住滴定管上端无刻度处（或夹在滴定台上），左手迅速打开活塞，使溶液冲出（下面用烧杯承接溶液），这时出口管应不再残留气泡，若气泡仍未能排出，重复操作；对于碱管，右手拿住管身上端，并使管身稍倾斜，左手捏乳胶管中玻璃珠周围，并使尖端往上翘（见图 3-20），使溶液迅速从出口喷出，同时观察玻璃珠以下的气泡是否排尽。

图 3-19 活塞涂油   图 3-20 排气操作

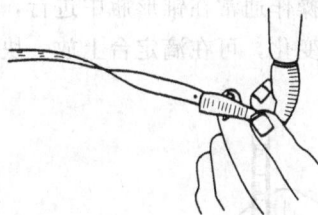

（4）读数

① 读数时，滴定管要垂直，可以用手拿滴定管上部无刻度处，也可以夹在滴定管架上。

② 装满或放出溶液后，必须等 1～2min，使附着在内壁的溶液流下来，再进行读数。如果放出溶液时速度较慢，等 0.5～1min 即可读数。每次读数前要检查一下管内壁是否挂液珠，管尖是否有气泡。

③ 读数时，身体要站正，视线与弯月面处于同一水平，读取弯月面下缘的最低点（见图 3-21）。溶液颜色太深时，可读取液面两侧的最高点。初读数与终读数须采用同一标准。

④ 读到小数点后第二位，即要求估计到 0.01mL。估计读数时要考虑刻度线本身的宽度。

⑤ 为了便于读数，可在滴定管后衬一黑白两色的读数卡。读数时，将读数卡衬在滴定管背后，使黑色部分位于弯月面下约 1mm 左右，弯月面的反射层即全部成为黑色（见图 3-22），读此黑色弯月面下缘的最低点。对深色溶液可以用白色卡片为背景，须读两侧最高点。

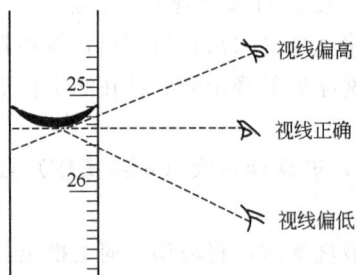

图 3-21 滴定管读数图

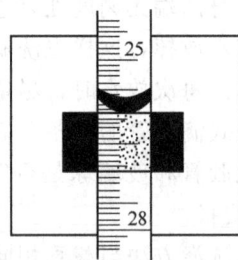

图 3-22 读数卡使用

⑥ 若用乳白板蓝线衬背滴定管，应对蓝线上下两尖端相对点的位置读数。

⑦ 读取初读数前，须将管尖悬挂着的溶液除去。滴定至终点时应立即关闭活塞，不要使滴定管的溶液流出，否则终读数便包括这流出的溶液。

（5）滴定操作

进行滴定时，将滴定管垂直夹在滴定管架上。使用酸管，左手无名指和小指向手心弯曲，并贴着出口管，用其余三指控制活塞的转动（见图 3-23）。注意不要往外拔活塞，以免漏水。也不要过分往里扣，以免活塞转动不灵活。

使用碱管，用左手拇指与食指的指尖捏挤玻璃珠周围一侧的乳胶管，在胶管与玻璃珠之间形成一个小缝隙（见图 3-24），溶液即可流出。

要掌握连续滴加、只加一滴、只加半滴的 3 种加液方法。

滴定操作通常在锥形瓶中进行，也可在烧杯中滴定（见图 3-25）。为便于观察滴定过程中颜色的变化，可在滴定台上放一块白瓷砖。

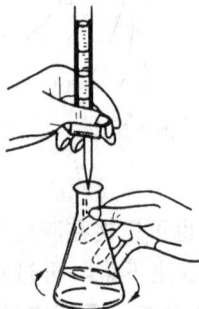

图 3-23 酸管操作

图 3-24 碱管操作

图 3-25 烧杯中滴定

32

在锥形瓶中滴定时，用手前三指拿住瓶颈，瓶底离瓷板约 2～3cm。调节滴定管的高度，使滴定管的下端伸入瓶口约 1cm。左手按规定方法开启滴定管，右手运用腕力摇动锥形瓶，边滴加溶液边摇动，瓶内溶液向同一方向旋转。注意不要使瓶口触及滴定管，也不得使溶液溅出。

滴定开始时，滴加速度可稍快，但不要形成"水线"。当接近终点时，应改为加一滴摇几下。最后，每加半滴就摇动锥形瓶，直至终点出现。加半滴时，要微微转动活塞，使溶液挂在出口管嘴上，悬而未落，再用锥形瓶内壁将其沾落，并用少量洗瓶蒸馏水吹洗瓶壁。用碱管滴加半滴时，应先松开拇指和食指，将悬挂的半滴溶液沾在锥形瓶内壁上，再放开夹住出口管的无名指与小指，以避免出口管出现气泡而造成读数误差。

为了减小误差，每次滴定最好都从 0.00，或从零附近的某一固定刻度线开始。

在烧杯中滴定时，滴定管下端伸入烧杯内 1cm 左右，但不要离壁过近。玻璃棒作圆周运动，但不要接触烧杯壁和底。当加半滴溶液时，用玻璃棒下端沾接半滴溶液放入溶液中搅动。

滴定结束后，弃去滴定管内剩余的溶液，不得将其再倒回原瓶，以免沾污整瓶操作溶液。随即洗净滴定管，放回指定位置。

3.2.2.3 容量瓶

容量瓶的主要用途是配制准确浓度的溶液或定量稀释溶液。它常与移液管配合使用，可将准确体积的浓溶液稀释成准确体积的稀溶液，即所谓"定容"过程。容量瓶是一种细颈梨形平底玻璃瓶（见表 3-1），有无色和棕色两种。容量瓶具有磨口玻璃塞或塑料塞，颈上有一标线，瓶上标有容积。容量瓶均为量入式，颈上标出"I_n"（或"E"）字样，当液体充满至标线时，瓶内所装液体的体积与瓶上标示的容积相同。

（1）使用前的检查

使用前要检查容量瓶是否漏水，操作如下：加水至标线，盖上瓶塞，颠倒大约 10 次，用手指按住瓶塞在倒置状态下停留 10s，瓶口处不应有水渗出。将瓶塞旋转 180°后，再检查一下。检查合格后用橡皮筋或塑料绳将瓶塞拴在瓶颈上，以防摔碎、沾污或与其他瓶塞搞混。

（2）洗涤

先用自来水洗几遍，若内壁不挂水珠，即可用蒸馏水洗好备用。若用水洗不干净，则须用洗液洗涤。将容量瓶的水控净，倒入适量洗液，倾斜转动容量瓶，使洗液布满内壁，再将洗液慢慢倒回原瓶。然后用自来水充分洗涤，最后用蒸馏水洗 3 遍。

（3）操作方法

用容量瓶配制溶液时，称取待溶的固体物质（基质试剂或被测样品）置于小烧杯中，加入水或其他溶剂，完全溶解后，转移入容量瓶。转移时烧杯口紧贴伸入容量瓶的玻璃棒，玻璃棒的下端靠在瓶颈内壁，但上端一定不可碰瓶口，让溶液沿玻璃棒和内壁流入（见图3-26）。烧杯中溶液全部转移后，将玻璃棒和烧杯稍微向上提起，同时使烧杯嘴沿着玻璃棒向上提一下，再将烧杯直立，玻璃棒放回烧杯。转移过程要避免溶液流到烧杯外壁造成损失。然后用少量水（或其他溶剂）涮洗烧杯 3～4 次，每次都要冲洗杯壁和玻璃棒，按同样的方法移入瓶中。当溶液达 2/3 容量时，将容量瓶沿水平方向旋转几周，以使溶液大致混匀。再加水至刻度线以下 1cm 处，等待 1～2min，待附在瓶颈内壁的溶液流下后，再用滴管从标线上 1cm 以内的一点沿瓶颈缓慢加水（或其他溶剂）至弯月面最低点与标线上边缘水

33

平相切，随即盖紧瓶塞。左手捏住瓶颈上端，食指压住瓶塞，右手三指托住瓶底［见图 3-27（a）］将容量瓶倒转，使气泡上升到顶，将瓶振荡数次［见图 3-27（b）］，再直立。如此重复操作，使溶液充分混匀。用右手托瓶时，应尽量减小与瓶身的接触面积，以避免体温对溶液温度的影响。100mL 以下的容量瓶，可不用右手托瓶，只用一只手抓住瓶颈及瓶塞进行倒转和振荡即可。

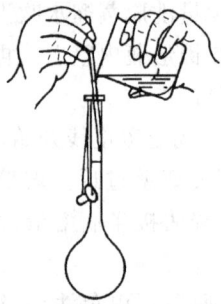

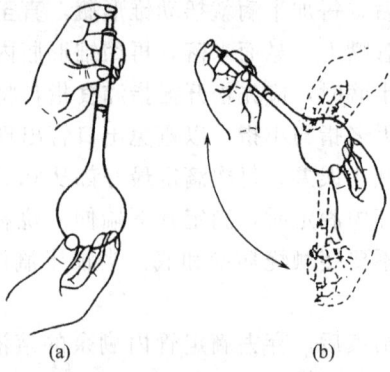

图 3-26 溶液的转移   图 3-27 容量瓶内溶液的混匀

配好的溶液不能在容量瓶中久贮，尤其是碱性溶液。容量瓶不得在烘箱中烘烤，也不能以其他任何方式加热。

容量瓶用毕，应立即用水冲洗干净，长期不用时，瓶口应垫上纸片，以隔开磨砂部分。

3.2.2.4 微量进样器

微量进样器又称微量注射器，是用于微量分析的量器，常用作气相色谱液体试样分析和其他色层分析中的取样进样工具。它是由玻璃套管和不锈钢芯子构成的，见图 3-28。微量进样器有 $1\mu L$、$5\mu L$、$10\mu L$、$25\mu L$、$50\mu L$ 和 $100\mu L$ 等规格，$10\sim100\mu L$ 容量的进样器采用图 3-28（a）的结构，$0.5\sim1\mu L$ 的进样器采用针中心的不锈钢丝直接通到针头的结构，见图 3-28（b）。

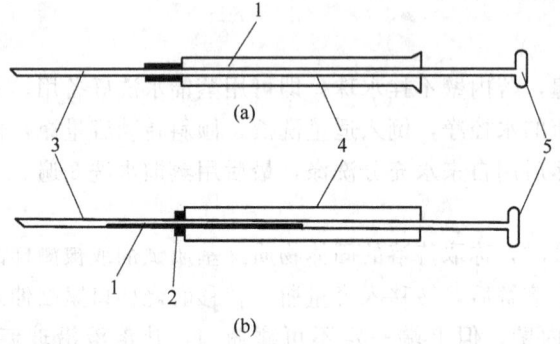

图 3-28 微量进样器
1—不锈钢芯子；2—硅橡胶垫圈；3—针头；4—玻璃管；5—顶盖

微量进样器易碎，易损坏它的气密性，使用时应细心，否则会影响所取容量的准确度。使用后应立即清洗，以免残留的样液将针芯锈住。不用时放入盒内，不要来回空抽，以防降低气密性。

微量进样器的操作如下。

① 取样前先抽取少许试样再排出，如此重复几次，以润洗进样器，同时也检查了针头通畅与否。

② 取样时，多抽些试样，将针头朝上将空气泡排出，再将过量的样品排出。必须排除针头内的气泡，抽样时慢些，排出时要快，反复抽排几次。

③ 取好样后，用镜头纸轻轻擦去针头外黏附的样液。注意不要使针头内样液损失。

④ 进样的动作要迅速而连贯，插入进样口后迅速进样，随即拔出。

3.2.2.5　量筒和量杯

与前述几种量器相比，量筒和量杯是容量精度最低的一种玻璃量器，但它又是实验室中最常用的度量液体的仪器。

量筒分为量出式和量入式两种，量出式量筒用得多，量入式量筒具有磨口塞子，与容量瓶用法相似，但容量精度不及容量瓶。量筒常用的规格由 5mL 至 1000mL 大小不等，最小分度值也相差很大。应根据不同的需要，选用不同规格的量筒。例如，量取 8.0mL 的液体，选用 10mL 量筒，测量误差为 ±0.1mL；若选用 100mL 量筒，至少有 ±1mL 的误差。读数时，应使视线与弯月面最低点处于同一水平线。

量筒不能用做反应容器，也不可装热的液体。

3.3　基本测量仪器的使用

3.3.1　酸度计

酸度计又称 pH 计，是一种通过测量电势差的方法测量溶液 pH 值的仪器，除可以测量溶液的 pH 值外，还可以测量氧化还原电对的电极电势值（mV）及配合电磁搅拌进行电位滴定等。实验室常用的酸度计有雷磁 25 型、pHS-25 型和 pHS-3 型等。各种型号仪器的原理相同，只是结构和精度不同。

3.3.1.1　工作原理

不同类型的酸度计都是由测量电极、参比电极和精密电位计 3 部分组成。

（1）电极系统

酸度计的测量电极一般为玻璃电极，其结构如图 3-29 所示。其头部球泡由特殊的敏感薄膜制成，是电极的主要部分，它仅对氢离子有敏感作用。玻璃球内装有 $0.1mol \cdot L^{-1}$ HCl 内参比溶液，溶液中插有一支 Ag-AgCl 内参比电极。将玻璃电极浸入待测溶液内，便组成下述电极：

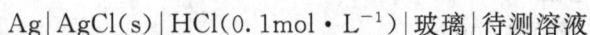

$$Ag \mid AgCl(s) \mid HCl(0.1mol \cdot L^{-1}) \mid 玻璃 \mid 待测溶液$$

玻璃膜把两个不同 H^+ 浓度的溶液隔开，在玻璃-溶液接触界面之间产生一定的电势差。由于玻璃电极中内参比电极的电势是恒定的，所以在玻璃与溶液接触面之间形成的电势差就只与待测溶液的 pH 值有关。

酸度计的参比电极为甘汞电极，其结构如图 3-30 所示。它是在电极玻璃管内装有一定浓度的 KCl 溶液，溶液中装有一作为内部电极的玻璃管，此管内封接一根铂丝插入汞中，汞下面是汞和甘汞混合的糊状物，底端有多孔物质与外部 KCl 溶液相通。甘汞电极下端也是多孔玻璃砂芯与被测溶液隔开，但能使离子传递。

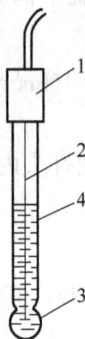

图 3-29　玻璃电极结构简图
1—绝缘套；2—Ag-AgCl 电极；3—玻璃膜；
4—内部缓冲溶液

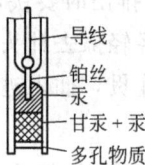

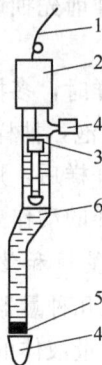

图 3-30　甘汞电极结构简图
1—导线；2—绝缘体；3—内部电极；4—胶皮帽；
5—多孔物质；6—饱和 KCl 溶液

在一定温度下，甘汞电极的电极电势不受待测溶液的酸度影响，不管被测溶液的 pH 值如何，均保持恒定值。如在 25℃时，电极内为饱和 KCl 溶液时（饱和甘汞电极），甘汞电极的电极电势值为 0.2415V。当温度为 T℃时，该电极的电极电势可用下式计算：

$$\varphi(Hg_2Cl_2/Hg)=0.2415-7.6\times10^{-4}(T-25)$$

为使用方便，现经常使用 pH 复合电极测量溶液的 pH 值。pH 复合电极是将上述的玻璃电极和甘汞电极复合到一起，使用方便。

（2）测量原理

将玻璃电极与参比电极同时浸入待测溶液中组成电池，用精密电位计测该电池的电动势。在 25℃时，

$$E=\varphi_{(正)}-\varphi_{(负)}=\varphi_{(甘汞)}-\varphi_{(玻璃)}=0.2415-\varphi^{\ominus}_{玻璃}+0.0592pH$$
$$\varphi_{(玻璃)}=\varphi^{\ominus}_{玻璃}-0.0592pH$$

对于给定的玻璃电极，$\varphi^{\ominus}_{玻璃}$ 值是一定的，它可由测定一个已知 pH 值的标准缓冲溶液的电动势而求得。因此，只要测得待测溶液的电动势 E，就可根据上式计算出该溶液的 pH 值。为了省去计算，酸度计把测得的电动势直接用 pH 值刻度表示出来，因而在酸度计上可以直接读出溶液的 pH 值。

3.3.1.2　pHS-25 型酸度计的使用方法

pHS-25 型酸度计适用于测定水溶液的 pH 值和电极电势（mV 值）。此外，当配上适当的离子选择电极，可测出该电极的电极电势。

（1）开机并安装电极

① 开启电源，仪器预热 30min。

② 拉下复合电极前端的电极套，将电极夹在电极夹上。

（2）标定

仪器在使用前，先要标定。

① 插入短路插头，置 "mV" 挡。仪器读数应在 0mV±1 个字。

② 插上复合电极，置 "pH" 挡。斜率调节器顺时针旋到底，即调节在 100% 位置。

③ 调节 "温度" 调节器，使所指示的温度与溶液的温度相同。

④ 将电极用蒸馏水清洗，并用滤纸吸干。然后插入 pH＝6.86 的缓冲溶液中，并摇动

烧杯使溶液均匀。

⑤ 调节"定位"调节器，使仪器读数与该该缓冲溶液的 pH 值相一致（如 pH＝6.86）。

⑥ 用蒸馏水清洗电极，并用滤纸吸干，再用与被测溶液相近的缓冲溶液（如 pH＝4.00 或 pH＝9.18）进行第二次标定。

仪器的标定已告完成，经标定的仪器，"定位"电位器不应再有变动。不用时电极的球泡最好浸在蒸馏水中，在一般情况下，24h 内仪器不需再标定。但遇到下列情况之一，则仪器还需要标定。

① 溶液温度与标定时不同。

②"定位"调节器有变动。

③ 换了新的电极。

④ 测量过浓酸（pH＜2）或浓碱（pH＞12）之后。

（3）测量 pH 值

经标定过的仪器，即可用来测量被测溶液 pH 值。

被测溶液和定位溶液温度相同时：①"定位"保持不变；②将电极夹向上移出，用蒸馏水清洗电极头部，并用滤纸吸干；③把电极插在被测溶液内，摇动烧杯，使溶液均匀后读出该溶液的 pH 值。

被测溶液和定位溶液温度不同时：①"定位"保持不变；②用蒸馏水清洗电极头部，并用滤纸吸干。用温度计测出被测溶液的温度值；③调节"温度"调节器，使指示在该温度上；④把电极插在被测溶液内，摇动烧杯，使溶液均匀后读出该溶液的 pH 值。

（4）测量电极电势（mV 值）

① 接上各种适当的离子选择电极。

② 用温蒸馏水清洗电极，并用滤纸吸干。

③ 把电极插在被测溶液内，将溶液搅拌均匀后，即可读出该离子选择电极的电极电势（mV 值），并自动显示正负极性。

3.3.1.3　注意事项

① 玻璃电极只有浸泡在水中（或水溶液中）才能显示测量电极的作用，未吸湿的玻璃膜不能响应 pH 值的变化，所以在使用前一定要在蒸馏水中浸泡 24h。每次测量完毕，仍需把它浸泡在蒸馏水中。若长期不用，可放回原盒内。另外，玻璃电极头部玻璃膜非常薄，易破损，切忌与硬物接触，尽量避免在强碱溶液中使用。

② 在测量过程中，当测量电极移开液面后，由于仪器转入开路而出现示值溢出现象（不必理会），如电极较长时间脱离溶液，最好将电极插座的外套向里按动一下，使电极插头从仪器中脱开。

③ 复合电极在使用时应把上面的加液口橡皮套向下滑动，使口外露，以保持液位压差。在不使用时，仍用橡皮套将加液口套住。

3.3.2　电导率仪

电导率仪是实验室测量水溶液电导率必备的仪器，若配用适当常数的电导电极，还可以用于测量电子半导体、核能工业和电厂纯水或超纯水的电导率。

3.3.2.1　工作原理

电解质溶液中的离子在电场的作用下，会定向运动传递电子，产生电流，具有导电作用。为测量其导电能力，可用两个平行板电极插入溶液中，溶液的电阻 R 与两极间距离 l 成

正比，与电极面积 A 成反比，比例系数即电阻率为 ρ，则

$$R=\rho\frac{l}{A}$$

溶液的电导 G 为 R 的倒数，电导率用希腊字母 κ 表示，是电阻率 ρ 的倒数，即具有如下关系：

$$G=\kappa\frac{A}{l} \quad 即 \quad \kappa=\frac{l}{RA}$$

对于固定的电导池，$\frac{l}{A}$ 为定值，称为电导池常数，用 K_{cell} 表示，即上式可写为

$$\kappa=\frac{K_{cell}}{R}（单位为 S \cdot m^{-1}，S 为欧姆的倒数）$$

3.3.2.2 DDS-307 型电导率仪的使用方法

图 3-31 为 DDS-307 型电导率仪示意图，其使用方法如下。

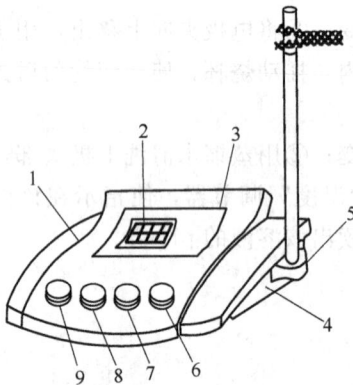

图 3-31 DDS-307 型电导率仪示意图
1—机箱盖；2—显示屏；3—面板；4—机箱底；
5—电极杆插座；6—温度补偿调节旋钮；
7—校准调节旋钮；8—常数补偿调节旋钮；
9—量程选择开关旋钮

① 接通电源，预热 30min。

② 校准。将"选择"开关 **9** 指向"检查"，常数补偿调节旋钮 **8** 指向"1"刻度线，温度补偿调节旋钮 **6** 指向"25"刻度线，调节校准调节旋钮 **7**，使仪器显示 $100.0\mu S \cdot cm^{-1}$。

③ 电导电极常数的设置。目前电导电极常数有 4 种类型，分别为 0.01、0.1、1.0、10。但每种类型电极具体的电极常数值，制造商均粘贴在每支电导电极上，根据电极上所示的电极常数值调节仪器面板常数补偿调节旋钮 **8**，使仪器显示值与电极上所标常数一致。例如：电极常数为 $0.01025cm^{-1}$，则调节常数补偿调节旋钮 **8**，使仪器显示值为 102.5（测量值＝读数值×0.1）。

实验中可根据测量范围，参照表 3-2 选择相应常数的电导电极。

④ 温度补偿的设置。调节仪器面板上温度补偿调节旋钮 **6**，使其指向待测溶液的实际温度值，此时，测量得到的将是待测溶液经过温度补偿后折算为 25℃ 的电导率值。

如果将"温度"补偿调节旋钮 **6** 指向"25"刻度线，那么测量的将是待测溶液在该温度下未经过补偿的原始电导率值。

⑤ 常数、温度补偿设置完毕，应将量程选择开关 **9** 按表 3-3 置于合适位置。当测量过程中，显示值熄灭时，说明测量值超出量程范围，此时，应切换量程选择开关 **9** 至上一挡量程。

3.3.2.3 注意事项

① 在测量高纯水时应避免污染，最好采用密封、流动的测量方式。

② 因温度补偿是采用固定的 2% 的温度系数补偿的，故对高纯水测量尽量采用不补偿方式进行测量后查表。

③ 为确保测量精度，电极使用前应用小于 $0.5\mu S \cdot cm^{-1}$ 的蒸馏水（或去离子水）冲洗 2 次，然后用被测试样冲洗 3 次方可测量。

表 3-2 电导电极的测量范围	
测量范围 /μS·cm^{-1}	推荐使用电导 常数的电极
0~2	0.01,0.1
2~200	0.1,1.0
200~2000	1.0
2000~20000	1.0,10
2000~200000	10

注：对常数为 1.0、10 类型的电导电极有"光亮"和"铂黑"两种形式，镀铂电极习惯称为铂黑电极，对惯量电极其测量范围以 0~300μS·cm^{-1} 为宜。

表 3-3 量程范围			
序号	选择开关位置	量程范围 /μS·cm^{-1}	被测电导率 /μS·cm^{-1}
1	I	0~20.0	显示读数×C
2	II	20.0~200.0	显示读数×C
3	III	200.0~2000	显示读数×C
4	IV	2000~20000	显示读数×C

注：C 为电导电极常数值，例如，当电极常数为 0.01 时，C=0.01。

④ 电极插头应防止受潮，避免造成不必要的测量误差。

⑤ 电极应定期进行常数标定。

3.3.3 检流计

测定内阻较小的电动势或电位差一般选用低电阻直流电位差计。目前实验室常用的是磁电式多次反射光点检流计。

3.3.3.1 基本原理

若电池的内阻为 1000Ω，则通过此内阻产生 0.0001V 的电位降时所流过的电流为 0.0001/1000＝10^{-7}A，只要检流计灵敏度达到 10^{-7}A·mm^{-1}，就能检出这个电流，因此用这个灵敏度的指针检流计就可使测量精度达±0.0001V。但若电池内电阻为 10000Ω，则产生 0.0001V 电位降相应流过的电流为 0.0001/10^4＝10^{-8}A，这时就需换用灵敏度为 10^{-8}A·mm^{-1} 的光点反射式检流计。当用玻璃电极时，其内阻达 5×10^8Ω，即使将测量精度降至为 0.001V（约相当于 0.02pH），也要求检流计能检查出 0.001/5×10^8＝2×10^{-12}A 的电流，这时无法用电位差计进行测量，只好使用 pH 计或数字电压表。

在检流计的铭牌上通常标有临界电阻值 $R_{临}$，它是指包括检流计内阻在内的测量回路较合适的总阻 $R_{回}$。当回路总电阻与临界电阻数值相近时，检流计光点能较快达到新的平衡位置。若 $R_{回}\ll R_{临}$，则光点移动缓慢；$R_{回}\gg R_{临}$，则光点振荡不已，读数困难。因此在选用检流计时除考虑灵敏度外，还必须根据测量回路电阻选择检流计的临界电阻。例如用于低阻直流电位差计、低阻电桥的检零，测量热电偶的微小热电势，应选用低临界电阻的检流计。反之，用于高阻电位差计、高阻电桥的检零，测内阻很高的光电池光电流，则应选临界电阻高的检流计。

3.3.3.2 使用方法

① 检查电源开关所指示的电压是否与所用的电源电压一致，然后接通电源。

② 用零点调节器将光点准线调至零位。

③ 用导线将测量电路接线柱与电位差计"电计"接线柱接通。

④ 测量时先将分流器开关旋至最低灵敏度挡（0.01 挡）。当按电位差计电键"细"而光点偏转不大时，再依次转到高灵敏度挡（"直接"灵敏度最高）测量。

⑤ 在测量中，如光点摇晃不停时，可按电位差计"短路"键，使其受到阻尼作用而停止。

⑥ 实验结束时，或移动检流计时，应将分流器开关置于"短路"。

3.3.3.3 注意事项

检流计悬丝比较脆弱，容易损坏，光点易振荡，使用不方便，所以使用检流计时应

注意：

① 当测量电路未完全补偿时，应使用串有高电阻的按钮；

② 未补偿时，按钮接触应短促；

③ 指针或光点振荡不已时，使用短路开关使之停于零点；

④ 指针检流计在使用前须将指针锁打开，用毕锁上；

⑤ 对光反射检流计，在停止使用时将两接线柱短路，以防止线圈振荡。

3.3.4 直流电位差计

3.3.4.1 工作原理

直流电位差计是用比较测量法测量电动势或电压的一种比较式仪器，其工作原理如图 3-32 所示。标准电池 E_N、待测电池 E_x 与工作电池 E_w 并联，组成电路。其中工作电池 E_w 使均匀电阻 AB 上有电流通过，在 AB 上产生电势降，用来对消 E_x（或 E_N）的电动势。

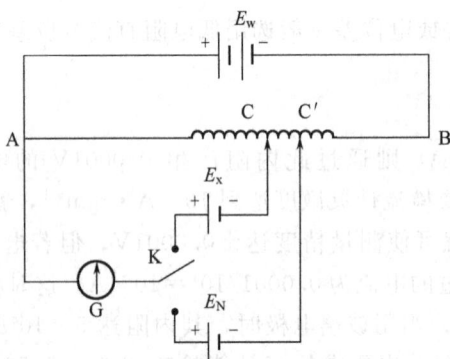

图 3-32　对消法测定电池电动势原理图

测定时将 K 扳向 E_N，移动触点 C′，使检流计 G 中没有电流通过，这时 AC′的电势降被标准电池的电动势 E_N 抵消，即

$$E_N = V_{AC'} = E_w \frac{R_{AC'}}{R_{AB}}$$

再将 K 扳向 E_x，用同样方法找到检流计 G 中无电流通过的 C 点，得

$$E_x = V_{AC} = E_w \frac{R_{AC}}{R_{AB}}$$

对比两式，得

$$E_x = E_N \frac{R_{AC}}{R_{AC'}}$$

E_N 已知，测出 R_{AC} 和 $R_{AC'}$，即可求出待测电池的电动势 E_x。

为了能从电位计的电阻器上读出待测电池的电动势，就必须将工作电流调节到某一规定值，即将工作电流"标准化"。公式中 $E_N/R_{AC'}$ 是 AC′两点间的电位降与标准电池电动势完全抵消时流经 AC′BA 回路中的电流 I_w。"标准化"就是将此电流调节在某一个数值 I_0，此时

$$E_x = I_w R_{AC} = I_0 R_{AC}$$

将测出的 R_{AC} 乘以常数 I_0，即得待测电池的电动势 E_x。因此，电位计上电阻器不同阻值均可以伏特数表示。

3.3.4.2 UJ25 型电位计的使用方法

UJ25 型电位计面板布置图如图 3-33。其使用方法如下。

① 面板上"粗、中、细、微"旋钮是用于电流标准化的电阻器。实验开始时，将 K 扳向 N 挡，调节以上 4 个旋钮，即可使电阻器的电压降与标准电池电动势 E_N 抵消，并使电流标准化。在此后的实验过程中，这 4 个旋钮不再调节变动。

② R_{PN1} 和 R_{PN2} 为标准电池的温度补偿盘，测定前调到实验温度下标准电池的电动势数值。

③ Ⅰ、Ⅱ、Ⅲ、Ⅳ、Ⅴ、Ⅵ是用于对消待测电池电动势的电阻器。

④ 调节工作电流时，换向开关 K 指向 N，然后旋转"粗、中、细、微"使检流计指零。再把换向开关指向 x_1 或 x_2，依次旋转Ⅰ、Ⅱ、Ⅲ、Ⅳ、Ⅴ、Ⅵ，使检流计指零，即得到待测电池的电动势。

⑤ 电位计面板上有 12 个接线柱，分别接检流计、标准电池、待测电池和工作电池。"电计"接检流计；"标准"接标准电池；"未知"接待测电池 1 或 2，并注意与换向开关中的 x_1 和 x_2 对应。工作电源根据需要，接在 1.95～2.2V 或 2.9～3.3V 的接线柱上。接线柱如标有"＋极"、"－极"的，接线时均要对应。

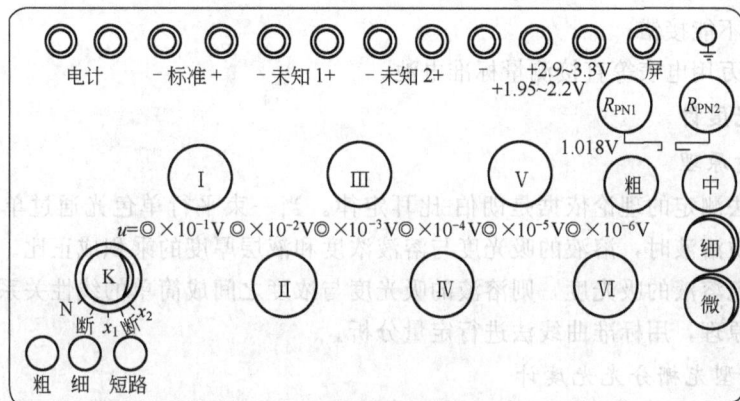

图 3-33　UJ25 型电位计面板布置图

3.3.5 标准电池

在测量电池的电动势时，需要有一个电动势为已知且保持稳定不变的辅助电池，此电池称为标准电池。实验室常用的是维斯顿饱和标准电池，其结构见图 3-34。电池式可写成：

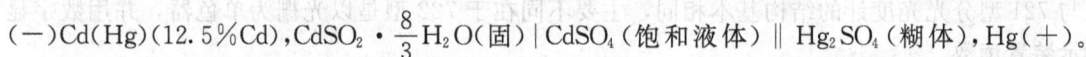

$$(-)Cd(Hg)(12.5\%Cd),CdSO_2 \cdot \frac{8}{3}H_2O(固)|CdSO_4(饱和液体)\|Hg_2SO_4(糊体),Hg(+)。$$

电池反应是：

$$Cd(汞齐)+Hg_2SO_4(s)+\frac{8}{3}H_2O(l)=CdSO_4 \cdot \frac{8}{3}H_2O(s)+2Hg(l)$$

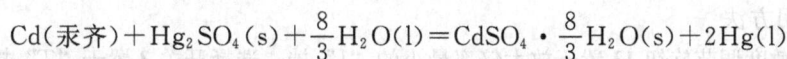

按照一定方法制成的标准电池在 293.15K 时的电动势是 1.01845V，在 298.15K 时的电动势为 1.01832V，在其他温度可按下式计算其电动势：

$$E_T=E(293.15K)-[39.94V \cdot K^{-1}(T-293.15)+0.929V \cdot K^{-2}(T-293.15)^2$$
$$-0.009V \cdot K^{-3}(T-293.15)^3+0.00006V \cdot K^{-4}(T-293.15)^4]\times 10^6$$

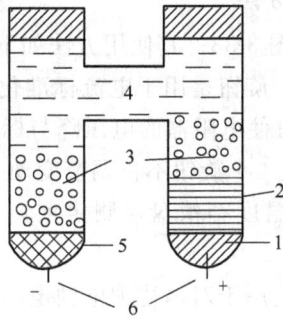

图 3-34 标准电池

1—汞；2—硫酸亚汞；3—硫酸镉晶体；4—硫酸镉饱和溶液；5—镉汞齐；6—铂丝

使用标准电池时应注意：

① 避免振动和倒置；

② 通过电池的电流不能大于 0.0001A，绝对避免短路和长期与外电路接通；

③ 使用温度在 4～40℃ 之间，也不宜骤然改变温度；

④ 每隔 1～2 年检验一次电池电动势；

⑤ 正负极不能接错；

⑥ 不能用万用电表等直接测量标准电池。

3.3.6 分光光度计

3.3.6.1 测量原理

分光光度法测定的理论依据是朗伯-比耳定律。当一束平行单色光通过单一均匀的、非散射的吸光物质溶液时，溶液的吸光度与溶液浓度和液层厚度的乘积成正比。如果固定比色皿厚度测定有色溶液的吸光度，则溶液的吸光度与浓度之间成简单的线性关系，因此，可根据相对测量的原理，用标准曲线法进行定量分析。

3.3.6.2 722 型光栅分光光度计

（1）仪器结构

722 型分光光度计是以碘钨灯为光源、衍射光栅为色散元件的数显式可见光分光光度计。使用波长范围为 330～800nm，波长精度为 ±2nm，试样架可置 4 个比色皿，单色光的带宽为 6nm。

本仪器由光源室、单色器、试样室、光电管暗盒、电子系统及数字显示器等部件组成。与 721 型分光光度计的结构基本相同，主要不同在于 722 型是以光栅为单色器，并用数字显示装置读数。

722 型分光光度计如图 3-35 所示。

（2）使用方法

① 将灵敏度调节旋钮 **13** 置于放大倍率最小的"1"挡。选择开关 **3** 置于"T"挡（透光挡）。

② 接通电源，按下电源开关 **7**，指示灯亮。调节波长。打开试样室盖，光门即自动关闭，调节"0%T"旋钮 **12**，使显示数字"00.0"。预热仪器 5～15min。

仪器预热结束前，盖上试样室盖，检查显示数字是否稳定。若不稳定，仪器可在显示"70%～100%T"状态下，再预热至显示数字稳定。

③ 再打开试样室盖，调节"0%T"旋钮 **12**，使显示为"00.0"。

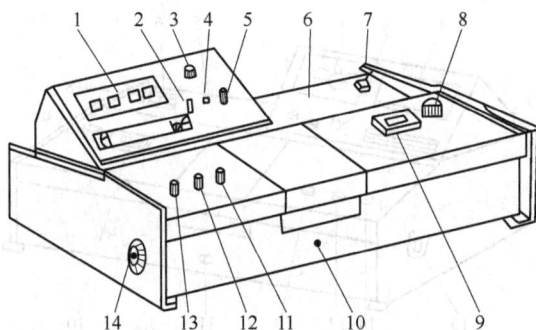

图 3-35　722 型分光光度计

1—数字显示器；2—吸光度调零旋钮；3—选择开关；4—吸光度调斜率的电位器；5—浓度旋钮；6—光源室；

7—电源开关；8—波长手轮；9—波长刻度窗；10—试样架拉手；11—"100％T"旋钮；

12—"0％T"旋钮；13—灵敏度调节旋钮；14—干燥器

④ 将盛参比溶液的比色皿置于试样架第一格内，盛试样的比色皿置于第二格内，盖上试样室盖，即打开光门，使光电管受光。将参比溶液推入光路，调节"100％T"旋钮，使显示为"100.0"。如果显示不到"100.0"，则增大灵敏挡。此时数字显示器可能只显示数字"1"，此时大幅度反向调"100％T"旋钮即可显示出"100.0"。

⑤ 重复操作③和④，直到仪器显示稳定。

⑥ 当显示"100.0"透光率时，将选择开关置于"A"挡，吸光度应显示为".000"，若不是，则调节吸光度调零旋钮2，使显示为".000"。然后将试样拉入光路，这时，显示值为试样的吸光度。使用过程中，参比溶液不要拿出试样室，可随时将其置于光路，观察吸光度零点是否有变化。如不是".000"，不要先调节旋钮2，而应将选择开关置于"T"挡，用"100％T"旋钮调至"100.0"，再将选择开关置于"A"挡，这时如不是".000"，方可调节旋钮2。

⑦ 仪器使用完毕，关闭电源。

3.3.6.3　752C 型紫外可见分光光度计

（1）仪器结构

752C 型紫外可见分光光度计采用单光束自准式光路，以衍射光栅为色散元件。使用波长范围为 200～800nm。由光源室、单色器、试样室、光电管、微电流放大器、稳压电源部件组成，并设有专用插座，可连接计算机使用。

光源室的光源由钨卤素灯和氢灯组成，氢灯作为 200～330nm 的光源，钨卤素灯作为 330～850nm 的光源，旋转单色器波长手轮，可自动切换光源。试样室内可装 4 只比色皿的托架。

光电管和微电流放大器同装在密封暗盒内。产生的光信号由光电管接受后通过高值电阻转换成微弱的电信号，再经微电流放大器加以放大后，在数字显示器上读出。

仪器的外形如图 3-36 所示。

（2）使用方法

① 将灵敏度调节旋钮置于放大倍率最小的"1"挡。

② 按"电源"开关，开关内 2 只指示灯亮；按"氢灯"开关，开关内左侧指示灯亮；氢灯电源接通，再按"氢灯触发"按钮，开关内右侧指示灯亮，氢灯点亮。仪器预热 30min。如不需要用钨灯时，可关闭仪器后背部的"钨灯开关"。

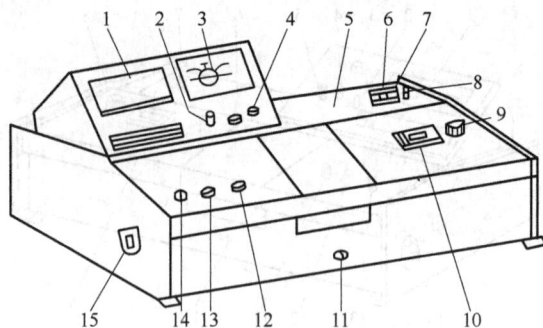

图 3-36 752C 型紫外可见分光光度计

1—数字显示器；2—浓度按钮；3—选择开关；4—浓度旋钮；5—光源室；6—电源开关；7—氢灯电源开关；
8—氢灯触发按钮；9—波长手轮；10—波长刻度窗；11—试样室拉手；12—"100％T"旋钮；
13—"0％T"旋钮；14—灵敏度调节旋钮；15—干燥器

③ 选择开关置于"0～100％"挡。

④ 打开试样盖（光门自动关闭），调节"0％T"旋钮，使数字显示为"000.0"。

⑤ 调节所需要测的波长。

⑥ 将装有溶液的比色皿放入比色皿架中（波长在 360nm 以下时，必须用石英比色皿）。

⑦ 盖上样品室盖，将参比溶液置于光路，调节"100"旋钮，使数字显示为"100.0％ T"，如果显示不到 100.0％，则可适当增加灵敏度的挡数，同时重复调整仪器至显示"000.0"。如数字显示"OVE"时，即要减小灵敏度挡数。

⑧ 将被测溶液置于光路中，数字显示器上直接读出被测溶液的透光率（T）值。

⑨ 当需要测量吸光度（A）值时，将选择开关置于"0～100％"挡，调节"0％T"和"100％T"（即完成上述第④、第⑦步）之后，再将选择开关置于"—0.3—3A"挡（最小分辨率为 0.001A），此时数字显示为"0.000"，然后移入被测溶液，显示值即为试样的吸光度（A）值。

⑩ 如果大幅度改变测试波长时，需要等数分钟后，才能正常工作（因光能量变化急剧，使光电管受光后响应缓慢，需一段光响应平衡时间）。

3.3.7 阿贝折光仪

3.3.7.1 测量原理

阿贝折光仪根据光的全反射原理设计，利用测定全反射的临界角来测定物质的折光率。当 T 一定时，一束单色光从介质 1 进入介质 2 时，由于光传播速率的改变，而发生折射现象。根据光的折射定律，入射角与折射角之间有如下关系：

$$\frac{\sin\alpha}{\sin\beta} = \frac{v_1}{v_2} = n_{1,2}$$

式中，α、β 分别为入射角和折射角；v_1，v_2 为光在两种不同介质中的传播速率；$n_{1,2}$ 为折射率，对于给定温度和介质为一常数。

根据上式，若 $n_{1,2} > 1$，则 $\alpha > \beta$，这时光线由光疏介质 1 进入光密介质 2，见图 3-37，则入射角 α 大于折射角 β，随着入射角 α 的不断增大，折射角 β 也增大，当 α 达到 90° 时，折射角也达到最大，为 β_0，称为临界角。显然，入射角在 90° 以内的所有光线都可进入光密介质。如果在 M 处有一目镜，则镜上会出现半明半暗。当入射角 $\alpha = 90°$ 时，上式改写为

$$n_{1,2} = \frac{1}{\sin\beta_0}$$

从上式可知,当固定一种介质时,临界角 β_0 的大小和折射率(介质 2 的性质)有简单的函数关系。阿贝折光仪就是根据这一原理而设计的。

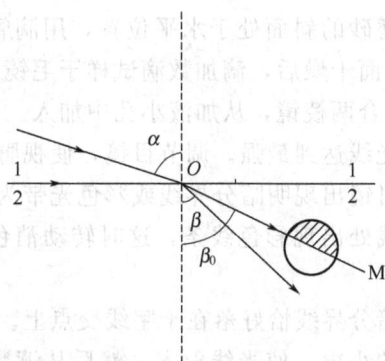

图 3-37 光的折射

3.3.7.2 仪器结构

阿贝折光仪的外形如图 3-38 所示。仪器主要部分为两个直角棱镜 5 和 6,两棱镜间留有微小的缝隙,其中可以铺展一层待测的液体。光线从反射镜射入棱镜 6 后,在 A、D 面上(见图 3-39)发生漫射(此面为磨砂面)。漫射所产生的光线透过镜隙的液层而从各个方向进入折射镜 2 中。从各方向进入棱镜 2 的光线均产生折射,而其折射角都落在临界折射角 β_0 之内。具有临界折射角 β_0 的光射出棱镜 2,经阿密西棱镜消除色散,再经聚光透镜 4 聚焦之后,射于目镜 5 上,此时若目镜的位置适当,则目镜中出现半明半暗的像。

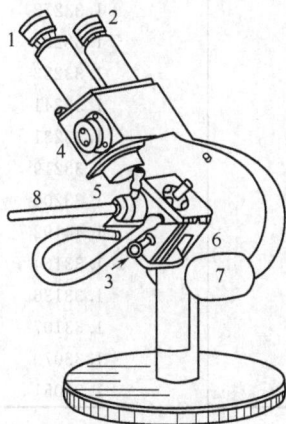

图 3-38 阿贝折光仪

1—目镜;2—放大镜;3—恒温水接头;

4—消色补偿器;5,6—棱镜;

7—反射镜;8—温度计

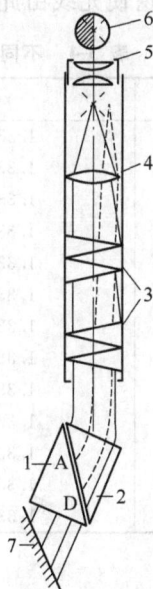

图 3-39 光路示意图

(图中实线为临界光束,虚线为任意光束)

1—辅助棱镜;2—折射棱镜;3—阿密西棱镜;4—聚光透镜;

5—目镜;6—目镜中的像;7—反射镜

3.3.7.3 使用方法

① 将仪器安装在光线明亮的桌子上（注意避免阳光直射），在棱镜外套上装好温度计，再使两棱镜上保温套的进出水口与超级恒温槽串接好，接通恒温槽电源，调节水浴温度到所需值。

② 打开直角棱镜，使其磨砂的斜面处于水平位置，用滴管滴加少量乙醇清洗镜面，用擦镜纸轻轻地揩净镜面，待镜面干燥后，滴加数滴试样于毛镜面上，并迅速闭合棱镜，旋紧锁钮。若试样易挥发，则可闭合两棱镜，从加液小孔中加入。

③ 转动反射镜，使入射光线达到最强。调节目镜，使视野准丝"×"最清晰。

④ 慢慢地旋转棱镜，使目镜出现明暗分界线或彩色光带为止。

⑤ 由于色散，在明暗界线处出现彩色线条，这时转动消色补偿器使彩色消失，可留下一清晰的明暗分界线。

⑥ 仔细转动棱镜，使明暗分界线恰好落在十字线交点上。

⑦ 打开刻度盘罩壳上方的小窗，使光线射入，然后从读数望远镜中读出标尺上相应的折射率值。为了减少偶然误差，应再转动棱镜，使明暗分界线离开"×"交点后，再返回交点，再次读取折射率，两次折射率的数值相差应小于 0.0002。要求每个样品加样 3 次，每次重复读取 3 个数据。

⑧ 刻度盘上标尺的零点有时会移动，故须校正阿贝折光仪。校正时应当使用已经准确知道其折射率的样品，将这折射率的刻度对准，用附件方孔调节扳手转动目筒外壁上的调节螺丝，使明暗分界线与十字线交点相重合即校准完毕。简单易得的标准液体是蒸馏水，其在各温度下的折射率见表 3-4。折射仪常附有注明折射率的标准折射玻璃块，可用其进行校正。方法是首先掀开两棱镜，用一滴一溴代萘把玻璃块固定在上面的棱镜上，不要合上下棱镜，打开棱镜背后小窗使光线由此射入，然后用上法进行校正。

表 3-4 不同温度下水的折射率 （钠光 $\lambda=0.5893\mu m$）

$T/℃$	n_D	$T/℃$	n_D
10	1.33370	23	1.33272
11	1.33365	24	1.33262
12	1.33359	25	1.33252
13	1.33352	26	1.33241
14	1.33348	27	1.33231
15	1.33341	28	1.33219
16	1.33333	29	1.33208
17	1.33324	30	1.44192
18	1.33317	32	1.33164
19	1.33307	34	1.33136
20	1.33299	36	1.33107
21	1.33290	38	1.33079
22	1.33281	40	1.33051

3.3.7.4 注意事项

① 必须特别注意两块直角棱镜的保护，绝对防止玻璃管尖端或其他硬物触到镜面，擦洗时只能用柔软的镜头纸擦干液体，不能用力擦，防止将毛玻璃擦光或将玻璃擦粗。

② 使用仪器时，不得暴露于强烈日光下和太靠近光源（如电灯），也不宜置于温度太高的地方。

③ 使用要细心，不能用力扳动仪器各部分，只能在转轴处用力，且注意转动棱镜时不要超过刻度范围。

④ 使用完毕，应尽快用擦镜纸将两棱镜面上的液体揩去，然后用95％乙醇擦拭数次，直到洁净干燥，最后在两棱镜间放上一小张擦镜纸，关紧锁钮。同时放尽金属套中的水，拆下温度计装入盒中，并用滤纸吸干金属套中的水。

⑤ 腐蚀性液体如强酸、强碱和氟化物不得使用阿贝折光仪。

3.3.8 旋光仪

旋光仪是专门用于测定物质旋光度的仪器，通过所测的旋光度便可得知具有旋光性物质的纯度或该物质在溶液中的浓度。另外，由于具有不对称结构的物质具有旋光性，因此，测定旋光性可用于测定有关有机物的结构。

3.3.8.1 基本原理

普通光源发出的光，其光波在与光传播方向垂直的一切可能的方向上振动，这种光称为自然光，或非偏振光；而只在一个固定方向上振动的光称为平面偏振光。当一束自然光通过各向异性的晶体（如方解石，即 $CaCO_3$ 晶体）时，发生双折射，产生两束互相垂直的平面偏振光。最早能将自然光分解并获得单一方向平面偏振光的光学部件是尼科尔棱镜。

尼科尔棱镜是旋光仪的主要部件，它由两块方解石晶体制成一定要求的直角棱镜，两棱镜的直角边用加拿大树胶粘在一起，如图3-40所示。当自然光 S 以一定的入射角投射到棱镜上时，双折射产生的 O 光线在第一块直角棱镜与树胶的界面上发生全反射，被 BD 所表示的镜框上涂黑的表面所吸收。双折射产生的 E 光线则透过树胶层和第二块棱镜射出，从而在尼科耳棱镜的射出方向上得到了一束平面偏振光。这个尼科尔棱镜称为起偏镜，是用来产生偏振光的。

偏振光振动平面在空间轴向角度的测量，由另一块称为检偏镜的尼科尔棱镜完成。检偏镜由固定在两块保护玻璃之间的偏振片构成，可与刻度盘同轴转动。如图3-41所示，当一束光经过起偏镜后沿 OA 方向振动，就表明只允许这一方向上振动的光通过此平面。OB 为检偏镜的透射面，只允许在这一方向上振动的光通过。两透射面的夹角为 θ，振幅为正的 OA 方向的平面偏振光可以分解为振幅分量为 $E\cos\theta$ 和 $E\sin\theta$ 的两互相垂直的平面偏振光，并且只有 $E\cos\theta$（与 OB 相重）可以通过检偏镜，而 $E\sin\theta$ 分量则不能通过。当 $\theta=0°$ 时，$E\cos\theta=E$，此时通过检偏镜的光最强。当 $\theta=90°$ 时，$E\cos\theta=0$，此时没有光通过检偏镜。如以 I 表示通过检偏镜光的强度，以 I_0 表示通过起偏镜后的入射光的强度，当 θ 角在 $0°\sim90°$ 变化时，有如下关系：

$$I=I_0\cos^2\theta$$

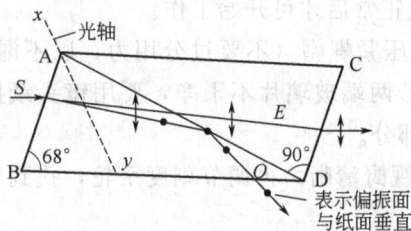

图 3-40 起偏镜示意图

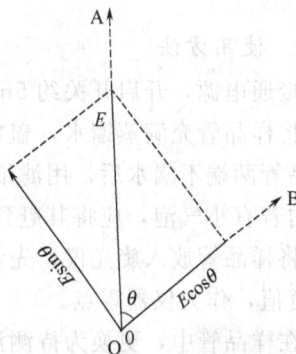

图 3-41 检偏镜原理图

旋光仪就是通过透光的强弱来测定物质的旋光度。在起偏镜与检偏镜之间放置待测物质时，由于该物质具有旋光性，能使偏振光旋转，使起偏镜产生的偏振光转过一定角度，因而检偏镜也需相应转过同样角度，才能使透过的光强与原来相同。

由于肉眼对视野明暗程度的感觉不甚灵敏，为了精确地确定旋转角，常采取比较的办法，即三分视野（也有二分视野）的方法。在起偏片后的中部安置一狭长的石英片，其宽度约为视野的 1/3，由于石英片具有旋光性，从石英片中透过的那一部分偏振光被旋转了一个角度 φ，因为 ∠AOB 为 90°，∠COB 不等于 90°，所以在目镜中透过石英片的那部分稍暗，两旁是黑暗的，即出现三分视野，如图 3-42（a）所示；当 ∠POB 为 90°时，因 $\cos^2$（∠AOB）等于 $\cos^2$（∠COB），视野中三个区内的明暗相等，此时三分视野消失，视野均黑，即为等暗面，如图 3-42（c）所示；当 ∠POB 为 180°时，整个视野均匀明亮，如图 3-42（b）所示。人的视觉对明暗均匀与不均匀有较大敏感。在实验中采用图中（c）的视野，而不采用（d）视野，因这时视野显得特别明亮，不易辨别三分视野的消失。

图 3-43 为旋光仪器的构造示意图。

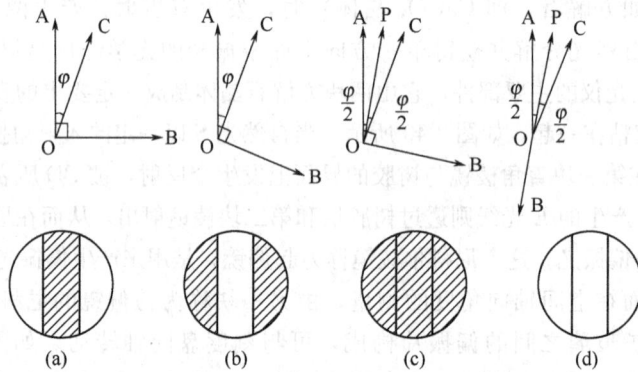

图 3-42　三分视野示意图

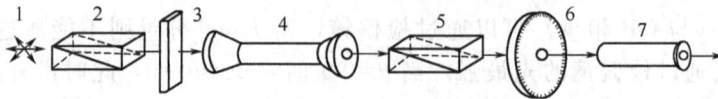

图 3-43　旋光仪器的构造示意图
1—光源（钠光灯）；2—尼科尔棱镜（起偏棱镜）；3—石英条；4—旋光管；
5—尼科尔棱镜（检偏棱镜）；6—刻度圆盘；7—目镜

3.3.8.2　使用方法

① 接通电源，开启开关约 5min，钠光灯发光正常后才可开始工作。

② 将样品管充满蒸馏水，盖好玻璃片，旋好压紧螺帽（不要过分用力，以不漏为准）。检查样品管两端不漏水后，用滤纸擦干样品管，若两端玻璃片不干净，要用镜头纸擦干净，样品管内若有小气泡，应将其赶到样品管的扩大部分。

③ 将样品管放入旋光仪，先调目镜焦距，使视野清晰，再调节刻度手轮，找到等暗面，读取刻度值，作为仪器零点。

④ 在样品管中，更换为待测溶液，用上述同样方法，测出其刻度值，将此值减去零点值，即为样品溶液在此实验条件下的旋光度，右旋记为"（＋）"，左旋记为"（－）"。

为了清除读数盘的偏差，旋光仪中采用双向读数（游标上可直接读到 0.05），再取平均值。

3.3.9 显微熔点测定仪

显微熔点测定仪可用于单晶或多晶等物质的分析，进行晶体的观察和熔点的测定，观察物质在加热状态下的形变、色变及物质三态转化等物理变化过程，在实际中有广泛的用途。

3.3.9.1 构造原理

显微熔点测定仪的种类和型号较多。但基本上都是由显微镜、加热平台、温控装置及温度显示等几部分组成。具体的组成和使用可参见有关的说明书。图 3-44 为常见的显微熔点测定仪。

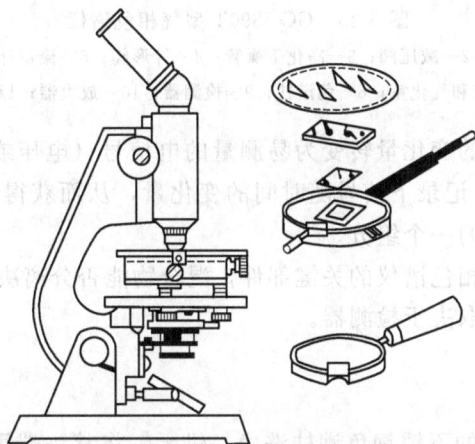

图 3-44 显微熔点测定仪

3.3.9.2 使用方法

测定熔点时，先将载玻片擦净，放入微量样品，再用一玻片盖住样品，一起放入加热台中央。加热，用调热旋钮调节加热速度。当温度接近样品熔点时，控制升温速度为 $1\sim2℃/min$。样品结晶棱角开始变圆时为初熔，结晶完全变为液滴时为全熔。

测定结束后，停止加热。稍冷后用镊子取出载玻片，可借助降温板加速冷却加热平台。用溶剂清洗载玻片，以备再用。

3.3.10 气相色谱仪

气相色谱仪种类很多，但其基本原理、分析流程、主要部件以及使用方法是相似的，现以 GC-7890T 型气相色谱仪为例，介绍仪器的结构及使用方法。

3.3.10.1 工作原理

常用气相色谱仪的主要部件和分析流程如图 3-45 所示。

一般的气相色谱仪由 5 个部分组成：载气系统（包括气源、气体净化、气体流速控制和测量）；进样系统（包括进样器、气化室）；色谱柱；检测器；记录系统（包括放大器、记录仪、数据处理装置）。

载气由高压钢瓶 **1** 供给，经减压阀 **2** 减压后，通过净化干燥管 **3** 干燥、净化，用气流调节阀（针形阀）**4** 调节并控制流速至所需值（由流量计 **5** 及压力表 **6** 显示柱前流量及压力）而到达气化室 **7**。试样用注射器（气体试样也可用六通阀）由进样口注入，在气化室经瞬间气化，被载气带入色谱柱 **8** 中进入分离。分离后的单个组分随载气先后进入检测器 **9**。检测

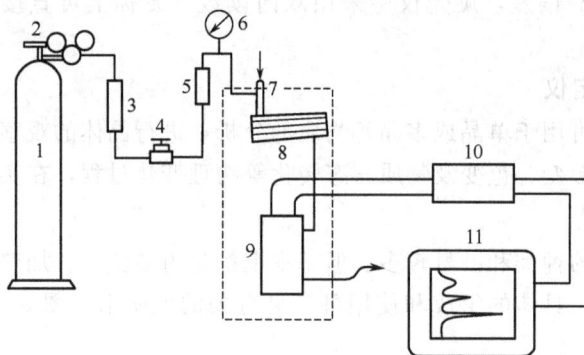

图 3-45　GC-7890T 型气相色谱仪

1—载气钢瓶；2—减压阀；3—净化干燥管；4—针形阀；5—流量计；6—压力表；
7—进样器和气化室；8—色谱柱；9—检测器；10—放大器；11—记录仪

器将组分及其浓度随时间的变化量转变为易测量的电信号（电压或电流）。必要时将信号发大，再驱动自动记录仪 **11** 记录下信号随时间的变化量，从而获得一组峰形曲线。一般情况下每个色谱峰代表试样中的一个组分。

色谱柱和检测器是气相色谱仪的关键部件，混合物能否分离决定于色谱柱，分离后的组分能否灵敏准确检测出来取决于检测器。

3.3.10.2　使用方法

（1）色谱柱的准备

将内径 2mm、长 2m 的不锈钢色谱柱洗净、烘干。将其一端用玻璃棉堵住，包上纱布，用橡皮管先连接缓冲瓶，后接真空泵（或者直接用玻璃制水泵）。另一端连接小漏斗，在不断抽气下，将配制好的固定相装入，并不断轻敲柱管，使固定相均匀而紧密地充满柱管，然后在这一端管口处堵上玻璃棉，安装在色谱仪上，在 200℃ 下通载气几小时，即"老化"（不接检测器）。然后接上检测器进行调试。仪器稳定后，既可进行分析。

（2）操作条件

根据测定样品的性质选择热导检测器（TCD）桥电流，通常设定为 140mA（氢作载气）；设定检测温度、柱温、进样器温度和载气流速。

以上均由实验技术人员完成。

（3）操作步骤

① 仪器条件设置。根据样品性质，首先设置确定的仪器工作条件，仪器控制面板示意图见图 3-46，柱温可采用恒温或程序升温模式。通常柱温比混合物平均沸点低 20～30℃，进样器温度和检测器温度应高于混合物中沸点最高的化合物，若待分离的化合物沸点相差很大，可采用程序升温模式。

② 分析程序的计算机设置

a. 打开计算机进入工作站。点击桌面"开始"菜单，弹出程序菜单，点击"在线色谱工作站"即可进入采样通道窗口。

b. 打开通道 **1** 或 **2**，通道窗口包括实验信息、方法和数据采集 3 个功能栏，各功能栏设置内容见图 3-47。把计算机屏幕上显示的各功能栏内容设定好后，进行下面的操作。注意：不管对系统中哪一个参数进行了修改，都必须点击"采用"按钮，这样，输入才能被计算机所接受。

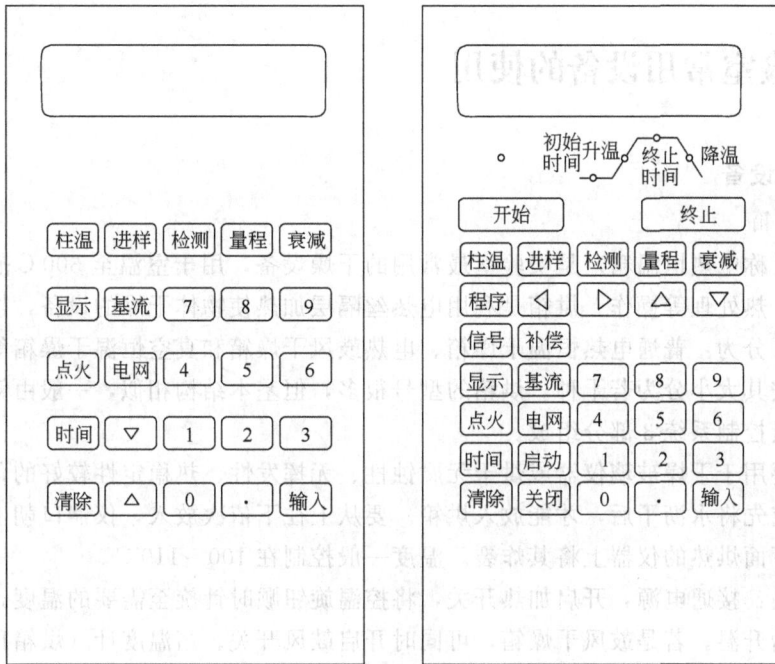

图 3-46　气相色谱仪控制面板示意图

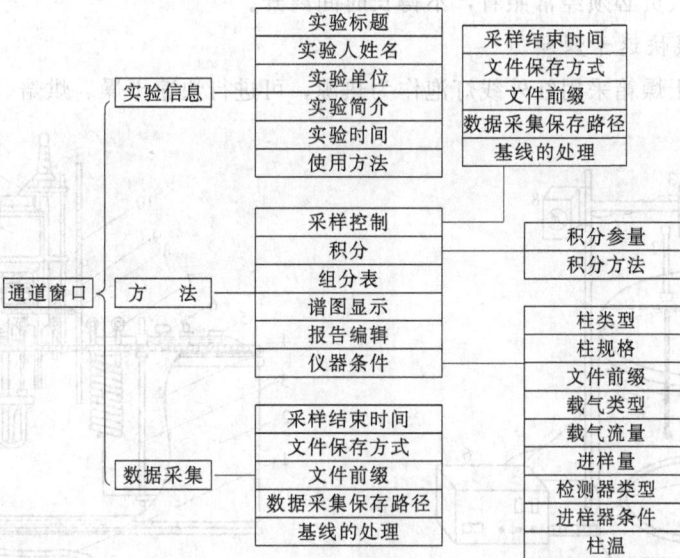

图 3-47　气相色谱仪各功能栏设置内容

c. 点击"查看基线"按钮，观察色谱仪基线，待基线走稳，调整色谱仪的零点，使数据采集监视窗中的输入电压值在 500mV 或 0mV 附近。

d. 将试样注入色谱仪，同时按下"采集数据"按钮（或遥控开关），可看到谱图窗内开始出现色谱流出曲线。待各峰出完后按下"停止采集"按钮。分析结束后，系统会自动打印实验结果。初学者对出图没有把握时，可不设置自动打印，最好在离线色谱工作站下打印。

给出的色谱图将包括所有设定的必要信息。

3.4 实验室常用设备的使用

3.4.1 干燥设备

3.4.1.1 烘箱

烘箱（又称电热恒温箱）是实验室最常用的干燥设备，用于室温至300℃范围内的恒温烘焙、干燥、热处理等操作。烘箱是利用电热丝隔层加热使物体干燥的设备，按结构和加热方式的不同可分为：普通电热恒温干燥箱、电热鼓风干燥箱和真空恒温干燥箱等。每一种类型的烘箱又按其大小分为若干种。烘箱的型号很多，但基本结构相似，一般由箱体、电热系统和自动恒温控制系统3部分组成。

烘箱主要用于干燥玻璃仪器或烘干无腐蚀性、无挥发性、热稳定性较好的化学药品。一般玻璃仪器应先将水沥干后，才能放入烘箱。要从上往下依次放入，仪器口朝上，以免上面的水滴流到下面烘热的仪器上将其炸裂。温度一般控制在100～110℃。

使用方法：接通电源，开启加热开关，将控温旋钮顺时针旋至需要的温度，此时红色指示灯亮，开始升温。若是鼓风干燥箱，可同时开启鼓风开关。当温度计（烘箱顶上）升至工作温度时（一般在烘箱内温度升到比所需温度低2～3℃时），将控温旋钮逆时针旋至指示灯刚熄灭，指示灯明灭交替处即为恒温定点。使用烘箱时应注意：不可烘易燃、易爆、有腐蚀性的物品；操作人员必须经常照看，不得长时间离开。

3.4.1.2 红外线快速干燥箱

红外线快速干燥箱采用红外线灯泡作为热源，可进行快速干燥、烘焙。这种烘箱具有结

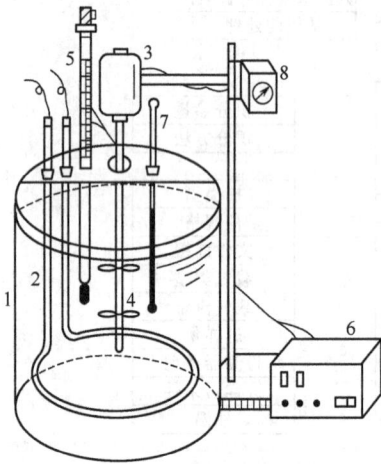

图 3-48 水浴恒温槽

1—浴槽；2—加热器；3—电动机；4—搅拌器；
5—温度调节器；6—温度控制器；
7—精密温度计；8—调速变压器

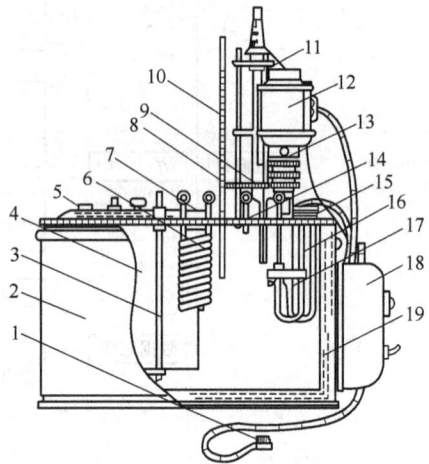

图 3-49 超级恒温槽

1—电源插头；2—外壳；3—恒温筒支架；4—恒温管；
5—恒温筒加水口；6—冷凝管；7—恒温筒盖子；
8—水泵进水口；9—水泵出水口；10—温度计；
11—电接点温度计；12—电动机；13—水泵；
14—加水口；15—加热元件线盒；
16—两组加热元件；17—搅拌叶；
18—电子继电器；19—保温层

构简单、使用维修方便、升温快、温度稳定等特点。红外线辐射高度可通过箱顶的两个蝶形螺母调节，当被加热的物体位于红外线焦点时，所接受的热量最大。

实验室常用的红外线快速干燥箱的功率一般为500W，工作电流2.28A，工作室尺寸40cm×26cm×22cm。

使用时必须注意：外壳接地线；严禁烘烤易挥发、易燃、易爆物质；取放物品时切勿触及灯泡，以防将其损坏。

3.4.2　恒温水浴

在许多化学实验中，需要测定的数据，如蒸气压、黏度、电导、化学反应速率常数、平衡常数等都与温度有关，所以常常需要恒温的环境，以保持温度的相对稳定。通常用恒温槽（见图3-48）或超级恒温槽（见图3-49）来实现这一目的。

恒温槽采用间歇加热来维持恒温。当体系温度低于指定温度时，它会自动对体系加热；而达到所需温度时，又会自动停止加热。恒温槽采用热容量大和导热性能好的液体作介质，当所需控制的温度为0～90℃时，以水作为介质。此种恒温槽即称为恒温水浴，它由浴槽、温度调节器、控制器、加热器、搅拌器及温度计组成。

3.4.2.1　温度调节器

水银接点温度计（或称螺旋接触温度计）（见图3-50）是恒温水浴的传感器，用于调节温度，对恒温水浴的灵敏度有直接影响。它的上半段是控制温度用的指示装置，下半段是一支水银温度计。后者的毛细管内有一根金属丝与上半端的螺母相连。水银接点温度计的顶端有一块帽形磁铁，转动磁铁时，螺母会带动金属丝沿螺杆上下移动。温度计有两根导线，一根与金属丝和水银相连，另一根与温度控制器相连。

通过旋转帽形磁铁将螺母调到设定位置，如50℃，这时金属丝的下端位于50℃处。当水银柱上升到50℃时，恰与金属丝接触，加热器即停止加热。温度若下降，两者脱离，重新开始加热。

3.4.2.2　温度控制器

温度控制器由继电器和控制电路组成。继电器在接点温度计断路时（水浴温度低于指定温度），使加热电路接通，水浴开始加热。当温度计电路接通后，若温度超过指定值，继电器将加热电路断开，停止加热。上述过程反复发生，使体系保持恒定温度。

3.4.2.3　加热器

根据温度控制范围及恒温槽大小来选择功率适当的电加热器。通常在使用时，为了保证精度，同时又节省时间，可先用大功率的辅助加热器加热，当体系接近所需温度时再用功率适当的加热器来维持恒温。

3.4.2.4　搅拌器

搅拌器的作用是使水浴内各处温度一致。一般采用功率40W

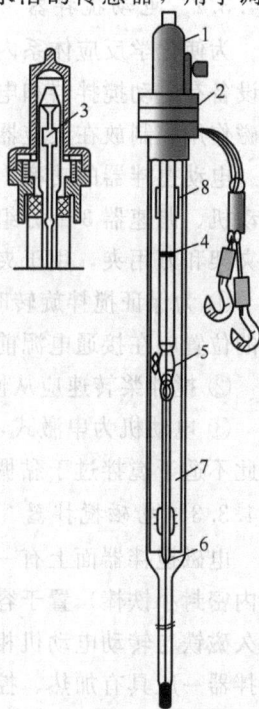

图3-50　水银接点温度计

1—调节帽；2—磁钢；
3—调温转动铁芯；
4—定温指示标杆；
5—上铂丝引出线；
6—下铂丝引出线；
7—下部温度刻度板；
8—上部温度刻度板

的电动搅拌器，搅拌速度通过变速器调节。

3.4.2.5 温度计

水银接点温度计的温度标尺刻度不够准确，需用另一支 1/10℃ 的温度计或更精确的温度计来准确显示水浴的实际温度。

整个水浴的布局应该合理。加热器与搅拌器的距离不宜过远，接点温度计应当置于两者附近，以提高传感器灵敏度。

3.4.3 电动设备

3.4.3.1 电动离心机

电动离心机常用于沉淀与溶液、不易过滤的各种黏度较大的溶液、乳浊液、油类溶液及生物制品等的分离。使用普通离心机的注意事项如下：

① 应安放在稳固的台面上，以防离心机滑动或震动而引发事故；

② 启动离心机时应逐渐加速，如果出现声音不正常，应停机检查；

③ 应将离心试管对称放置，若试管为单数不对称，则应将一空试管装入相同质量水后放入，以保持质量对称；

④ 关闭离心机时应逐渐减速，直至自动停止，不得强制使其停止。

3.4.3.2 电动搅拌器

为使化学反应体系内的物质混合均匀，且温度维持稳定，需要使用搅拌设备，常用的搅拌设备有电动搅拌器和电磁搅拌器两种。前者控制搅拌桨直接在工作物质中搅拌；后者通过电磁作用控制放在反应器内部的搅拌子旋转。

电动搅拌器的功率一般为 40～60W 左右，变速范围 $700 \sim 6000 \text{r} \cdot \text{min}^{-1}$，主要由机座、电动机、调速器 3 部分组成，电动机的主轴配有搅拌卡头，用于轧牢搅拌桨。搅拌机附有十字夹架和万用夹，用于夹放烧瓶等。搅拌桨可根据需要购置或自制。使用时注意以下事项。

① 为保证搅拌旋转时稳定、匀速、不摇动，须注意：卡头要牢固轧住搅拌转轴，电动机的位置应在接通电源前调节合适，以免搅拌桨触及反应容器，搅拌桨应转动自如；

② 搅拌桨转速应从慢到快逐渐加速，不可过快；

③ 电动机为串激式，空转时速率快，负荷越重转速越慢，不能超负荷使用，以防烧毁，因此不适于搅拌过于黏稠的液体，一般来说，低黏度采用高速搅拌，高黏度采用低速搅拌。

3.4.3.3 电磁搅拌器

电磁搅拌器面上有一用于放置被搅拌容器的金属盘，使用时将搅拌子（在玻璃管或塑料管内密封小铁棒）置于容器内的液体中。金属底盘内有电热丝和云母绝缘层，底盘下有一块永久磁铁与转动电动机相连，电动机带动永久磁铁吸引搅拌子旋转，从而起搅拌作用。电磁搅拌器一般具有加热、控温、电磁搅拌、定时和调速功能。加热温度和搅拌速度由搅拌器面板上的旋钮控制。操作时搅拌速度不宜过快，否则搅拌子旋转速度跟不上转动，转速不匀，甚至跳动。另外，应将容器放在合适位置，使搅拌子不致碰触器壁，而造成搅拌不均匀。

3.4.4 气体钢瓶

化学实验所需的气体，平时贮存在高压气体钢瓶内。由于压力较高，使用时必须了解有关的安全知识。

3.4.4.1 钢瓶和减压阀

由于瓶内装有高压气体，而且在运输和搬运过程中还要承受外界作用力，因此，对钢瓶的质量要求严格，对材料的要求很高，常用无缝合金或锰钢制成圆柱形容器，壁厚5～8mm。钢瓶顶部有启闭气门（即开关阀），气门侧面接头（支管）上连接螺纹，用于可燃性气体的为左旋螺纹，非可燃性气体的为右旋螺纹。这是为了杜绝把可燃性气体压缩到盛有空气或氧气的钢瓶中的可能性，以及防止偶然把可燃性气体钢瓶连接到有爆炸危险的装置上去。

由于钢瓶内压力很高，而使用压力一般较低，仅靠启闭气门不能准确、稳定地调节气体的放出量。为了降低压力，并保持压力稳定，需要安装减压阀。不同工作气体有不同的减压阀，不同的减压阀涂以不同的颜色（与各种钢瓶颜色标志一致）。

3.4.4.2 气体钢瓶的颜色

为了防止因各种钢瓶混用造成爆炸事故，统一规定了钢瓶瓶身颜色及标字颜色，以示区别，见表3-5。

表 3-5 各种钢瓶的标志

气体	瓶身颜色	标字颜色	气体	瓶身颜色	标字颜色
O_2	天蓝	黑	CO_2	铝白	黑
H_2	绿	红	NH_3	淡黄	黑
N_2	黑	黄	Cl_2	深绿	白
He	银灰	深绿	C_2H_2	白	大红
空气	黑	白	Ar	灰银	深绿

3.4.4.3 使用注意事项

① 搬运钢瓶时要带上瓶帽，不可使其遭撞击。应将钢瓶存放于通风、阴凉、干燥处，使之固定；注意隔绝明火（氢气瓶等可燃性气体钢瓶与明火的距离不应小于10m），远离热源，防止曝晒。严禁将乙炔气瓶、氢气瓶和氧气瓶、氯气瓶贮放在一起。可燃性气体不得进入实验楼内。

② 使用钢瓶时必须安装减压阀，减压阀要专用。装卸减压阀时注意防止支管接头上丝扣滑牙，以免装旋不牢而漏气。减压阀卸下后要妥善保存，避免撞击、振动，不要放在有腐蚀性物质的地方。

③ 开关气瓶阀门时，操作人员应避开瓶口方向，站在其侧面，操作要慢，以减少气流摩擦，防止产生静电。

④ 每次使用完钢瓶，先关闭气门，然后将调压螺杆旋松，放尽减压阀内的气体。若不松开调压螺杆，则弹簧长期受压，将导致减压阀压力表失灵。

⑤ 瓶内气体不得全部用尽，一般应保留0.2～1MPa的剩余压力，以防再次灌气时发生危险。

3.4.5 真空泵

在许多化学实验中，要求系统内部的压力低于外界大气压力，这一般是借助真空泵来实现的。真空泵有机械泵和扩散泵两种，前者的真空度可达1～0.1Pa，后者可获得小于10^{-4}Pa的真空。

常用的机械泵为旋片式油泵（见图3-51）。气体从真空系统吸入泵的入口，随偏心轮旋转的旋片使气体压缩，再从出口排出，其效率主要取决于旋片与定子之间的密封程度。整个装置都浸在油中，以油作为封闭液和润滑液。使用机械泵时，在抽气口处接一真空橡皮管，使之与实验系统相通即可开始工作。注意事项如下：

① 正确判别泵的进、出气口；

② 操作过程中，随时检查整个系统的密封性；

③ 必要时，在泵的进气口前装置冷凝器、洗气瓶或吸收塔，以除去实验系统产生的易凝结蒸气、腐蚀性气体或挥发性液体；

④ 停止工作后，立即使泵的抽气口与大气连通，以防泵油倒吸。

油扩散泵的工作原理如图 3-52 所示。从沸腾槽来的泵油（硅油）蒸气，通过喷嘴按一定角度以很高速度向下冲击，从真空系统扩散而来的气体或蒸气分子不断受到高速油蒸气分子的作用，富集在下部区域，然后再被机械泵抽走。油分子则被冷凝而流回沸腾槽。为提高真空度，可以串接几级喷嘴，实验室常使用三级扩散泵。

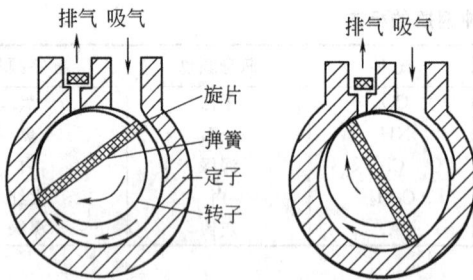

图 3-51　旋片式机械真空泵原理图　　　　图 3-52　油扩散真空泵原理图

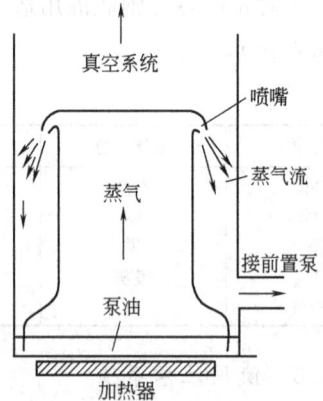

油扩散泵有以下优点：①无毒；②硅油的蒸气压较低，室温下小于 10^{-5} Pa，高于此压力使用可不用冷阱；③油分子量大，能使气体分子有效地加速。缺点是在高温下有空气存在时硅油易分解，且油分子易污染真空系统，因此使用时必须在前置机械泵已抽到 1Pa 时才能开始加热。

4 化学实验基本操作

4.1 玻璃仪器的洗涤和干燥

4.1.1 玻璃仪器的洗涤

玻璃仪器使用完毕应及时洗涤,洗涤的方法有机械法、化学法、物理化学法、蒸汽法等,这些方法可以单独使用,也可以配合使用。洗涤时要考虑污物的性质,选择不同的方法。以下是常用的洗涤方法。

(1)用水刷洗

可洗去易溶于水的污物,冲洗掉附着在仪器上的尘土及不溶性污物。

(2)用去污粉或合成洗涤剂刷洗

可洗去仪器上的油污,刷洗后用净水将去污粉或合成洗涤剂冲洗干净。仪器的磨口部位不可用去污粉擦洗。

(3)用酸洗涤

盐酸可洗去附着在玻璃器壁上的金属氧化物和碳酸盐等污垢;硝酸可洗去附着在试管壁上的银镜。

(4)用铬酸洗液洗涤

铬酸洗液具有很强的氧化性,对有机物和多种难除污垢都具有很强的去污力。铬酸洗液的配制方法如下:在 250mL 烧杯中将 5g 重铬酸钾溶于 5mL 水,然后在搅拌下缓慢加入100mL 浓硫酸即可。需要注意:①铬酸洗液具有很强的腐蚀性,特别是热洗液,使用时必须小心,防止溅在皮肤、衣服和实验台上。如果不慎溅洒,必须立即用水冲洗。②Cr(Ⅵ)有毒,清洗残留在器壁上的洗液时,第一、二遍的洗涤水不要倒入下水道,以免锈蚀管道和污染环境,应回收处理。简便的处理方法是在回收液中加入硫酸亚铁,将 Cr(Ⅵ)还原为Cr(Ⅲ),再行排放。

(5)用草酸洗涤

草酸是较强的还原剂,当仪器附着上具有氧化性的污垢,如二氧化锰时,可用5%草酸溶液(经盐酸酸化)洗净。

(6)用有机溶剂洗涤

胶状或焦油状有机物可用乙醇、丙酮、乙醚、四氯化碳等有机溶剂浸泡洗涤,浸泡时应加盖子以防溶剂挥发。有机溶剂使用后一般应回收。

(7)超声波清洗

只要把用过的仪器,放在配有合适洗涤剂的溶液中,接通电源,利用声波的能量和振动，就可以将仪器清洗干净，省时方便。

采用上述方法洗净的仪器再用清水涮洗数次，必要时还应用蒸馏水洗涤。

4.1.2　玻璃仪器的干燥

4.1.2.1　晾干

利用水的自然挥发使仪器干燥。通常是将洗净后的仪器倒置在干净的仪器柜或搪瓷盘中，倒置不稳的仪器应倒插在仪器柜的格栅板中或实验室的干燥板上。这是最简单而经济的干燥方法，只要不是急用或要求绝对干燥，一般都采用此法。

4.1.2.2　烘干

将洗净的玻璃仪器放入烘箱中烘干。放入烘箱前尽可能将仪器内的水沥干，仪器口朝上。要求绝对干燥的仪器，干燥后应放入干燥器内保存，以免空气中的水分侵入。

4.1.2.3　吹干

要求快速干燥的小型玻璃仪器采用此法。将仪器洗净后倒置控干，加入少量可与水互溶且挥发性大的有机溶剂（无水乙醇、丙酮或乙醚等），将仪器转动使其内壁全部被润湿倾出溶剂，然后用电吹风自仪器底部沿器壁向口部吹干。

注意：带有刻度的计量仪器不能采用加热的方法进行干燥，否则会影响仪器的精度。

4.2　加热和冷却的方法

化学反应往往需要在加热或冷却的条件下进行，而许多基本实验操作也离不开加热或冷却，因此加热和冷却在化学实验中应用非常普遍。

4.2.1　加热方法

化学实验室中常用的加热热源有酒精灯、电炉、电热套、恒温水浴装置以及管式炉和马弗炉等。加热操作可分为直接加热和间接加热两种。

4.2.1.1　直接加热

将被加热物直接放在热源中进行加热，如在酒精灯上加热试管或在马弗炉内加热坩埚等。

4.2.1.2　间接加热

间接加热是先用热源将某些介质加热，介质再将热量传递给被加热物，这种方法称为热浴。热浴的优点是加热均匀，升温平稳，并能使被加热物保持一定温度。常见的热浴方法有水浴、油浴、沙浴等。

（1）水浴加热

当加热温度不超过 100℃ 时，可采用水浴加热。将容器浸入水中，水面应略高于容器内液面，勿使容器触及水浴底部。小心加热，将水温控制在所需的温度范围。如果需要加热到接近 100℃，可用沸水浴或蒸汽浴。加热时应注意随时补充水浴锅中的水，切勿蒸干。

实验室中的水浴加热装置可采用烧杯代替水浴锅，较先进的是恒温水浴槽，它采用电加热并带有自动控温装置，使用方便。

（2）油浴加热

用油代替水浴中的水即成油浴，加热温度可达 100~250℃。油浴所能达到的最高温度取决于所用油的种类。常见的油浴液见表 4-1。

表 4-1　常见的油浴液

油浴液	加热温度/℃	说　　明
药用液体石蜡	<220	高温下不分解，但易燃烧
植物油	<220	加入 1% 对苯二酚，可增加其热稳定性
甘油	140～150	温度过高时易分解
蜡和石蜡	<220	室温下为固体，便于保存
硅油和真空泵油	>250	稳定，但价格贵

用油浴加热时一定要注意防火安全，如果油浴严重冒烟，应立即停止加热。油浴中应悬挂温度计，以便及时调节热源，避免温度过高。油浴中油量不可过多，以防受热膨胀溢出。同时还要防止油浴中溅入水滴。

4.2.2　冷却方法

有些化学反应需要在低温下进行，另一些反应需要传递出产生的热量；一些制备操作像结晶、液态物质的凝固等也需要低温冷却。可根据所要求的温度条件，选择不同的冷却剂。

水冷却剂可使温度降到接近室温。冷水或冰水冷却剂可得到 0℃ 的温度，如果水对反应无影响，可将冰块直接投入反应器中进行冷却。若需要将温度降低到 0℃ 以下，可用碎冰和某些无机盐按一定比例混合作为冷却剂，可得到 0～−50℃ 左右的温度。干冰-有机溶剂冷却剂，如干冰和丙酮、乙醇、异丙醇或氯仿等溶剂以适当比例混合，可以冷却到 −78℃。液氮可冷却到 −196℃，而液态氦可达到 −268.9℃。常用制冷剂及其最低制冷温度见表 4-2。

表 4-2　常用制冷剂及其最低制冷温度

制冷剂	最低温度/℃	制冷剂	最低温度/℃
冰-水	0	$CaCl_2 \cdot 6H_2O$-冰(1∶1)	−29
NaCl-碎冰(1∶3)	−20	$CaCl_2 \cdot 6H_2O$-冰(1∶1)	−40.3
NaCl-碎冰(1∶1)	−22	液氨	−33
NH_4Cl-冰(1∶4)	−15	干冰	−78.5
NH_4Cl-冰(1∶2)	−17	液氮	−196

当操作温度低于 −38℃ 时，不可再使用水银温度计，而应使用低温温度计（内装甲苯、正戊烷等有机物液体）。

此外，使用低温冷浴时，为防止外界热量的传入，冷浴外壁应使用隔热材料包裹覆盖。

4.3　物质的干燥方法

干燥是除去固体、液体或气体中含有的水分或有机溶剂的操作过程，干燥在化学实验中非常普遍，也十分重要。许多反应必须在无水条件下进行，因而要求原料、溶剂和仪器都必须干燥。液体在蒸馏前需要进行干燥，以防止水与有机物形成恒沸物而增加前馏分，而且水有可能引发一些副反应而影响产物的纯度。在进行分析鉴定工作之前，也必须使被测物质完全干燥，否则将影响测试结果的可靠性。

4.3.1 液体的干燥

4.3.1.1 干燥剂的选择

干燥液体时，一般是将干燥剂直接投入其中，因此选用干燥剂时，要求：①干燥剂不可与被干燥的液体发生化学反应，也不能溶解于其中。例如，碱性干燥剂不能用于干燥酸性物质；氯化钙易与醇、胺及某些醛、酮形成配合物；氧化钙、氢氧化钠等强碱性干燥剂能催化某些醛、酮的缩合及氧化等反应，使酯类发生水解反应等；氢氧化钠（钾）可显著溶解于低级醇。②干燥剂的干燥容量。容量越大，吸水越好。③干燥剂的干燥速度和价格等。常用干燥剂的性能和应用范围见表 4-3。

表 4-3　常用干燥剂的性能和应用范围

干燥剂	性质	适用化合物的范围
浓硫酸	强酸性	烃、卤烃
五氧化二磷	酸性	烃、卤烃、醚
氢氧化钠	强碱性	烃、醚、氨、胺
氢氧化钾	强碱性	烃、醚、氨、胺
金属钠	强碱性	烃、醚、叔胺
无水碳酸钠	碱性	醇、酮、酯、胺
氧化钙	碱性	低级醇、胺
无水氯化钙	中性	烃、烯、卤烃、酮、醚、硝基化合物
无水硫酸镁	中性	醇、酮、醛、酸、酯、卤素、腈、酰胺、硝基化合物
3A、4A、5A 分子筛	中性	各类有机溶剂

4.3.1.2 干燥剂的用量

干燥剂的用量可根据干燥剂的吸水容量和水在被干燥液体中的溶解度来估算。由于在萃取或水洗时，难以把水完全分净，所以在一般情况下，干燥剂的实际用量都大于理论值。另外，对于极性物质和含亲水性基团的化合物，干燥剂需过量一些。但是，干燥剂的用量也不宜过多，因为干燥剂的表面吸附会造成产物的部分损失。干燥剂的一般用量为每 10mL 液体大约加 0.5~1.0g，但因液体的含水量不等，干燥剂的质量、颗粒大小和干燥温度等都有所不同，所以很难规定具体的用量。需要根据具体情况和实际经验，选用适宜的用量。

4.3.1.3 操作

选择合适的干燥剂，在不断振荡下使水被干燥剂吸收。具体操作中应注意以下几点。

① 干燥前应尽可能把液体中的水分净。

② 干燥应在收口容器中进行。

③ 干燥剂的颗粒要大小适度，太大则表面积小，吸水缓慢；太细又会吸附较多的被干燥液体，且难以分离。

④ 对于含水分较多的液体，干燥时常出现少量水层，必须将此水层分去或用吸管吸去，再补加一些新的干燥剂。加入适量干燥剂后，应摇荡片刻，然后加瓶塞静置。

⑤ 若发现干燥剂互相黏结，或被干燥液体仍呈浑浊，则应补加干燥剂。若液体在干燥前呈浑浊，干燥后变澄清，则可认为已基本干燥。

⑥ 将已干燥的液体物用倾析法或通过塞有棉花的玻璃漏斗倒入干燥的容器中。

4.3.2 固体的干燥

4.3.2.1 晾干

晾干，即在空气中自然干燥。该法最为简便，适合干燥在空气中稳定而又不吸潮的固体

60

物质。干燥时应把被干燥物放在干燥洁净的表面皿或滤纸上，摊成薄层，上覆滤纸。

4.3.2.2　烘干

烘干可加快干燥速度，对熔点高且遇热不分解的固体，可用普通烘箱或红外干燥箱烘干。必须控制好加热温度，以防样品变黄、熔化甚至分解、炭化。烘干过程中应经常翻动，以防结块。

4.3.2.3　干燥器干燥

易分解或易升华的固体不能采用加热的方式干燥，可置于干燥器内干燥。为了防止吸潮，将已经干燥好的物质保存在干燥器内。

（1）常用的干燥器

① 普通干燥器（见表 3-1）盖与缸身间的平面经过磨砂，在磨砂处涂以润滑脂，使之密闭。缸中有多孔瓷板，瓷板下面放干燥剂，上面放置盛有待干燥样品的表面皿或培养皿等器皿。普通干燥器方便、实用，但干燥时间较长，效率不高。

② 真空干燥器（见表 3-1）干燥效率较高，其盖上有玻璃活塞，用以抽真空，活塞下端呈弯钩状，口朝上，可防止放气时气流将样品冲散。先将盛有待干燥样品的表面皿或培养皿等器皿放入干燥器内，然后抽真空。真空度不宜过高，为安全起见，干燥器外面最好用铁丝网或布包裹。

（2）常用的干燥剂

干燥器内放何种干燥剂，需要根据被干燥物质和被除去溶剂的性质来确定。干燥器内常用干燥剂的应用范围见表 4-4。

表 4-4　干燥器内常用干燥剂的应用范围

干燥剂	除去的溶剂或其他杂质	干燥剂	除去的溶剂或其他杂质
CaO	水、乙酸、氯化氢	P_2O_5	水、醇
$CaCl_2$	水、乙醇	石蜡片	醇、醚、石油醚、苯、氯仿、四氯化碳
NaOH	水、乙酸、氯化氢、醇、酚	硅胶	水
浓 H_2SO_4	水、乙酸、醇		

4.3.3　气体的干燥

干燥气体常用的仪器有：干燥管、U 形管、干燥塔（装固体干燥剂）、洗气瓶（装液体干燥剂）及冷阱（干燥低沸点气体，见图 4-1）等。须根据气体的性质、数量、潮湿程度和干燥要求等来选择相应的干燥剂和仪器。干燥气体常用的干燥剂见表 4-5。

用氯化钙、生石灰和碱石灰作干燥剂时，应选用较大的颗粒，以防其结块而堵塞气路。采用五氧化二磷等时，需要混入支撑物料，如玻璃纤维或浮石等。液体干燥剂的用量要适当，太多会因压力大而导致气体不易通过，太少则将影响干燥效果。如果对气体的干燥要求较高，可同时连接多个干燥器，各干燥器中放置相同或不同的干燥剂。另外，在气源和干燥装置之间或干燥装置和反应器之间必须装置安全瓶。

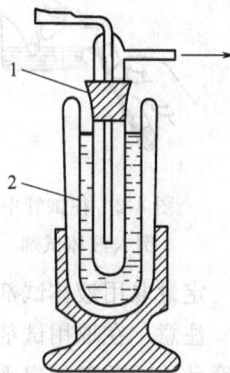

图 4-1　冷阱
1—冷阱；2—杜瓦瓶

61

表 4-5　干燥气体常用的干燥剂

干燥剂	可干燥的气体	干燥剂	可干燥的气体
CaO、碱石灰、NaOH、KOH	NH_3 类	浓 H_2SO_4	H_2、N_2、CO_2、Cl_2、HCl
无水 $CaCl_2$	H_2、HCl、CO_2、CO、N_2、O_2	$CaBr_2$、$ZnBr_2$	HBr
P_2O_5	H_2、N_2、CO_2、Cl_2、HCl		

4.4　试剂的取用和溶液的配制

4.4.1　试剂的取用

4.4.1.1　固体试剂的取用

用洁净的牛角匙（或塑料匙、不锈钢匙等）取固体试剂，必须专勺专用。取一定量的固体试剂时，把试剂放在纸上或表面皿等玻璃容器上，根据要求在天平（如可称准至 0.1～0.5g 的台秤）上称量。取完试剂后，立即盖严瓶塞。易潮解或有腐蚀性的试剂不能放在纸上，而应放在加盖玻璃容器内称量。多取的试剂（尤其是纯度较高的试剂）不得再倒回原试剂瓶，以免污染整瓶试剂。颗粒较大的固体，可在干净的研钵中研碎后取用。

4.4.1.2　液体试剂的取用

① 从细口试剂瓶取用液体试剂。取下瓶塞，左手拿住容器（如试管、量筒等），右手握住试剂瓶（标签向着手心），倒出所要求量的试剂。倒完后应将试剂瓶口往容器上靠一下，再使瓶子竖直，以免液滴沿外壁流下（见图 4-2）。

把试剂瓶中的液体倒入烧杯，可使用玻璃棒，棒的下端斜靠在烧杯壁上，瓶口靠在玻璃棒上，使液体沿玻璃棒流下（见图 4-3）。

② 从滴瓶中取用试剂。吸取试剂后往试管中滴加试剂时，只能将滴管放在管口的上方滴加（见图 4-4）。为防止污染试剂，一个滴瓶上的滴管不能用来移取其他试剂瓶中的试剂；不得将自己的滴管伸入试剂瓶中吸取试剂。

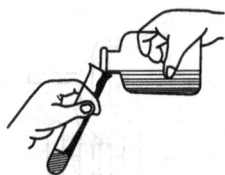

		正确　　不正确
图 4-2　往试管中 倒入液体试剂	图 4-3　往烧杯中 倒入液体试剂	图 4-4　往试管中 滴加液体试剂

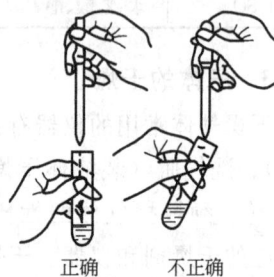

定量取用液体试剂时，根据要求可选用准确度较高的量器，如移液管、滴定管等。

注意：在取用试剂前，要核对标签，确认无误后才能取用；各种试剂瓶的瓶盖取下不能随意乱放，顶部是扁平的瓶塞要仰放在实验台上，其他形状瓶塞可放在清洁的表面皿上或用食指和中指将瓶塞夹住；取用试剂要注意节约，用多少取多少，多余的试剂不应倒回原试剂瓶内，有回收价值的，可放入回收瓶中；取用易挥发的试剂，如浓 HCl、浓 HNO_3、溴等，应在通风橱中操作，防止污染室内空气；取用剧毒及强腐蚀性的药品，要注意安全，不要碰到手上，以免发生伤害事故。

4.4.2 溶液的配制

根据欲配制溶液的纯度和浓度要求，选用相应等级的试剂，计算溶质用量，按照一定的操作方法配制溶液。配制时须注意以下几点。

① 配制饱和溶液时，取用溶质的量应稍多于计算量，加热使之溶解、冷却，待结晶析出后再用，这样可保证溶液达到饱和。

② 如果试剂溶解时产生较高的溶解热，配制溶液的操作一定要在烧杯中进行。

③ 配制易水解盐类的溶液，必须将它们先溶解在相应的酸〔如 $SnCl_2$、$SbCl_3$、$Bi(NO_3)_3$ 等溶液〕或碱（如 Na_2S 溶液）中，以抑制水解。

④ 配制易氧化盐〔如 $FeSO_4$、$SnCl_2$、$Hg(NO_3)_2$ 等〕的溶液，应采取防止氧化的措施（如在 $FeSO_4$ 溶液中加入铁钉）。

标准溶液的配制方法详见相应的实验内容。一些特殊用途的试剂，如指示剂、缓冲溶液，其配制方法参阅附录。

4.5 物质的萃取与洗涤

萃取是利用物质在两种互不相溶（或微溶）的溶剂中溶解度或分配系数的不同来进行分离、提取或纯化的操作，是一种常用的分离和提纯方法。通过萃取可以从混合物中提取出所需要的物质，也可洗去混合物中含有的少量杂质。前者的过程称为"萃取"或"抽提"，后者的过程称为"洗涤"。

4.5.1 萃取原理

物质在不同溶剂中有着不同的溶解度。在一定温度下，某物质在两种互不相溶的溶剂中的浓度之比为一常数，称为分配系数 K，表示为 $K = c_A/c_B$，其中 c_A、c_B 分别为该物质在两种溶剂中的浓度。

一般来说，有机物在有机溶剂中的溶解度要比在水中大，因此常利用有机溶剂来提取溶解在水中的有机物。除非分配系数极大，否则只通过一次萃取很难将所需的化合物从溶液中完全提取出来，因而必须更换新鲜的溶剂再进行多次萃取。假设在体积为 V 的溶剂中溶解的物质质量为 m_0，每次萃取溶剂的体积为 S，经 n 次萃取后，则该物质的残留量 m_n 为

$$m_n = m_0 [KV/(KV+S)]^n$$

由于 $KV/(KV+S)$ 总是小于 1，n 越大，m_n 就越小。所以，用同量溶剂分多次萃取比一次萃取的效率高。实际操作中，一般将同量溶剂分为 3～5 次萃取。

在水溶液中加入一定量的电解质（如氯化钠），利用盐析效应降低有机物和萃取剂在水溶液中的溶解度，可改善萃取效果。

4.5.2 操作方法

4.5.2.1 液-液萃取

首先必须选择合适的萃取溶剂，以保证萃取效果，选择的依据为：不与原溶剂互溶；对被萃取物质有较大的溶解度，而对杂质的溶解度小；纯度高、沸点低、化学稳定性好、毒性

小、价格低。在实际工作中，涉及最多的是对水溶液中物质的萃取。一般来说，难溶于水的物质可用石油醚萃取；水溶性较大的用苯或乙醚；易溶于水的用乙酸乙酯等。

最常用的萃取仪器是分液漏斗。要求分液漏斗的容积比萃取液和溶剂的总体积大一倍以上。实际操作中，首先将分液漏斗的活塞、磨口擦干，在活塞表面涂少量润滑脂，小心塞上活塞，旋转几圈至涂层均匀透明。加少量水振摇，观察分液漏斗有无渗透现象。然后关好活塞，从上口依次加入被萃取液和萃取剂。塞好上口塞子（注意此塞上的刻槽应与上口小孔错开；此塞不涂润滑脂），用右手手掌抵住顶塞，手握漏斗，左手握住活塞部位，拇指压住活塞，进行水平振摇［见图 4-5（a）］。开始振摇要慢，并注意经常放气（漏斗斜向上朝无人处旋开活塞），以平衡内外压力［见图 4-5（b）］。充分振摇后，将分液漏斗置于铁圈上，静置。待两层液体完全分层后，将顶塞的塞槽与漏斗上口小孔对齐，慢慢旋开活塞，放出下层液体。当两液体界面接近活塞时，减缓流速，以保证分离彻底。最后，将上层液体从上口倒出，切不可从下口放出。

洗涤过程的操作同上。常用的洗涤液有稀碱液、稀酸液和水等。

在萃取或洗涤过程中，尤其是当溶液呈碱性时，常常会出现乳化现象，致使分离困难，因此应避免剧烈振摇。若已发生乳化，可通过较长时间的静置，或加少量电解质，如氯化钠等来破乳。

4.5.2.2 固体物质的萃取

固体物质的萃取常使用索氏提取器（见图 4-6）。提取器由圆底烧瓶、虹吸器、回流冷凝管组成。萃取时，先将固体研细放入滤纸套内，然后置于虹吸器中。加热烧瓶，当烧瓶中的溶剂蒸气从冷凝管凝结下来时，滴到固体提取物上，被提取物就溶解在热的溶剂相中。溶剂升高到一定高度，会从侧面的虹吸管流回烧瓶。然后又重新蒸发、冷凝，变为新鲜溶剂，重复上述提取过程。最后，所要的提取物就会富集到下面的烧瓶中。

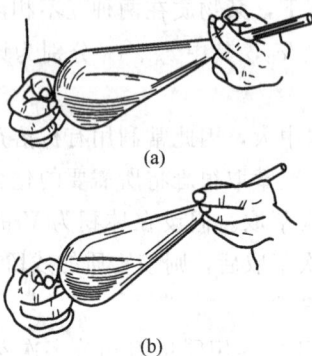

图 4-5 分液漏斗的振摇

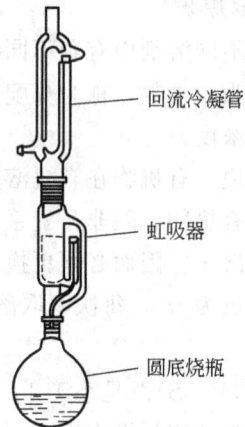

图 4-6 索氏提取器

4.6 沉淀的生成、过滤和洗涤、烘干和灼烧

在化学制备或分析的过程中，经常要遇到沉淀的生成，以及固体与液体的分离问题。

4.6.1 沉淀的生成

不同性状的沉淀可采用不同的方法生成。

对于晶形沉淀，采用下述方法生成：

① 在热的稀溶液中进行；

② 边搅拌边用滴管缓慢地加入沉淀剂；

③ 向静置后的上层清液中滴加沉淀剂，观察是否出现浑浊，以检查沉淀完全与否；

④ 盖上表面皿，放置过夜或在水浴上加热，以陈化沉淀。

对于非晶形沉淀，通常生成的方法如下：

① 在较浓的溶液中进行；

② 以较快的速度搅拌和滴加沉淀剂；

③ 沉淀完全后，用热蒸馏水稀释，不必放置陈化。

4.6.2 沉淀的过滤和洗涤

如果生成的沉淀需要灼烧，用定量无灰滤纸过滤；对于只需要烘干而不需要灼烧的沉淀，用微孔玻璃坩埚过滤。其过滤方法有如下几种。

4.6.2.1 倾析法

当沉淀的相对密度较大或晶体颗粒较大时，静置后能很快沉降至容器底部，可用倾析法进行分离和洗涤。

倾析法的具体操作如图 4-7 所示。在漏斗的上方将搅拌棒从烧杯中取出，紧贴烧杯嘴，垂直竖立于滤纸三层的上方，尽可能接近滤纸，但又不能接触滤纸。先把上层清液沿搅拌棒倾入漏斗，倾入漏斗的溶液最多至滤纸边缘下 5～6mm 处。停止倾注溶液时，将烧杯沿搅拌棒向上提，并逐渐扶正烧杯，保持搅拌棒不动，倾注完成后将搅拌棒放回烧

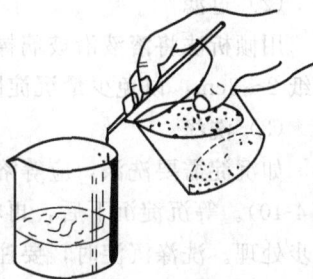

图 4-7 倾析法

杯。整个过滤过程，搅拌棒不是在烧杯中，就是竖立在漏斗上方，这样不会造成试液损失。要注意勿使滤液淹没或触及漏斗末端。

4.6.2.2 常压过滤

当沉淀物为胶体或细小晶体时，用此种方法最为简便，但过滤速度较慢。过滤时使用玻璃漏斗和滤纸进行。

(1) 滤纸的折叠和漏斗的准备

先将滤纸对折后再对折。为保证滤纸与漏斗密合，第二次对折时不要把两角对齐，将一角向外错开一点，但不要折死。将滤纸放入已洗净干燥的漏斗中，试一下滤纸与漏斗能否密合，然后再把第二次折边折死。所得的圆锥体滤纸半边为三层，另半边为一层，为使滤纸贴紧漏斗壁，将三层这半边的外层撕掉一个角（见图 4-8），最外层撕得多一点，第二层少撕一点。

将折好的滤纸放入漏斗，用食指按住三层的一边（对着漏斗出口短的一边），用水将滤纸润湿，轻轻按压滤纸，使滤纸的锥体上部与漏斗之间没有空隙，而下部与漏斗内壁却留有缝隙。加水至滤纸的边缘，使漏斗下部和颈内充满水，当漏斗中的水流尽后，颈内能形成无气泡的水柱。若颈内不能形成水柱，可用手指堵住漏斗下口，稍稍掀起滤纸三层的一边，用洗瓶往滤纸和漏斗之间的空隙里加水，直到漏斗颈与锥体的大部分充满水，最后按紧滤纸

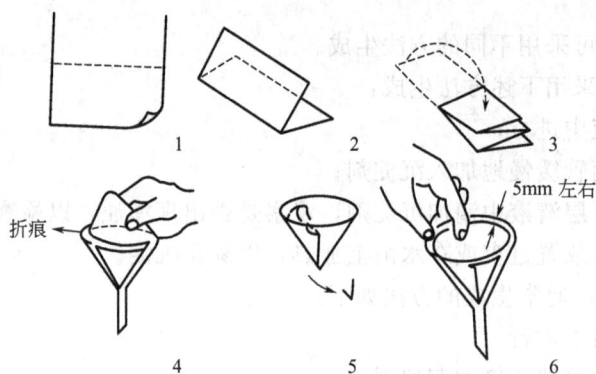

图 4-8 滤纸的折叠

边，放开堵出口的手指，此时水柱即可形成。贴好滤纸后，再用蒸馏水冲洗滤纸 1～2 次。然后将准备好的漏斗放在漏斗架上，下面用一干净的接受器承接滤液，注意漏斗尖端应紧紧靠在接受器的内壁，这样可以加快过滤速度，避免溶液溅出。

（2）过滤

用倾析法将溶液沿玻璃棒在三层滤纸一侧缓慢倾入（见图 4-9），注意液面高度应低于滤纸 2～3cm，以免少量沉淀因毛细作用超过滤纸上缘，造成损失。

（3）洗涤

如沉淀需要洗涤，应等溶液转移完毕，往盛有沉淀的容器中加入少量溶剂充分搅拌（见图 4-10）。等沉淀沉下后，再将上层溶液倒入漏斗，重复洗涤 2～3 遍，最后将沉淀取出做进一步处理。洗涤沉淀时，要注意遵循"少量多次"的原则，这样既可将沉淀洗净，又尽可能地降低了沉淀的溶解损失。还要注意的是，过滤与洗涤必须相继进行，不能间断，否则沉淀干涸了就无法洗净。

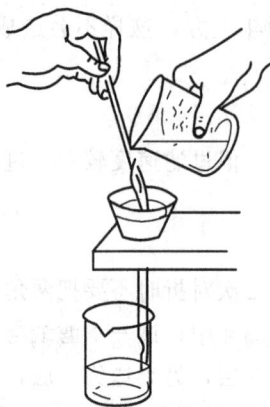

图 4-9 过滤

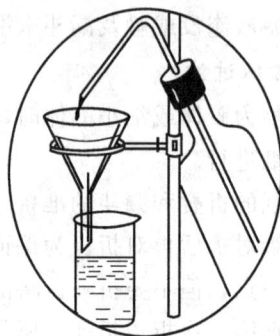

图 4-10 沉淀的洗涤

4.6.2.3 减压过滤（抽滤或真空过滤）

此方法可加速过滤，并能使沉淀抽得较干燥。但此法不宜用于过滤颗粒太小的沉淀和胶体沉淀。颗粒太小易在滤纸上形成一层密实的沉淀，溶液不易透过，使抽滤速度减慢。而胶体沉淀易穿透滤纸，因此都达不到加速过滤的目的。

减压过滤操作过程如图 4-11 所示。安装时将布氏漏斗下端斜口正对吸滤瓶支管，用耐压橡皮管把吸滤瓶与真空泵相连。因为真空泵能使吸滤瓶内减压，造成吸滤瓶内与布氏漏斗液面上的压力差，所以过滤速度较快。

过滤前，先剪好一张圆形滤纸，滤纸应比漏斗内径略小，但要能盖住漏斗小孔，用少量水润湿滤纸，打开真空泵，减压使滤纸和漏斗贴紧，然后开始抽滤。先用倾析法将溶液沿玻璃棒倒入漏斗中，加入量不要超过漏斗容量的2/3，最后将沉淀转移至布氏漏斗中。待抽到无液滴滴下时，停止抽滤。这时应先拔下连接吸滤瓶和真空泵的橡皮管，再关闭抽气系统，防止倒吸。取下漏斗倒扣在滤纸或表面皿上，用吸耳球吹漏斗下口，使滤纸和沉淀脱离漏斗，滤液则从吸滤瓶上口倾出，不能从支管倒出。

若沉淀需洗涤，在停止抽气后，用尽可能少的干净溶剂洗涤晶体，减少溶解损失。应边加溶剂，边用玻璃棒轻轻翻动，至所有晶体都被溶剂浸润为止，再进行抽气，一般洗涤1～2次即可。

若过滤的溶液有强酸性或氧化性，为了避免溶液和滤纸的作用，应采用玻璃砂漏斗。但由于碱易与玻璃作用，所以玻璃砂漏斗不宜于过滤强碱性溶液。另外，在过滤过程中应注意观察滤液是否澄清，若出现不澄清，要查找原因，立即处理。

4.6.2.4 热过滤

如果在室温下，溶液中的溶质能结晶析出，而在实验中不希望发生此种现象，这时就要趁热过滤。图4-12的常压热过滤漏斗是由铜质夹套和普通玻璃漏斗组成。铜质夹套里可装热水，用煤气灯加热热水漏斗，等夹套内的水温升到所需温度便可以过滤热溶液。其操作与常压过滤相同。

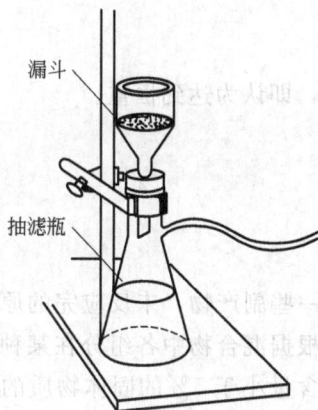

图 4-11　抽滤装置　　　　　　　　图 4-12　热过滤

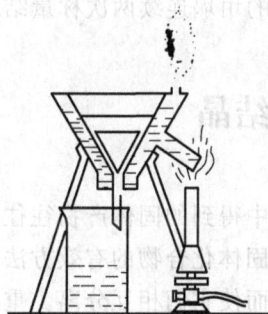

4.6.3　沉淀的烘干和灼烧

（1）坩埚的准备

清洗坩埚，晾干，蘸取加有少量氯化钴的饱和硼砂溶液，写上编号。将坩埚灼烧至恒重（两次称量结果相差不超过 0.3mg），灼烧和冷却均应根据沉淀的性质定温定时。坩埚是在高温炉中灼烧，第一次烧 45min，第二次烧 20min 左右，灼烧后的坩埚在空气中冷却至热量稍退才能放入干燥器，冷却 30～60min。坩埚冷却时，干燥器应放在天平室内，同一实验中坩埚的冷却时间应相同，空坩埚和放有沉淀的坩埚都应如此。

（2）沉淀和滤纸的烘干

① 当沉淀的量较大（如胶状沉淀）时，用搅拌棒把滤纸向内折叠，将锥体的开口封上

（见图 4-13）。用搅拌棒轻轻转动滤纸包，以擦净漏斗内壁可能沾有的沉淀，取出滤纸包，尖朝上放在坩埚中。若沉淀的量较小，可用搅拌棒掀起滤纸的三层部分，拿住三层部分，将滤纸锥体取出，不打开，折成四折，滤纸撕去一角的位置应放在边缘折入。

② 烘干沉淀和滤纸时，如图 4-14 所示，将坩埚放在泥三角上，坩埚盖半掩在坩埚口。当沉淀和滤纸干燥后，将火焰移至坩埚底部，使滤纸炭化，直至基本灰化。

图 4-13　胶状沉淀的包裹

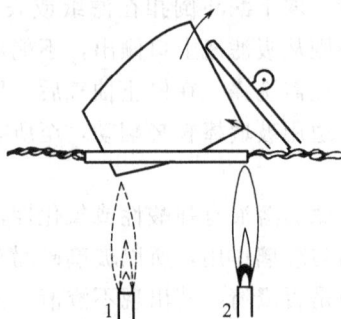

图 4-14　沉淀和滤纸的干燥

（火焰先在 1 的位置，后在 2 的位置）

（3）沉淀的灼烧

滤纸灰化后，将坩埚置于高温炉中进行灼烧。待冷却后称重，再灼烧，直至恒重。

（4）灼烧后沉淀的称量

称量方法同空坩埚，但应尽量进行得快一些。

有沉淀的坩埚连续两次称量结果相差不超过 0.3mg，即认为达到恒重。

4.7　重结晶

在合成中得到的固体产物往往是不纯的，常常含有一些副产物、未反应完的原料和一些杂质。提纯固体化合物的有效方法是重结晶。其原理是根据混合物中各组分在某种溶剂中的溶解度不同而使它们相互分离。重结晶一般适用于杂质含量小于 5% 的固体物质的提纯。重结晶提纯法的一般过程如下。

4.7.1　选择合适的溶剂

正确选择溶剂，对重结晶操作有很重要的意义。常用的重结晶溶剂见表 4-6。溶剂必须符合下面条件：

① 不与重结晶物质发生化学反应；

② 在高温时，重结晶物质在溶剂中的溶解度较大，而在低温时，溶解度应该很小；

③ 杂质不溶在热的溶剂中，或者是杂质在低温时极易溶在溶剂中，不随晶体一起析出；

④ 容易与重结晶物分离。

选择溶剂时应根据被提纯物质和杂质的结构、性质和组成，查阅有关资料，利用溶解原理，并常需用少量的样品反复试验，以确定理想的溶剂。其方法是：取 0.1g 欲重结晶固体

表 4-6　常用的重结晶溶剂

溶剂	沸点/℃	溶剂	沸点/℃	溶剂	沸点/℃
水	100	乙醚	34.51	四氯化碳	76.54
甲醇	64.96	石油醚	30～60	丙酮	56.2
95%乙醇	78.1	乙酸乙酯	77.06	氯仿	61.7
冰乙酸	117.9	苯	80.1		

放入试管中，加入溶剂并不断振荡。当加入 1mL 时在室温下就溶解，或加热至全沸仍不溶解，补加溶剂到 3mL 时固体仍然不全溶解，这两种溶剂均不适用。如果加入 3mL 溶剂后，沸腾时固体全部溶解，而冷却后又无结晶析出或仅析出很少结晶，此种溶剂也不适用。只有当固体在沸腾时全部溶解，冷却后析出的结晶又快又多，此种溶剂为最合适的溶剂。

当难以选出一种合适的溶剂时也可采用混合溶剂。混合溶剂一般由两种或两种以上可任意互溶的溶剂按一定比例混合而成，其中一种对被提纯物溶解度较大，而另一种溶解度较小。常用的混合溶剂有：乙醇-水，乙醚-甲醇，乙醇-乙醚，乙醇-丙酮，乙酸-水，丙酮-水，乙醇-氯仿，乙醚-丙酮，乙醚-石油醚，苯-石油醚。

4.7.2　配制热饱和溶液

将粗产品溶于适宜的热溶剂中制成饱和溶液，考虑到后续操作过程中溶剂的自然损失及避免因温度略降而过早析出结晶，一般应在全溶的基础上再补加 10% 的溶剂。固体的溶解应视溶剂的性质不同选择适当的加热和操作方式，如乙醚作溶剂时必须避免明火加热，用易挥发的有机溶剂溶解应在回流操作下进行。

4.7.3　活性炭脱色及热过滤

若所得溶液混有一些有色杂质，或有时溶液中存在少量树脂状物质或极细的不溶性杂质时，则应在溶液稍冷后加入少量活性炭（用量一般为粗产品质量的 1%～5%），不断搅拌，然后再加热煮沸 5～10min。

脱色后应趁热迅速进行热过滤。用布氏漏斗或砂芯漏斗进行减压抽滤较为方便、快捷，将布氏漏斗的下端斜面对着抽滤瓶的侧口。不要反装，以防溶液被抽到抽气装置中。滤纸要比布氏漏斗的内径略小，但必须将漏斗的小孔完全覆盖。抽滤前应先用少量溶剂润湿滤纸，待滤纸紧贴后迅速倒入热的待过滤液，并用极少量热溶剂洗涤锥形瓶及活性炭等。为了避免晶体在过滤过程中析出，还可以用保温漏斗过滤，并使用折叠式滤纸，其折叠滤纸的方法按图 4-15 所示。

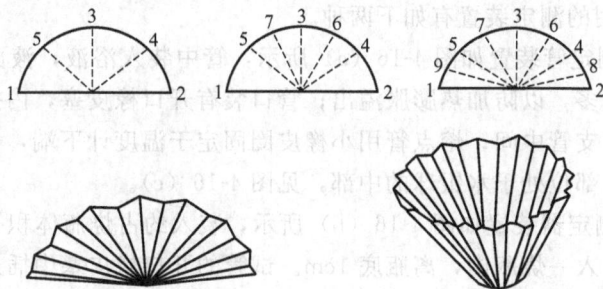

图 4-15　折叠滤纸的方法

4.7.4　冷却、结晶、干燥

将上述热抽滤液及洗涤液合并后静置，自然冷却（迅速冷却或剧烈搅动都会使所得晶体颗粒细小）。若至室温仍无晶体析出，可用玻璃棒在液面下摩擦器壁或投入该化合物的晶体作晶种，以使晶体尽快析出。

待结晶完全析出后，用布氏漏斗抽滤。晶体用少量冷溶剂洗涤1~2次（洗涤时应停止抽气，用溶剂将晶体润湿片刻再抽滤），取出晶体，选用适当的方法干燥。干燥的产品称重，计算回收率。

若为有机溶剂，可以蒸馏重结晶后的母液，以回收有机溶剂，并可计算溶剂回收率。

4.8 熔点的测定与温度计的校正

4.8.1 熔点的测定

纯固态化合物通常都有固定的熔点。在一定压力下，固态和熔融态之间的变化是非常敏锐的，自初熔到全熔（熔程）温度升高不超过0.5~1℃。如果含有杂质，则会使熔点降低、熔程增宽。当样品为两种熔点相近的有机物的混合物时，例如肉桂酸及尿素，尽管它们各自的熔点均为133℃，但把它们等量混合，再测其熔点时，则比133℃低很多，而且熔程宽。因此，利用这一特点可进行物质的识别、定性地检验物质的纯度及鉴别两个熔点相同的样品是否为同一化合物。

熔点的测定可用毛细管法，即提勒式和双浴式装置，如图4-16所示。也可用显微熔点测定仪测定。

4.8.1.1 毛细管法

① 首先取长约7~10cm、内径为1.0~1.5mm、一端封闭、另一端有平整开口的毛细管作熔点管。

② 将研细的干燥样品（约0.1~0.2g）堆在干燥的表面皿上，将熔点管的开口一端插入粉末堆中，样品即被挤入管口，轻轻插几下，以封口端朝下在一竖直的玻璃管中作自由落体几次，直至样品紧密沉于底部，高约2~3cm为宜。

③ 提勒式和双浴式都需要导热的浴液作热导体。选择浴液的依据主要是被测样品熔点的高低。若样品熔点低于140℃，应选液体石蜡或甘油；样品熔点在140~220℃时，可选用浓硫酸；若样品熔点超过220℃时，可用硫酸钾的浓硫酸饱和溶液；也可用硅油。在不气化、不发烟和不沸腾的情况下测定。

④ 实验室中常用的测定装置有如下两种。

a. 提勒式熔点测定管装置如图4-16（a）所示，管中装入浴液，液面位于上支管上沿或略高出即可，不宜过多，以防加热膨胀溢出；管口装有开口橡皮塞，内插温度计，并使水银球位于b形管上下两支管中间；熔点管用小橡皮圈固定于温度计下端，也可用浴液粘附于温度计下端，要使样品部位处于水银球的中部，见图4-16（c）。

b. 双浴式熔点测定器装置如图4-16（b）所示，装入约占烧瓶体积2/3的浴液。将一试管通过开口橡皮塞插入一烧瓶内，离瓶底1cm。试管的开口橡皮塞中插入一温度计，其水银球离试管底0.5cm。试管内也需加入少量浴液，使插入温度计后其液面高度与烧瓶内液面相平。熔点管固定及位置见图4-16（c）。

提勒熔点测定管使用方便、加热快、冷却也快，可以节省时间，但常因温度计位置和加热部位的变化影响测定的准确度。双浴式熔点测定器测定熔点较为准确。

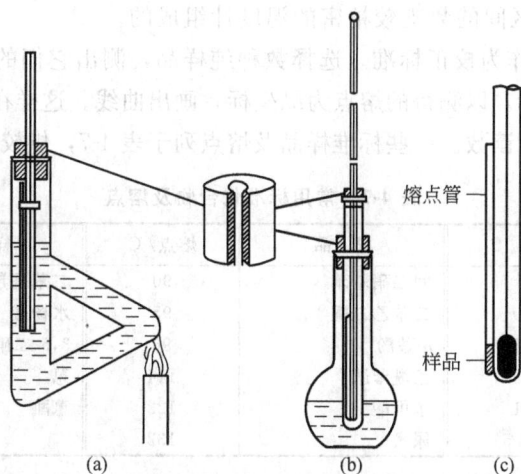

图 4-16 测熔点的装置

⑤ 安装好以上测定装置后，以小火缓慢加热，开始升温速度可以较快（约每分钟上升 3～4℃），当接近样品熔点前 10～15℃时，保持每分钟升温 1℃。注意观察样品熔化的情况和温度计的读数。当毛细管中样品开始出现凹面时，此时的读数为初始温度；当固体全部熔化成液体时，此时温度计的读数为终了温度。初始温度和终了温度就是该样品的熔点范围。

已知样品的熔点要重复测两次，且两次数据相差范围一般不能超过 0.5℃；未知物重复测 3 次，第一次初测找出熔点的大致范围，第二、三次细测确定未知物的熔点范围。每次测定都必须用新的熔点管另装样品重新测定，决不能使用已测过熔点的熔点管及样品。重复测定前，应将浴液自然冷却约 30℃后再进行，否则测出的熔点误差很大。测定易升华物质的熔点时应将熔点管开口端熔封，以免升华。

要求测定熔点范围，不求平均值。

4.8.1.2 显微熔点测定仪法

用显微熔点测定仪可以测定微量及高熔点（350℃）样品的熔点，并可观察样品的晶型及其在加热中变化的全过程，如结晶的失水、多晶的变化、升华及分解等。

先将一玻璃载片洗净擦干，放在可移动的支持器内，将微量研细的样品放在玻璃载片上，不可堆积样品，要能从镜孔中看到一个个晶体及其外形，并使其位于电热板的中心空洞上，再另取一玻片盖住样品。调节镜头，使显微镜的焦点对准样品，以便观察。在电热板的侧孔中插入温度计。开启加热器，用变压器调节加热速度。当温度接近样品熔点时，控制温度上升的速度为每分钟 1～2℃。当样品的晶体棱角开始变圆时，即熔化的开始；晶体形状完全消失而成为一液滴时，即熔化的完成。

测定结束后，停止加热，稍冷后用镊子取下载片，将一厚铝板盖在电热板上，加速冷却，清洗玻片，以备后用。

4.8.2 温度计的校正

新购买的温度计往往存在着一定的误差，经常使用的温度计由于周期性加热冷却，也会有一定的误差，需要对温度计的刻度进行校正。校正方法如下。

① 与标准温度计一起在同一液体中测定温度，进行对照，找出偏差值，进行校正。标

准温度计是由不同温度区间的数支较精密的温度计组成的。

②用纯物质的熔点作为校正标准。选择数种纯样品，测出它们的熔点。以测得的熔点与标准熔点的差值为横坐标，以测得的熔点为纵坐标，画出曲线。这样在使用温度计时，即可从曲线上读出温度计的校正读数。一些标准样品及熔点列于表4-7，供校正温度计时选用。

表 4-7 常用标准化合物及熔点

样 品	熔点/℃	样 品	熔点/℃	样 品	熔点/℃
冰	0	间二硝基苯	90	二苯基羟基乙酸	150
α-萘胺	50	二苯乙二酮	95	水杨酸	159
二苯胺	53	α-萘酚	96	3,5-二硝基苯甲酸	204
对二氯苯	53	乙酰苯胺	114	蒽	216
苯甲酸苯酯	71	苯甲酸	122	蒽醌	286
萘	80.5	尿素	132		

③零度的测定用蒸馏水和纯冰水的混合物。将20mL蒸馏水放入试管中，用冰盐浴冷却至蒸馏水部分结冰，搅拌生成冰-水混合物，将试管从冰盐浴中取出，再将温度计插入试管，恒定后温度即为0℃。

4.9 蒸馏

蒸馏是分离和纯化液体物质最常用和最重要的方法。在混合液中，若各组分的相对挥发能力存在差异，就能够借助蒸馏来进行分离。纯液态有机化合物在蒸馏过程中沸点范围很小，因此通过蒸馏还可以测定物质的沸点，定性地检验物质的纯度。根据有机化合物性质的不同，蒸馏可分为常压蒸馏、分馏、水蒸气蒸馏和减压蒸馏。

4.9.1 常压蒸馏

常压蒸馏就是在常压下将液态物质加热到沸腾变为蒸气，又将蒸气冷凝为液体这两个过程的联合操作。如蒸馏沸点差别较大的液体混合物时，沸点较低者首先蒸出，沸点较高者随后蒸出，不挥发的留在蒸馏器中，这样可以达到分离和提纯的目的。常压蒸馏一般适用于液体混合物中各组分的沸点有较大差别时的分离。

4.9.1.1 操作方法

按图3-5所示的装置安装仪器，于蒸馏头上放一玻璃漏斗，倒入待蒸液。液体应占烧瓶容积的1/3～2/3。加入2～3粒沸石，插入温度计。检查仪器安装无误后，冷凝管通入自来水。加热，使温度慢慢上升。当液体开始沸腾时，可以看到蒸气慢慢上升，同时液体开始回流。当蒸气的顶端到达温度计水银球部位时，温度急剧上升，这时，应注意控制温度，使温度计水银球上总保持有液珠，此时，液体和蒸气保持平衡，温度计所指示的温度才是真正的液体沸点。当蒸气过热时，水银球上的液珠即会消失，此时，温度计所示的温度较液体沸点高，所以，控制蒸馏速度是蒸馏效果好坏、测得沸点是否准确的关键，因而，一般要求蒸馏速度保持每秒2～3滴为宜。尽管如此，也难免会发生过热现象，如果沸点区间保持1～2℃间隔，表示液体纯度合乎要求。

蒸馏完毕，先停止加热，然后停止通冷凝水，按与安装蒸馏装置相反的顺序拆下仪器。产品称重并记录。洗净仪器。

4.9.1.2 注意事项

① 操作中若发现忘加沸石，应停止加热，待液体稍冷后再补加。

② 被蒸馏物沸点在140℃以下时，用水冷凝管；高于140℃时，用空气冷凝管；蒸馏高度挥发性和易燃液体（如乙醚）时，选用较长的冷凝管，使蒸气充分冷凝。

③ 用不带支管的接引管时，接引管与接受瓶之间不可用塞子塞住，否则体系成为密闭系统，导致爆炸事故；接受瓶可用锥形瓶或梨形瓶，注意不要用烧杯等广口的器皿接受蒸出液；接受瓶需事先称重并做记录。

④ 若用水浴加热，水浴中的水不要加得太多，一般高于烧瓶中液面1cm即可，瓶底应距水浴锅底1cm左右。

⑤ 蒸乙醚等低沸点有机溶剂时，特别要注意蒸馏速度不能太快，否则冷凝管不能将乙醚全部冷凝下来。应在冷凝管下端通过带支管的接引管侧口，连接橡皮管导入流动的水中，以便把挥发的乙醚蒸气带走，否则由于乙醚易燃，不易散去，如遇明火易发生着火事故。

4.9.2 分馏

利用常压蒸馏可以分离两种或两种以上沸点相差较大的液体混合物。而当液体混合物中各组分的沸点相差较小或接近时，仅用一次蒸馏不可能把各组分完全分开。若要获得较纯组分，则必须进行多次蒸馏，这样既费时，液体损失量又大，而分馏柱可以把这种重复蒸馏的操作在柱内完成，这种方法称为分馏。所以分馏是多次重复的常压蒸馏的改进。

利用分馏柱进行分馏，实际上就是在分馏柱内使混合物进行多次气化和冷凝。当上升的蒸气与下降的冷凝液相互接触时，上升的蒸气部分冷凝放出热量使下降的冷凝液部分气化，两者发生热量交换。其结果是上升蒸气中易挥发组分增加，而下降的冷凝液中的高沸点组分增加，如此进行多次的气液平衡，即达到了多次蒸馏的效果。

4.9.2.1 分馏柱的选择

分馏柱种类较多，其效率高低与柱的长径比、填料类型及绝热性能等有关。实验室常用的有维氏（Vcgreax）分馏柱（见表3-1）、赫姆帕（Hempl）分馏柱和球形分馏柱。维氏分馏柱的柱体由多组倾斜的刺状管组成，赫姆帕分馏柱和球形分馏柱可填充填料，以增加柱效率。常用的填料有短玻璃管、玻璃珠、瓷环或金属丝制成的圈状填料和网状填料，使用金属丝作填料时，要选择与待蒸馏物不发生作用的物质。

对沸点差距较小的化合物用长的分馏柱或高效率分馏柱可获得令人满意的效果。当分馏少量液体时，经常使用维氏分馏柱；当分馏较低沸点的液体时，可在柱外缠石棉绳来保持柱内温度；若沸点较高，则需安装真空外套或电热外套管。

4.9.2.2 分馏操作

按图3-7所示的装置装配仪器。分馏操作与蒸馏相似，把待蒸馏的液体倒入烧瓶中，其体积以不超过烧瓶容积的1/2为宜，控制恒定的分馏速度，一般为2～3s/滴，保证有相当量的液体自柱中流回烧瓶，并尽量减少分馏柱的热量散失和温度波动。待低沸点组分蒸完后再缓慢升温，收集沸点较高的组分。实验完毕时，应称量各段馏分。

4.9.3 水蒸气蒸馏

常压蒸馏和分馏技术适用于分离完全互溶的液体混合物，而要分离完全不互溶物系，水蒸气蒸馏是一种较简便的方法。

在完全不互溶物系中，两种互不相溶的液体混合物的蒸气压等于两液体单独存在时的蒸气压之和。当组成混合物的两液体的蒸气压之和等于外界大气压时，混合物开始沸腾。互不相溶的液体混合物的沸点要比每一物质单独存在时的沸点低。因此，在不溶于水的有机物质中，通入水蒸气进行水蒸气蒸馏时，在比该物质的沸点低得多的温度，甚至比100℃还要低的温度就可使该物质蒸馏出来。

水蒸气蒸馏常用于以下情况：

① 常压下蒸馏会发生分解的高沸点物质；

② 混合物中混有大量固体、不溶性杂质、或含有大量树脂状杂质，通常的蒸馏、过滤、萃取等方法都不适用。被提纯物必须难溶于水，在沸腾下长时间与水共存而不发生化学变化，在100℃左右有一定的蒸气压（大于1.33kPa）。

4.9.3.1 水蒸气蒸馏操作

按图3-9所示的水蒸气蒸馏装置安装仪器。在烧瓶中放入待分离的提纯物，不超过烧瓶容积的1/3，水蒸气发生器中加入约1/3～2/3容积的水，应尽量使水蒸气导入管的下端接近烧瓶底部。先打开螺旋夹，加热使发生器里的水沸腾，当有大量蒸汽从T型管冲出时，旋紧螺旋夹，使蒸汽通入烧瓶。为防止蒸汽进入烧瓶被大量地冷凝，烧瓶用小火加热，当烧瓶内混合物剧烈翻滚时将火源去掉。注意观察蒸馏的情况，适当调节火源及螺旋夹，使蒸馏在平稳的情况下进行，蒸馏速度约2～3滴/s。蒸馏快结束时，可用干净的表面皿放入少量清水，再接几滴馏液，如果没有油状物且溶液呈澄清透明时可停止加热，打开螺旋夹，断开气源。馏液用分液漏斗分离，量出蒸馏物的体积，计算回收率。

4.9.3.2 注意事项

在蒸馏过程中必须经常检查安全管中的水位是否正常，有无倒吸现象等。如安全管中水柱迅速上升，则应立即旋开螺旋夹，移去热源，待排除故障后再进行蒸馏。

4.9.4 减压蒸馏

减压蒸馏用来分离某些具有高沸点（200℃以上）的有机化合物，或在常压蒸馏时容易分解、氧化或聚合的物质。

液体的沸点是随着外界压力的变化而变化的。如果外界压力降低，液体的沸点也就相应的降低。因此，降低蒸馏系统的压力，即可降低液体的沸点，可在较低的温度下蒸出所需的物质。这种在降低压力下进行的蒸馏操作就是减压蒸馏。

物质在不同压力下的沸点可通过查阅文献或计算获得。另外，依据图4-17也可找出物质在某一压力下的沸点（近似值）。方法是在b线上找出该物质的正常沸点，在c线上找出系统压力，两点连线并延长交至a线，此交点所示温度即为该物质在该压力下的沸点。

4.9.4.1 减压蒸馏操作

按图3-8安装好减压蒸馏装置，需先检查系统是否漏气，以及装置能减压到何种程度。而后在蒸馏烧瓶中倒入待蒸馏液体，其量控制在烧瓶容积的1/3～1/2。先旋紧毛细管上的螺旋夹子，打开安全瓶上的二通旋塞，然后开泵抽气。逐渐关闭二通旋塞，系统压力能达到所需真空度且保持不变，说明系统密闭。否则应检查各连接处是否漏气，必要时可在磨口接口处涂少量真空脂密封。进气量可通过螺旋夹调节，使能冒出一连串小气泡为宜。

当系统达到所要求的压力时，开启冷凝水，选用合适的热浴加热。密切注意蒸馏的温度和压力，若有不符，则应调节。先接收前馏分，当沸点达到所需温度时，更换接受器（只需转动多头接引管的位置，使馏出液流入不同接受器中）。控制馏出速度1～2滴/s。

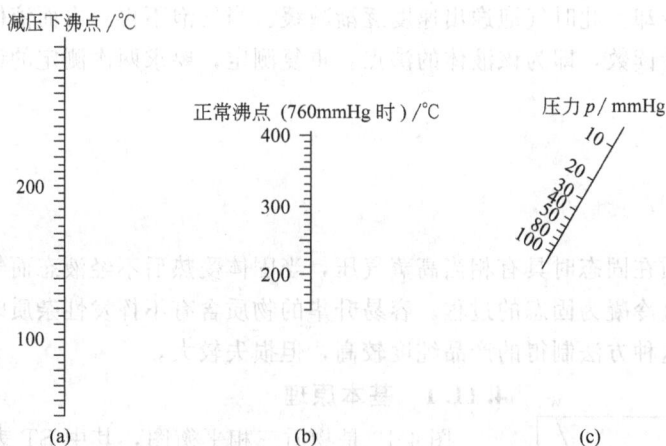

图 4-17 液体在常压下沸点与减压下沸点的近似关系图

(按国家标准,压力的单位应为 Pa,1mmHg=0.133kPa)

蒸馏完毕,撤去热源,慢慢打开毛细管上的螺旋夹子,并缓慢地打开安全瓶上的活塞,平衡系统内外压力,然后关闭油泵,再拆卸仪器。

4.9.4.2 注意事项

① 在减压蒸馏系统中切勿使用有裂缝的或薄壁的玻璃仪器。尤其不能用不耐压的平底瓶(如锥形瓶)。因为内部压力小于装置外部的压力,不耐压的部分可引起内向爆炸。

② 为防止暴沸、保持稳定沸腾,常用一根细而柔软的毛细管尽量伸到蒸馏瓶底部。空气的细流经过毛细管引入瓶底,作为气化的中心。在减压蒸馏中,加入沸石对防止暴沸是无效的。有些化合物易氧化,在减压时,可由毛细管通入氮气或二氧化碳保护。

③ 减压蒸馏时,可用水浴、油浴、空气浴等加热,浴温需较蒸馏物沸点高 30℃以上。

4.10 沸点的测定

测定沸点的方法有常量法和微量法两种。

4.10.1 常量法

其装置与蒸馏操作相同,当流出液从冷凝器流出时,记下温度计读数,在收集最后一滴时记下终了时温度计读数,此温度范围就是该液体的沸点范围。纯液体的沸点范围约在 0.5~1℃之间,范围过大,说明液体不纯。

4.10.2 微量法

其装置如图 4-18 所示。取一根长约 8cm、内径 3~4mm 薄壁玻璃管,将一端封死,内放测定沸点的样品约 0.4mL。管中放一根长约 9cm、内径 1mm、上端封闭的毛细管,毛细管的开口浸在样品中。将沸点管用橡皮圈固定于温度计旁,使样品部分紧贴在水银球旁,然后把它放在浴液中缓慢均匀地加热。此时有小气泡从毛细管口缓缓逸出,当达到液体沸点时,毛细管口有大量的气泡快速而连续冒出,停

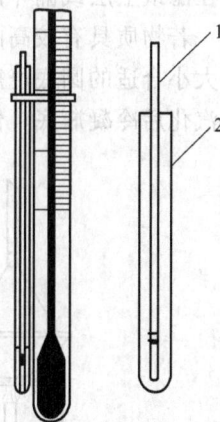

图 4-18 微量法沸点测定管

1—内管;2—外管

止加热，使自然冷却。此时气泡逸出速度逐渐减缓。当气泡不再冒出而液体刚要进入内管的瞬间，记下温度计读数，即为该液体的沸点。重复测定，要求两次测定的误差不超过1℃。

4.11 升华

升华是指物质在固态时具有相当高蒸气压，当固体受热后不经液态而气化为蒸气，然后由蒸气遇冷又直接冷凝为固态的过程。容易升华的物质含有不挥发性杂质时，可以用升华方法进行精制。用这种方法制得的产品纯度较高，但损失较大。

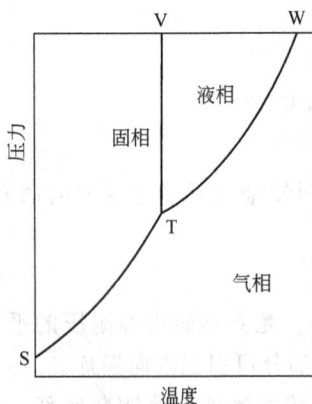

图 4-19　物质三相平衡图

4.11.1 基本原理

图 4-19 是物质三相平衡图，其中 ST 表示固气两相平衡时固体的蒸气压曲线，T 为三相点，此时固液气三相共存。在三相点温度以下，物质仅有固气两相。升高温度，固态直接气化；降低温度，气相直接转为固相。因此，升华应在三相点温度以下进行。在一定温度下固体物质的蒸气压等于固体物质表面所受的压力时，此温度即为该物质的升华点。对于同一种物质来说，固体化合物表面所受的压力越小，其升华点越低。即外压越小，升华点越低。所以常压下不易升华的物质，可以在减压下进行升华提纯。为了提高升华速度，有时可以通入适量的空气或惰性气体进行升华。一般来讲，在低于熔点温度时的蒸气压应至少不少于 2.7kPa，这样的物质才可能直接升华。

4.11.2 操作方法

图 4-20 （a）为常压下的简易升华装置。在蒸发皿中放入待升华物，铺匀，上覆盖一张多孔滤纸，再倒置一大小合适的玻璃漏斗，漏斗颈部轻塞少许棉花或玻璃纤维，以减少蒸气损失。缓慢加热，温度应控制在物质的熔点以下，慢慢升华。蒸气通过滤纸小孔，冷却后凝结在滤纸上层或漏斗内壁上。必要时，漏斗外壁上可用湿布冷却。

若物质具有较高的蒸气压，可采用图 4-20 （b）的装置。烧杯中盛有样品，上面放有一个大小合适的圆底烧瓶，瓶内通入冷凝水，用于冷却蒸气。样品必须干燥。否则其中的水受热汽化后冷凝瓶底，使固体物质不宜附着。

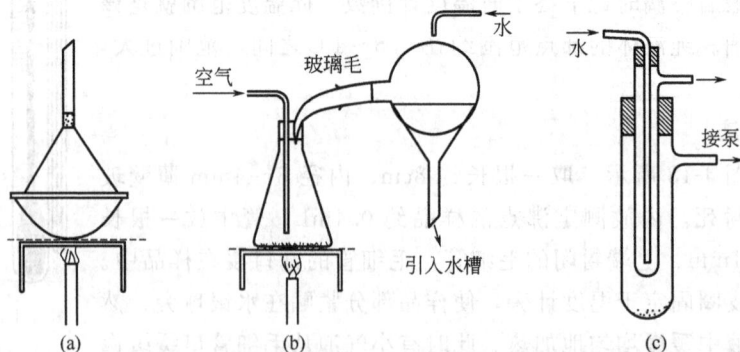

图 4-20　几种升华装置

在常压下不易升华、受热易分解的物质或升华较慢的物质，可采用减压升华装置，如图 4-20（c）所示。它是由两个大小不同的抽滤管通过橡皮塞组合而成的。操作时先减压，向小抽滤管中通冷凝水，升华物可冷凝于其外壁，再缓慢加热。结束后，应慢慢使体系接通大气，以免气流将升华物吹落。这种装置适用于少量物质的升华提纯。

4.12 薄层色谱、柱色谱和纸色谱

色谱分析是现代分离与分析的重要方法之一，是 20 世纪初在研究植物色素分离时发现的一种物理分离分析方法，借以分离及鉴定结构和物理化学性质相近的一些有机物质。色谱分析是基于分析试样各组分在不混溶并作相对运动的两相（流动相和固定相）中的溶解度的不同，或在固定相上的物理吸附程度的不同等而使各组分分离。

分析试样可以是液体、固体（溶于合适的溶剂中）或气体。流动相可以是有机溶剂、惰性载气等。固定相则可以是固体吸附剂、水或涂在担体表面的低挥发性有机化合物的液膜，即固定液。

目前常用的色谱分析法有薄层色谱法、柱色谱法、纸色谱法、气相色谱法以及高效液相色谱法。在本节中主要介绍前 3 种方法。

4.12.1 薄层色谱法（TLC）

薄层色谱属固-液吸附色谱。由于混合物中的各个组分对吸附剂（固定相）的吸附能力不同，当展开剂（流动相）流经吸附剂时，发生无数次吸附和解吸过程，吸附力弱的组分随流动相迅速向前移动，吸附力强的组分滞留在后，由于各组分具有不同的移动速度，最终得以在固定相薄层上分离。

TLC 除了用于分离外，还可以通过与已知结构化合物相比较，来鉴定少量有机混合物的组成。此外，TLC 也经常用于寻找柱色谱的最佳分离条件。

4.12.1.1 固定相的选择

氧化铝和硅胶是薄层色谱常用的固定相。氧化铝的吸附性来自铝原子上未成键的电子对，多用于分离碱性或中性有机物；而硅胶的吸附性来源于表面的 Si—OH 基，主要用于分离酸性、中性有机物。

薄层色谱用的硅胶有 60G、60GF$_{254}$、60H、60HF$_{254}$ 和 60HF$_{54+366}$ 等类型，其中，G 表示含有 13% 硫酸钙（作为黏合剂）；H 表示不含硫酸钙；F$_{254}$ 表示含有 2% 无机荧光物质，在 254nm 的紫外光照射下发出绿色荧光；F$_{366}$ 表示含有 2% 有机荧光物质，在 366nm 紫外光照射下发出绿色荧光。与硅胶相似，氧化铝也因含黏合剂或荧光剂而分为氧化铝 H、氧化铝 G、氧化铝 HF$_{254}$ 和氧化铝 GF$_{254}$ 等类型。黏合剂除上述的硫酸钙外，还可用淀粉、羧甲基纤维素钠（CMC）。通常将薄层板按加黏合剂和不加黏合剂分为两种，加黏合剂的薄层板称为硬板，不加黏合剂的薄层板称为软板。

4.12.1.2 薄层板的制备

在洗净干燥的平整的玻璃板上铺一层均匀的薄层固定剂以制成薄层板。例如，硅胶与水按 1：2.5（质量比）混合后均匀调成糊状；氧化铝与水则为 1：1。将调好的糊状物倒在薄层玻璃板上，用拇指和食指夹住薄层板的两侧左右摇晃，使表面均匀光滑。然后，把薄层板放于已校正水平面的平台上阴凉至干透。将干透的薄层板置于烘箱中活化，活化时需慢慢升温，硅胶在约 110℃ 左右活化 30～60min 可得 Ⅳ～Ⅴ 级活性的薄层板。氧化铝薄层板在 200～220℃ 活化 4h，可得 Ⅱ 级活性的薄层板，在 150～160℃ 活化 4h，可得 Ⅲ～Ⅴ 级活性的薄层板。薄层板应置于干燥器中保存备用。

（1）点样

在薄层板一端约 1cm 处，用铅笔轻轻划一条线作为起点线。样品用易挥发性溶剂溶解后，用毛细管吸取样品溶液，轻轻接触到起点线的某一位置上。如果溶液太稀，可多点几次，但要等第一次样点溶剂挥发后再点第二次。若为多处点样时，点样间距为 1cm 左右。

点好样品后，要等溶剂挥发干净，才可以进行下面的展开过程。

（2）展开剂的选择

选择展开剂时，首先要考虑对被分离物有一定的溶解度和解吸能力。由于硅胶和氧化铝都是极性吸附剂，所以展开剂的极性越大，试样在薄板上移动的距离越远，R_f 值（R_f 值是一个化合物在薄层板上上升的高度与展开剂上升的高度的比值）越大。例如，在分离过程中常发现 R_f 值太小，这说明展开剂极性不够，需要考虑加入一种极性强的展开剂进行调控。这种混合展开剂往往能使分离效果显著地优于单一展开剂。

常用展开剂的洗脱力由小到大的顺序为：石油醚、环己烷、四氯化碳、二氯甲烷、氯仿、乙醚、四氢呋喃、乙酸乙酯、丙酮、正丁醇、乙醇、甲醇、水、冰乙酸、吡啶、有机酸等。

此外，展开过程中，展开缸内始终要使展开剂蒸气处于饱和状态。一般可用一块方形滤纸贴于缸壁上（下端浸于展开剂中），盖好密封一段时间。取放薄板应迅速。

（3）显色

展开后，要等溶剂挥发掉才能显色。若被分离物是有色组分，展开板上即呈现出有色斑点。如果化合物本身无色，则可在紫外灯下观察有无荧光斑点；或用碘蒸气熏的方法来显色。显色后，用铅笔轻轻画出斑点位置，计算 R_f 值。

4.12.2 柱色谱法

柱色谱法是通过色谱柱来实现分离的。色谱柱内装有固定相，如氧化铝或硅胶。液体样品从柱顶加入，在柱的顶部被吸附剂吸附。然后从柱顶部加入有机溶剂（作洗脱剂）。由于吸附剂对各组分的吸附能力不同，各组分以不同的速度下移；被吸附较弱的组分在流动相（洗脱剂）里的含量比较吸附较强的组分要高，以较快的速度下移。

各组分随溶剂按一定顺序从色谱柱下端流出，可用容器分别收集。若各组分为有色物质，则可以直接观察到不同颜色谱带，但若为无色物质，则不能直接观察到谱带。有时一些物质在紫外光照射下能发出荧光，则可用紫外光照射。有时可以分段集取一定体积的洗脱液，再分别鉴定。如果有一个或几个组分移动得很慢，可把吸附剂推出柱外，切开不同的谱带，分别用溶剂萃取。

柱色谱常用的洗脱剂以及洗脱能力按由小到大的次序为：己烷、环己烷、甲苯、二氯甲烷、氯仿、环己烷-乙酸乙酯（80∶20）、二氯甲烷-乙醚（80∶20）、环己烷-乙酸乙酯（20∶80）、乙醚、乙醚-甲醇（99∶1）、乙酸乙酯、四氢呋喃、正丙醇、乙醇、甲醇。

极性溶剂对于洗脱极性化合物是有效的，非极性溶剂对于洗脱非极性化合物是有效的，若分离复杂组分的混合物，通常选用混合溶剂。

装柱要求吸附剂必须均匀地填在柱内，不能有气泡和裂缝，否则将影响洗脱和分离。在装柱时，通常把柱竖直固定好，关闭下端活塞，底部用少量脱脂棉或玻璃棉轻轻塞紧，加入约1cm厚的、洗净的、干燥的细纱，然后加入溶剂到柱体积的1/4，用一定量的溶剂和吸附剂在烧杯中调成糊状，打开柱下端的旋塞，让溶剂一滴一滴地滴入锥形瓶中，同时把糊状物快速倒入柱中，吸附剂通过溶剂慢慢下沉，进行均匀填充。柱顶部1/4处一般不填充吸附剂，以便使吸附剂上面始终保持一液层。柱填好后，上面再覆盖1cm厚的砂层。

图4-21是柱色谱的分离过程示意图，过柱时，首先把试样溶解在最小体积的溶剂中，用滴管将试液加到吸附剂的上面［见图4-21（a）］；试液加完并流到吸附剂上端时立即加入展开剂进行展开，自始至终不要使柱内的液面降到吸附剂高度以下，否则柱中将出现气泡或裂缝［见图4-21（b）］；可用分液漏斗连续不断地加洗脱剂［见图4-21（c）］，调节分液漏斗的活塞，溶剂慢慢滴下，直到水平面高于漏斗下端适当高度时，滴加停止或变缓慢。当水平面降到漏斗下端时，溶剂自动滴出或加快；试样中的极性小的组分很少被吸附，首先被洗脱下来，极性大的组分吸附较强，后被洗脱下来。

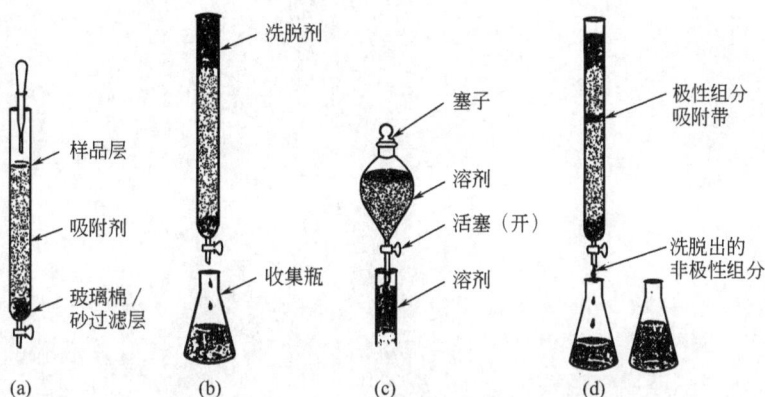

图4-21　柱色谱的分离过程

4.12.3　纸色谱法

纸色谱（纸上层析）属于分配色谱的一种。它利用滤纸作为固定相，让样品溶液在纸上展开，以达到分离的目的。

纸色谱的溶剂是由有机溶剂和水组成。当有机溶剂和水部分互溶时，产生两相，其中一相是以水饱和的有机溶剂相，另一相是以有机溶剂饱和的水相。纸上层析就是用滤纸作为载体，因为纤维和水有较大的亲和力，而对有机溶剂的亲和力较差。水相称静止相，有机相称为流动相，也称为展开剂。展开时，由于被层析样品内的各组分在两相中的分配系数不同而可达到分离的目的。所以，纸色谱是液-液分配色谱。

纸色谱的点样、展开及显色与薄层色谱类似。

第二部分　实　　验

5 基本操作实验

实验1 玻璃仪器的认领、洗涤和干燥

一、实验目的
(1) 熟悉基础化学实验室的规则和要求；
(2) 领取基础化学实验常用仪器，熟悉其名称、规格及其用途，了解使用注意事项；
(3) 学习常用仪器的洗涤和干燥方法。

二、仪器
仪器：试管、离心试管、烧杯、蒸发皿、漏斗、布氏漏斗、表面皿、量筒、锥形瓶、酸式滴定管、碱式滴定管等。

三、操作步骤
(1) 认领仪器

按仪器单逐个认领和认识基础实验中的常用仪器，并按下表的格式填写。

仪器名称	用 途	注意事项
(此处要求画出仪器图,标出规格)		

(2) 玻璃仪器的洗涤

洗涤方法参见 4.1.1。

本实验用水或洗衣粉将领取的仪器洗涤干净。

(3) 仪器的干燥

仪器的干燥方法参见 4.1.2。

本实验要求烤干两支试管。

思 考 题

(1) 烤干试管时应如何操作？
(2) 带有刻度的计量仪器能否用加热的方法进行干燥？

实验2 分析天平称量练习

一、实验目的
(1) 了解分析天平的构造；

(2) 练习减量法称量。

二、仪器与试剂

仪器：分析天平、托盘天平、小烧杯（25mL 或 50mL）、称量瓶。

试剂：干燥的 $Na_2CO_3(s)$。

三、操作步骤

将两个洁净、干燥的小烧杯编号，先在托盘天平上粗称其质量，然后在分析天平上准确称量[注1]，记录质量。

取一只装有试样的称量瓶，粗称其质量，再在分析天平上准确称量，记下质量。然后自天平中取出称量瓶，将试样慢慢倾入上述已知质量的第一只小烧杯中。倾样过程要试称，以估计还需倾出的试样量，直至倾出 0.2～0.4g 的试样。按同样操作再倾第二份试样于第二只小烧杯中，做好记录。

检查装有试样的称量瓶减轻的质量是否等于小烧杯因倾入试样而增加的质量，如果不相等，求出差值。要求称量的绝对差值小于 0.5mg。如不符合要求，分析原因后重新称量。

四、结果与数据处理

按以下格式（示例）记录并计算称量的绝对差值。

记 录 项 目	第一份	第二份
（称量瓶＋试样）的质量（倒出前）/g	16.6559	16.3348
（称量瓶＋试样）的质量（倒出后）/g	16.3348	16.0623
称出试样质量/g	0.3211	0.2725
（烧杯＋称出试样）的质量/g	28.5790	26.8963
空烧杯质量/g	28.2576	26.6240
称出试样质量/g	0.3214	0.2723
绝对差值/g	0.0003	0.0002

注释

[1] 托盘天平及分析天平的使用参见 3.2.1。

思 考 题

(1) 试样的称量方法有哪几种？怎样进行操作？各有何优缺点？

(2) 为什么在天平梁没有托住以前，绝对不允许在天平盘上取放砝码和被称物？

(3) 称量时，为什么要将砝码和被称物放在天平盘中央？

(4) 在称量中如何运用优选法较快地确定出物体的质量？

(5) 在称量的记录和计算中，如何正确运用有效数字？

实验 3　酸碱标准溶液的配制和浓度的比较

一、实验目的

(1) 了解标准溶液的配制方法；

（2）练习滴定操作，初步掌握准确确定滴定终点的方法；

（3）学习酸碱标准溶液的配制和浓度的比较；

（4）熟悉甲基橙和酚酞指示剂的终点颜色变化。

二、实验原理

标准溶液是指浓度确切已知并可用来滴定的溶液，一般采用直接法和间接法配制。通常，只有基准物质[注1]才能用直接法配制，而其他物质只能用间接法配制。

直接法是准确称量一定量的基准物质，溶解后定量地转移至一定容积的容量瓶中，稀释定容，摇匀。溶液的浓度可通过计算直接得到。间接法是先配制近似于所需浓度的溶液，再用基准物（或已标定的标准溶液）来标定其准确浓度。

本实验中要配制 HCl 和 NaOH 标准溶液，由于浓盐酸易挥发，固体 NaOH 易吸收空气中的水分和 CO_2，因此，不能用直接法配制 HCl 和 NaOH 标准溶液。只要用基准物标定 HCl 和 NaOH 标准溶液中的一种，获得其准确浓度，就可以根据它们的体积比求得另一种溶液的准确浓度。

$0.1mol \cdot L^{-1}$ NaOH 和 $0.1mol \cdot L^{-1}$ HCl 溶液的相互滴定，其 pH 突跃范围为 4～10，甲基橙、甲基红、中性红或酚酞等均属在此范围内变色的指示剂。

三、仪器与试剂

仪器：酸式滴定管、碱式滴定管、锥形瓶（250mL）、托盘天平。

试剂：浓 HCl（密度 $1.19g \cdot cm^{-1}$）、NaOH(s)、甲基橙水溶液（0.1%）、酚酞指示剂（0.1%）。

四、操作步骤

（1）$0.1mol \cdot L^{-1}$ HCl 溶液和 $0.1mol \cdot L^{-1}$ NaOH 溶液的配制

通过计算求出配制 1000mL $0.1mol \cdot L^{-1}$ HCl 溶液所需浓盐酸的体积。然后用量筒量取浓 HCl，倾入有玻塞的细口瓶中，用蒸馏水稀释至 1000mL，充分摇匀。贴上标签。

通过计算求出配制 1000mL $0.1mol \cdot L^{-1}$ NaOH 溶液所需固体 NaOH 的量，用小烧杯在托盘天平上迅速称量，加水溶解，稀释至 1000mL，贮于有橡皮塞的细口瓶中，摇匀。贴上标签[注2]。

（2）NaOH 溶液与 HCl 溶液浓度的比较

① 酸、碱滴定管的准备。酸、碱滴定管的准备工作参见 3.2.2，分别用配制好的酸、碱标准溶液润洗后，将配制好的溶液装满滴定管。调节滴定管的液面，使至 0.00 刻度或零点稍下处，静止 1min 后，再准确读取滴定管内液面位置（注意读到小数点后几位？）并记录读数。

② 酸碱标准溶液的标定。从碱式滴定管中准确放出 20～30mL NaOH 溶液于 250mL 锥形瓶中，加 1 滴甲基橙指示剂，用酸式滴定管中的 HCl 溶液滴定，在滴定过程中要不断摇动锥形瓶，使溶液混匀，当滴定接近终点时[注3]，用少量水淋洗挂在瓶壁上的酸液，再继续滴定，直到加入 1 滴或半滴 HCl 溶液就使溶液由黄色变为橙色为止。准确读取并记录最后所用 HCl 溶液的体积。平行滴定 3 次，记录读数，分别求出体积比（V_{NaOH}/V_{HCl}），直至 3 次测定结果的相对平均偏差在 0.2% 以内，取平均值。

用 NaOH 溶液滴定 HCl 溶液时，用酚酞作指示剂，终点由无色变微红，其他操作同上，求出它们的体积比，将所得结果与上面酸滴定碱的结果进行比较，并讨论之。

五、结果与数据处理

实 验 项 目	1	2	3
NaOH 终读数/mL			
NaOH 始读数/mL			
V_{NaOH}/mL			
HCl 终读数/mL			
HCl 始读数/mL			
V_{HCl}/mL			
V_{NaOH}/V_{HCl}			
平均值			
个别测定的绝对偏差			
相对平均偏差			

注释

[1] 基准物质应符合下列要求：①试剂的组成与其化学式完全相符；②试剂的纯度在 99.9% 以上；③试剂在一般情况下很稳定；④试剂最好有较大的摩尔质量。

[2] 这样配制的 NaOH 溶液将含有 CO_3^{2-}，若要求除去其中的 CO_3^{2-}，可加入 $BaCl_2$ 溶液使其生成沉淀，利用沉淀上层的清液配制 NaOH 溶液。

[3] 接近终点时，滴定液加入瞬间锥形瓶中会出现红色，渐渐褪至黄色。

思 考 题

(1) HCl 和 NaOH 标准溶液能否直接配制？为什么？

(2) 滴定管在装入标准溶液前，为什么要用该标准溶液润洗内壁 2～3 次？而滴定用的锥形瓶是否也需要用此标准溶液润洗，或将其烘干？

(3) 配制 HCl 溶液和 NaOH 溶液所用水的体积，是否需要准确量度？为什么？

(4) 在 HCl 溶液与 NaOH 溶液浓度比较的滴定中，分别以甲基橙和酚酞作指示剂，所得的溶液体积比是否一致？为什么？

实验4 乙酰苯胺重结晶

一、实验目的
(1) 学习重结晶提纯固态有机化合物的原理和方法；
(2) 掌握制备饱和溶液、脱色、热过滤及抽滤等基本操作。

二、实验原理
结晶是提纯固体物质的重要方法之一。由于乙酰苯胺的溶解度随温度的降低而明显减小，因此可将乙酰苯胺先溶解在热的溶剂中，再通过降低温度，使溶液冷却达到饱和而析出晶体。

三、仪器与试剂
仪器：托盘天平、电炉、水浴、循环水泵、吸滤瓶、布氏漏斗、回流冷凝管、锥形瓶（100mL）、表面皿、玻璃棒（带玻璃钉）。

试剂：粗乙酰苯胺、活性炭、乙醇（95%）。

四、操作步骤

（1）以水为溶剂重结晶提纯乙酰苯胺

称取粗乙酰苯胺 2.0g 置于 100mL 锥形瓶中，加入约 50mL 水，加热并不断搅拌，使样品完全溶解[注1]。若未完全溶解，可再加少量水，直至完全溶解后，再多加 5～10mL 水（避免加水过多）。待稍冷，加入 0.1～0.2g 活性炭[注2]，继续加热煮沸 5min 左右。溶液完全脱色后，用热水湿润滤纸，趁热过滤。最后用少量热水冲洗锥形瓶和滤渣（也不要加水过多），尽量使样品转移到滤液中，并很快将滤液移于 100mL 锥形瓶中，在室温或冷水浴中充分冷却使结晶析出。

晶体完全析出后，进行抽滤，洗涤晶体 1～2 次（洗涤方法：关闭水泵，在布氏漏斗内加少量冷水，浸没晶体，用玻璃棒搅拌均匀，再打开水泵抽滤至干）。然后用玻璃钉挤压晶体，并尽量抽干。停止抽滤，将晶体连同滤纸一起取出放在表面皿上，自然晾干或在 100℃以下烘干。称重，计算产品回收率，待测熔点。

（2）以水-乙醇混合溶剂重结晶提纯乙酰苯胺

称取粗乙酰苯胺 2.0g 放入 100mL 锥形瓶（或圆底烧瓶）中，装上回流冷凝管，置热水浴上，边加热边从冷凝管上口慢慢加入乙醇，直至沸腾和乙酰苯胺全部溶解[注3]。取下锥形瓶，趁热慢慢滴加水，观察到溶液开始变乳浊时，即停止加水。再将锥形瓶放入热水浴中加热到溶液重新变澄清后，取出锥形瓶，充分冷却，结晶。待晶体完全析出后，进行抽滤，并用少量冷水洗涤晶体 1～2 次〔洗涤方法同（1）〕。然后用玻璃钉挤压晶体，抽干。将晶体连同滤纸一起取出放在表面皿中晾干或在 100℃以下烘干，称重，计算产品回收率、待测熔点。

注释

〔1〕乙酰苯胺熔点 114℃，但在水中加热到 83℃时，未溶解部分可能会熔化成油珠状，而致使不易纯化。因此配制饱和溶液时温度应控制在 83℃以下，以避免此现象的发生。若已出现油珠，应尽量搅拌使其溶解，或冷却析出结晶后再次溶解。

〔2〕活性炭可以吸附有色物质（杂质），使用活性炭脱色时，须注意以下几点：①活性炭对极性溶液脱色效果较好，对非极性溶液脱色效果较差；②活性炭用量可根据溶液颜色深浅而定，一般为被提纯物质量的 1‰～5‰；③加热、搅拌有利于脱色，一般煮沸 5～10min，不断搅拌；如一次脱色效果不好，可再加少量活性炭重复操作；④不能向沸腾的溶液中加入活性炭，以免溶液暴沸溅出，一定要待溶液稍冷后（80℃以下）再加入。

〔3〕若有不溶性杂质时，需多加 1～2mL 乙醇，然后趁热过滤。如溶液有色，加入少许活性炭脱色。

思　考　题

（1）重结晶一般包括哪几个操作步骤？各步操作的目的是什么？

（2）对重结晶所用溶剂应有哪些要求？在什么情况下需要使用混合溶剂？

（3）如何验证经过重结晶的产品是纯净的？

实验5　乙酰苯胺熔点的测定

一、实验目的

（1）理解熔点测定的原理和意义，掌握毛细管法测定熔点的操作方法；

（2）了解显微熔点测定仪及操作方法。

二、实验原理

晶体物质加热到一定温度时，可以从固态转变成液态。熔点是指物质的固、液两相在大气压下达到平衡时的温度。纯净的有机化合物，一般都有固定敏锐的熔点。在一定的压力下，有机化合物的熔程（初熔至全熔的温度范围）通常不超过 0.5～1.0℃。若有机物含有少量杂质时，则其熔点下降，熔程增大。因此，测定熔点是鉴别化合物及定性检验其纯度的一种方法。

三、仪器与试剂

仪器：提勒管、毛细管、玻璃管（约 40cm 长）、温度计（200℃）、液体石蜡、表面皿、玻璃钉。

试剂：重结晶纯化后的乙酰苯胺，纯净的乙酰苯胺。

四、操作步骤

（1）毛细管法

① 制熔点管。取长约 7～10cm、内径 1.0～1.5mm 两端开口的毛细管，用酒精灯熔封一端。

② 填装样品。取少许干燥的乙酰苯胺样品（约 0.1～0.2g）置于洁净干燥的表面皿上，用玻璃钉研成粉末，聚成小堆。再把熔点管开口一端向下倒插入粉末堆中，样品即被挤入管口，轻轻插几下。然后取一根长约 40cm 的干净玻璃管，竖直放于干净的桌面或玻璃板上，使熔点管（开口端向上）沿玻璃管自由落下，反复多次，直至样品密实沉于熔点管底部，高度约 2～3mm 为宜。将管外样品粉末拭去，以免污染浴液。

③ 熔点的测定。本实验采用提勒熔点测定管（见图 4-16），选用液体石蜡作为浴液，以小火缓慢加热。开始升温速度约每分钟 3～4℃，到离熔点差 10～15℃时，使升温速率减慢，约每分钟 1～2℃。观察并记录初熔温度及全熔温度；若有萎缩现象，还应记录萎缩温度。重复测定两次，两次数据相差不能超过 0.5℃。

④ 熔点测定完毕，待温度计冷至近室温，先用滤纸擦去浴液，再用水洗净。待浴液充分冷却后，倒入指定的回收瓶内，留作以后使用。

（2）显微熔点测定仪法

操作见 4.8.1。

五、数据记录

将熔点测定结果列于下表：

样　　品		萎缩温度/℃	初熔温度/℃	全熔温度/℃
纯净的乙酰苯胺	第一次			
	第二次			
重结晶的乙酰苯胺	第一次			
	第二次			

思 考 题

（1）加热速度的快慢对熔点的测定有什么影响？何时可加热快一些？何时应加热慢一些？

（2）出现下列情况时，会对熔点测定产生什么影响：① 熔点管管壁过厚；② 样品研得不细或装得不密实；③ 浴液并未冷却或稍加冷却便立即开始重复测定。

（3）为什么不能使用第一次测熔点时已经熔化过了的有机物再进行第二次测定？

实验6　硫酸铜的提纯

一、实验目的

（1）练习过滤、蒸发、结晶等基本操作；

（2）掌握如何抑制水解反应；

（3）了解产品纯度检验的方法。

二、实验原理

粗硫酸铜中含有不溶性杂质和可溶性杂质 Fe^{2+}、Fe^{3+} 等，其中不溶性杂质可过滤除去；可溶性杂质则需转化为氢氧化物过滤除去，即用 H_2O_2 将 Fe^{2+} 氧化为 Fe^{3+}，然后调节溶液的 pH 值为 $3.5 \sim 4.0$[注1]，使 Fe^{3+} 水解成 $Fe(OH)_3$ 沉淀而滤除。

三、仪器与试剂

仪器：托盘天平、研钵、普通漏斗、布氏漏斗、漏斗架、吸滤瓶、循环水泵、蒸发皿、真空泵、烧杯、比色管（10mL）。

试剂：粗 $CuSO_4$(s)、H_2O_2 溶液（3%）、KSCN 溶液（$0.1mol \cdot L^{-1}$）、NaOH 溶液（$0.5mol \cdot L^{-1}$）、$NH_3 \cdot H_2O$ 溶液（$6mol \cdot L^{-1}$）、H_2SO_4 溶液（$1mol \cdot L^{-1}$）、HCl 溶液（$2mol \cdot L^{-1}$）、pH 试纸。

四、操作步骤

（1）粗 $CuSO_4$ 的提纯

称取 8.0g 研细的粗 $CuSO_4$ 固体放入 100mL 烧杯中，加 30mL 蒸馏水，搅拌，加热使其溶解。在溶液中滴加 2mL 3% 的 H_2O_2（操作时应将烧杯从火焰上拿下，为什么），不断搅拌，继续加热。用 pH 试纸检查溶液 pH 值是否为 4，若低于 4，滴加 $0.5mol \cdot L^{-1}$ NaOH 溶液至 pH≈4。再加热片刻，静置，使 $Fe(OH)_3$ 沉降。趁热用倾析法过滤[注2]，滤液收在蒸发皿中。

在滤液中滴加 $1mol \cdot L^{-1}$ H_2SO_4 溶液，将 pH 值调节为 $1 \sim 2$。然后加热蒸发，浓缩至溶液表面出现一层晶膜，停止加热，冷至室温，减压过滤[注2]。用滤纸将硫酸铜晶体表面的水分吸干，称重，计算产率。

（2）产品纯度检验

称取提纯的产品 1.0g，置于小烧杯中，用 10mL 蒸馏水溶解。加入 1mL $1mol \cdot L^{-1}$ H_2SO_4 溶液酸化，再加入 2mL 3% H_2O_2 溶液，加热煮沸，使产品中可能存在的 Fe^{2+} 氧化成 Fe^{3+}。待溶液冷却后，于搅拌下逐滴加入 $6mol \cdot L^{-1}$ $NH_3 \cdot H_2O$ 溶液，直至最初生成的浅蓝色沉淀全部转化为深蓝色透明的铜氨配离子溶液。常压过滤，用 $6mol \cdot L^{-1}$ $NH_3 \cdot H_2O$ 溶液洗涤滤纸至蓝色消失，弃去滤液，滤纸上留下黄色的 $Fe(OH)_3$。

将 3mL $2mol \cdot L^{-1}$ HCl 溶液逐滴加在滤纸上（用 10mL 比色管接收滤液），使 $Fe(OH)_3$ 全部溶解。若不能全部溶解，可将滤液再滴在滤纸上，反复操作，直至 $Fe(OH)_3$ 全部溶解。加入 2 滴 $0.1mol \cdot L^{-1}$ KSCN 溶液，加水稀释至 10mL。

用粗硫酸铜进行上述同样操作。对比两者颜色的深浅程度，检验提纯效果。

注释

[1] 根据溶度积规则，可计算出 Fe^{3+} 以 $Fe(OH)_3$ 沉淀完全而 Cu^{2+} 不生成 $Cu(OH)_2$ 沉淀时的 pH 值，大约为 4。若 pH>4，可能生成 $Cu(OH)_2$ 沉淀，造成 Cu^{2+} 的损失，从而使产率降低。

[2] 倾析法过滤与减压过滤操作参见 4.6.2。

思　考　题

(1) 在除去粗硫酸铜中的杂质时，为什么要将 Fe^{2+} 氧化成 Fe^{3+}？

(2) 通过计算说明在除去 Fe^{3+} 时为什么要将 pH 值控制在 4 左右？过高或过低会带来什么问题？

(3) 怎样进行常压过滤与减压过滤？

(4) 什么叫倾析法过滤？有什么优点？

(5) 蒸发浓缩时应注意什么？

(6) 抽滤时怎样将蒸发皿中的少量晶体转移到漏斗中？能否用蒸馏水冲洗？

实验 7　工业乙醇的蒸馏

一、实验目的

练习蒸馏的基本操作。

二、实验原理

工业乙醇混有其他不挥发性或低挥发性的杂质，由于它们的沸点存在差别，可通过常压蒸馏的方法进行纯化。

三、仪器与试剂

仪器：圆底烧瓶（100mL）、蒸馏头、温度计套管、直形冷凝管、尾接管、锥形瓶、温度计（0～100℃）、水浴、电炉。

试剂：工业乙醇。

四、操作步骤

按图 3-5(b) 所示装置仪器。在 100mL 圆底烧瓶中加入 60mL 95％工业乙醇[注1]。加料时使用玻璃漏斗，或沿对着蒸馏头支管口的瓶颈将乙醇小心地倒入，注意勿使乙醇从支管流出。加入 2～3 粒沸石，装好温度计，通冷凝水[注2]。水浴加热，注意观察圆底烧瓶中的现象和温度计读数的变化。当瓶内液体开始沸腾时，蒸气前沿逐渐上升，水银柱急剧上升。这时应适当控制加热，使温度略为下降，让水银球上的液滴和蒸气达到平衡，然后再稍升高温度进行蒸馏。温度控制在使液滴以 1～2 滴/s 流出为宜。当温度计读数上升到 77℃时，换一个已称量过的干燥锥形瓶作接受器[注3]。收集 77～79℃馏分。当瓶内只剩下少量（约 1～2mL）液体时，若维持原来的加热速度，温度计读数会突然下降，即可停止蒸馏。不应将瓶内液体完全蒸干。称量所收集馏分的质量或量其体积，计算回收率。

注释

[1] 95％乙醇为一共沸混合物，而非纯粹物质，它具有一定的沸点和组成，不能以普通蒸馏进行分离。

[2] 冷却水的流速以能保证蒸气充分冷凝为宜，通常只需缓缓的水流。

［3］蒸馏有机溶剂均应使用小口接受器，如锥形瓶等。尾接管与锥形瓶之间不能用塞子塞住，否则将形成封闭体系而引起爆炸事故。

思 考 题

（1）蒸馏时为什么液体的量不应超过圆底烧瓶容积的 2/3，也不应少于 1/3？

（2）蒸馏时加入沸石的作用是什么？如果蒸馏前忘记加沸石，能否立即将沸石加入将近沸腾的液体中？当重新进行蒸馏时，用过的沸石能否继续使用？

（3）为什么蒸馏时最好将馏出液的速度控制在 1～2 滴/s？

（4）如果液体具有恒定的沸点，是否可以说明它是纯物质？

实验8 三组分混合物的萃取分离

一、实验目的
（1）初步掌握萃取、洗涤与干燥等基本操作；
（2）进一步掌握重结晶、常压蒸馏和水蒸气蒸馏的基本操作。

二、实验原理
三组分混合液中含有苯胺、甲苯和苯甲酸，根据其性质及溶解度的差别，可以通过设计合理的方案，从混合物中经萃取分离、纯化得到纯净的苯胺、甲苯和苯甲酸。

三、仪器与试剂
仪器：量筒（100mL）、分液漏斗、锥形瓶、常压蒸馏装置、烧杯、熔点测定装置。

试剂：52mL 混合液（由 30mL 甲苯、20mL 苯胺和 3g 苯甲酸配制）、HCl 溶液（4mol·L^{-1}）、饱和 $NaHCO_3$ 溶液、无水 $CaCl_2$、NaOH 溶液（6mol·L^{-1}）。

四、操作步骤
取 52mL 混合物，充分搅拌下，逐滴加入 4mol·L^{-1} HCl 溶液，使混合物溶液 pH＝2，将其转移至分液漏斗中，静置、分层，水相放入锥形瓶中待处理。向分液漏斗的有机相加入适量水，洗去附着的酸，分离，弃去洗涤液，边摇荡边向有机相逐滴加入饱和 $NaHCO_3$ 溶液，使溶液 pH＝8～9，静置、分层。将有机相分出，置于干燥的锥形瓶中，用适量无水 $CaCl_2$ 干燥。常压蒸馏得无色透明液体，根据沸点，判断是何物质？

被分出的水相置于小烧杯中，不断搅拌下，滴加 4mol·L^{-1} HCl 溶液，至溶液 pH＝2，此时有大量白色沉淀析出。过滤，选择合适溶剂进行重结晶（参见 4.7.1），干燥，称重约 2g，测熔点，根据熔点确定是何化合物？

将上述第一次置于锥形瓶待处理的水相，边摇荡边加入 6mol·L^{-1} NaOH 溶液，使溶液 pH＝10，静置，分层。弃去水层，将有机相置于圆底烧瓶中，水蒸气蒸馏（参见 4.9.3）。用乙醚萃取，分离。用粒状氢氧化钠干燥，蒸馏得无色透明液体，根据沸点，判断是何物质？

思 考 题

（1）若分别用乙醚、氯仿、丙酮、己烷、苯萃取水溶液，它们将在上层还是下层？

（2）此三组分混合物分离实验中，各组分的性质是什么？在萃取过程中发生的变化是什么？

实验9 薄层色谱法分离邻硝基苯胺与间硝基苯胺

一、实验目的
(1) 学习薄层色谱法分离鉴定有机物的原理和方法；
(2) 掌握薄层板的制备技术。

二、实验原理
邻硝基苯胺由于分子内形成氢键，极性小于间硝基苯胺，间硝基苯胺可与吸附剂形成氢键。因此，利用薄层色谱法可以将二者分离。

三、仪器与试剂
仪器：托盘天平、烘箱、干燥器、烧杯（50mL）、量筒（10mL）、广口瓶（150mL）、载玻片（7.5cm×2.5cm）、毛细管。

试剂：邻硝基苯胺的无水苯溶液（1%）、间硝基苯胺的无水苯溶液（1%）、邻硝基苯胺与间硝基苯胺的混合液（4∶1）、硅胶 G、环己烷-乙酸乙酯混合溶剂（5∶1）。

四、操作步骤
(1) 硅胶 G 薄层板的制备

取 7.5cm×2.5cm 左右的载玻片 3 块，洗净。

在 50mL 小烧杯中加 5mL 水，再加 2g 硅胶 G，用玻璃棒调匀为糊状，分别倾于 3 块载玻片上，拿起玻片，用玻璃棒将糊状物摊开，然后作前后、左右振荡摆动，使流动的糊状物均匀地铺在载玻片上，在水平的实验台上放置 0.5h，移入烘箱，慢慢升温至 110℃，恒温 0.5h，取出，稍冷后放入干燥器中备用。

(2) 点样

取两块制好的薄层板，分别在距一端 1cm 处用铅笔轻轻地划一横线作为起始线。用毛细管在一块板的起始线上点 1% 的邻硝基苯胺的无水苯溶液和混合液两个样点，在第二块板的起始线上点 1% 的间硝基苯胺的无水苯溶液和混合液两个样点，样点间距 1～1.5cm，如果样点颜色较浅，可重复点样，重复点样前必须待前次样点干燥后进行，否则样点斑点直径过大，在分离中产生拖尾现象[注1]。

(3) 展开与 R_f 值的计算

待样点干燥后，用夹子把板小心地放入事先已准备好的盛有 5mL 5∶1 的环己烷-乙酸乙酯的广口瓶中，进行展开[注2]。板与水平方向约成 45°角，样点的一端浸入展开剂中约 0.5cm。当展开剂上升到离板的上端约 1cm 时，取出板，立即用铅笔记下展开剂前沿的位置，晾干后观察分离的情况，比较两者 R_f 值的大小。

注释

[1] 点样时，使毛细管下端液面刚好接触薄层即可，切勿点样过重而使薄层破坏。用铅笔划线要轻，不要划破薄层表面。

[2] 薄层板点样一端朝下放入广口瓶后，展开剂必须在点样斑点下。

思　考　题

如果薄层板厚薄不匀将会对分析结果有何影响？

实验10　柱色谱法分离荧光黄与亚甲基蓝

一、实验目的

(1) 学习柱色谱法分离有机物的原理和方法；

(2) 掌握柱色谱的操作。

二、实验原理

荧光黄和亚甲基蓝的结构如下：

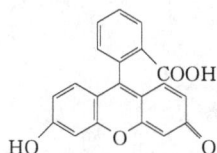

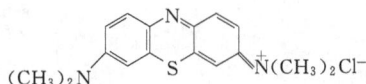

荧光黄　　　　　　　　　　　亚甲基蓝

荧光黄是橘红色结晶，其稀的水溶液带有荧光黄色。亚甲基蓝可以含有 3～5 个结晶水，三水合物是暗绿色晶体，其稀的乙醇溶液为蓝色。由于两者结构的差别，使之与吸附剂的吸附程度不同，因此，可利用柱色谱法将两者分离。

三、仪器与试剂

仪器：酸式滴定管（25mL）、锥形瓶（50mL）、长颈漏斗、滴液漏斗、量筒（10mL）、玻璃棒。

试剂：石英砂、中性氧化铝（100～200 目）、乙醇（95%）、亚甲基蓝、荧光黄。

四、实验步骤

(1) 装柱

用 25mL 酸式滴定管做色谱柱，垂直装置，以 50mL 锥形瓶作洗脱液的接受器。用镊子取少许脱脂棉放于干净的色谱柱底，用玻璃棒轻轻塞紧，再在脱脂棉上盖一层厚 0.5cm 的石英砂（洗净干燥过），关闭活塞。向柱中倒入 10mL 95% 乙醇，打开活塞，控制流出速度为 1 滴/s。此时从柱上端通过一干燥的长颈漏斗慢慢加入 5g 色谱用的中性氧化铝，用木棒或带橡皮塞的玻璃棒轻轻敲打柱身下部，使填装紧密[注1]。再在上面加一层 0.5cm 厚的石英砂[注2]。整个操作过程一直保持上述流速不变。注意不能使液面低于砂子的上层[注3]。

(2) 展开和洗脱

当溶剂液面刚好流至石英砂面时，立即沿柱壁加入 1mL 已配好的含有 1mg 亚甲基蓝和 1mg 荧光黄的 95% 乙醇溶液。当加入的溶液流至近石英砂时，立即用 0.5mL 95% 乙醇洗下管壁的有色物质，如此 2～3 次，直至洗净为止。然后在色谱柱上装置滴液漏斗[注4]，用 95% 乙醇洗脱，如上所述的方法来控制洗出速度（若此时速度减慢，可将接受器改成小抽滤瓶，安装合适的塞子，接上水泵，少许减压用以保持流速）。

蓝色的亚甲基蓝首先向柱下移动，荧光黄则留在柱上端，当蓝色的色带快洗出时，更换另一个接受器，继续洗脱，至滴出液体近无色为止，再换一接受器，改用水作洗脱剂（此时可加大负压使流速加快）至黄绿色的荧光黄开始滴出，用另一接受器收集至黄绿色全部洗出为止。这样，分别得到两种染料的溶液。

注释

[1] 色谱柱填装紧密与否对分离效果很有影响，若各部分松紧不匀，特别是有断层时，影响速度和显色带的均匀，但如果填装时过分敲击，又使流速太慢。

[2] 加入砂子的目的是使加料时不致把吸附剂冲起，影响分离效果。若无砂子，也可用玻璃毛。

[3] 为了保持柱内的均一性，必须使整个吸附剂浸泡在溶剂或溶液中。否则，当柱内溶剂或溶液流干时，就会使柱身干裂，影响渗滤和显色的效果。

[4] 如不装置滴液漏斗，也可用每次倒入 10mL 洗脱剂的方法进行洗脱。

6 测定实验

实验11 反应速率与活化能的测定

一、实验目的

(1) 掌握浓度和温度对化学反应速率的影响;

(2) 测定 $(NH_4)_2S_2O_8$ 与 KI 反应的反应速率,计算反应级数、速率常数和活化能。

二、实验原理

在酸性介质中,过二硫酸铵与碘化钾发生如下反应:

$$S_2O_8^{2-}+3I^-=\!=\!=\!2SO_4^{2-}+I_3^-$$

该反应的速率方程为

$$v=-dc_{S_2O_8^{2-}}/dt=k \cdot c_{S_2O_8^{2-}}^m \cdot c_{I^-}^n \tag{11-1}$$

式中 $dc_{S_2O_8^{2-}}$——$S_2O_8^{2-}$ 在 dt 时间内浓度的改变量;

$c_{S_2O_8^{2-}}$ 和 c_{I^-}——分别为 $S_2O_8^{2-}$ 和 I^- 的浓度;

k——反应速率常数;

m 和 n——反应级数。

由于无法测得 dt 时间内的变化值 $dc_{S_2O_8^{2-}}$,故本实验以 Δt 内的浓度变化 $\Delta c_{S_2O_8^{2-}}$ 代替 $dc_{S_2O_8^{2-}}$,即以平均速率 $\Delta c_{S_2O_8^{2-}}/\Delta t$ 代替瞬时速率 $dc_{S_2O_8^{2-}}/dt$,故式 (11-1) 改写为

$$v \approx -\Delta c_{S_2O_8^{2-}}/\Delta t \approx k \cdot c_{S_2O_8^{2-}}^m \cdot c_{I^-}^n \tag{11-2}$$

这是本实验产生误差的主要原因。

为了测定 $\Delta c_{S_2O_8^{2-}}$,在混合 $(NH_4)_2S_2O_8$ 和 KI 溶液时,同时加入一定体积的已知浓度的 $Na_2S_2O_3$ 溶液和作为指示剂的淀粉溶液。这样,在 $(NH_4)_2S_2O_8$ 与 KI 反应进行的同时,也进行着如下反应:

$$2S_2O_3^{2-}+I_3^-=\!=\!=\!S_4O_6^{2-}+3I^-$$

上述反应几乎瞬间就可完成,而 $(NH_4)_2S_2O_8$ 和 KI 的反应要慢得多,所以由该反应所生成的 I_3^- 立刻与 $S_2O_3^{2-}$ 作用生成无色的 $S_4O_6^{2-}$ 和 I^-。因此,在有 $Na_2S_2O_3$ 存在时,看不到碘与淀粉作用而显示的蓝色。但是,一旦 $Na_2S_2O_3$ 耗尽,$(NH_4)_2S_2O_8$ 与 KI 的反应继续生成的微量 I_3^- 立即使淀粉溶液显示蓝色。所以蓝色的出现标志着第二个反应的完成。

根据上述两个反应的计量关系,$S_2O_8^{2-}$ 浓度消耗的量等于 $S_2O_3^{2-}$ 浓度消耗量的一半,即

$$\Delta c_{S_2O_8^{2-}}=\Delta c_{S_2O_3^{2-}}/2 \tag{11-3}$$

95

由于在溶液显示蓝色时 $S_2O_3^{2-}$ 已全部耗尽，$\Delta c_{S_2O_3^{2-}}$ 实际上就是反应开始时 $Na_2S_2O_3$ 的浓度。因此，只要记下从反应开始到溶液出现蓝色所需要的时间，就可以求算第一个反应的速率 $-\Delta c_{S_2O_8^{2-}} / \Delta t$。

在固定 $c_{S_2O_3^{2-}}$、改变 $c_{S_2O_8^{2-}}$ 和 c_{I^-} 的条件下进行一系列实验，测得不同条件下的反应速率，根据 $v = k \cdot c_{S_2O_8^{2-}}^m \cdot c_{I^-}^n$ 的关系可推出反应级数。

反应速率常数 k 可由下式求出：

$$k = \frac{v}{c_{S_2O_8^{2-}}^m \cdot c_{I^-}^n} \tag{11-4}$$

Arrhenius 公式体现了反应速率常数与温度的关系，它的一种表述方式为

$$\lg k = \frac{-E_a}{2.303RT} + \lg A \tag{11-5}$$

式中　E_a——反应的活化能；

　　　R——摩尔气体常数（$8.314 J \cdot mol^{-1} \cdot K^{-1}$）；

　　　T——热力学温度；

　　　A——频率因子，为给定反应的特征常数。

由公式可以看到，若测得不同温度下的 k 值，以 $\lg k$ 对 $1/T$ 作图，可得一直线，其斜率为 $-E_a/2.303R$，于是便可求出反应的活化能 E_a。

三、仪器与试剂

仪器：秒表、温度计（0～100℃）、烧杯（100mL）、量筒、大试管。

试剂：KI 溶液（$0.20 mol \cdot L^{-1}$）、$(NH_4)_2S_2O_8$ 溶液（$0.20 mol \cdot L^{-1}$）、$Na_2S_2O_3$ 溶液（$0.010 mol \cdot L^{-1}$）、KNO_3 溶液（$0.20 mol \cdot L^{-1}$）、$(NH_4)_2SO_4$ 溶液（$0.20 mol \cdot L^{-1}$）、淀粉溶液（0.4%）。

四、操作步骤

（1）浓度对反应速率的影响，反应级数的测定

室温下按表 1 中编号 1 的用量分别量取 KI、淀粉、$Na_2S_2O_3$ 溶液于 100mL 烧杯中，混合均匀。再量取 $(NH_4)_2S_2O_8$ 溶液，迅速加入烧杯中。与此同时，按动秒表计时，不断用玻璃棒搅拌。观察溶液，刚一出现蓝色，立即停止计时，记录反应时间，并填入表 1。

用同样方法进行编号 2～5 实验。为了使溶液的离子强度和总体积保持不变，在实验 2～5 中所减少的 $(NH_4)_2S_2O_8$ 和 KI 的量，分别用 KNO_3 和 $(NH_4)_2SO_4$ 溶液补充。记录每次反应的时间，也填入表 1。

（2）温度对反应速率的影响

按表 1 中编号 4 的用量，分别将 KI、淀粉、$Na_2S_2O_3$ 和 KNO_3 溶液置于 100mL 烧杯中，搅拌均匀；在一个大试管中加入 $(NH_4)_2S_2O_8$ 溶液。将烧杯和试管一起放入冰水浴中冷却，待两种试液都冷却到温度低于室温 10℃时，迅速将试管中的 $(NH_4)_2S_2O_8$ 溶液倒入烧杯中，同时立即计时，不断搅拌。当溶液出现蓝色，记录时间。

在高于室温 10℃和 20℃条件下（热水浴中）分别重复上述实验。

将以上 3 个温度下的数据和表 1 中编号 4 测得的室温下的数据一起记入表 2。计算反应速率和速率常数。

五、结果与数据处理

（1）反应级数的计算

将表 1 中实验编号 1 和 3 的结果分别代入式 (11-2) 后，两式相除得

$$\frac{v_1}{v_3} = \frac{kc_{1,S_2O_8^{2-}}^m \cdot c_{1,I^-}^n}{kc_{3,S_2O_8^{2-}}^m \cdot c_{3,I^-}^n}$$

由于 $c_{1,I^-}^n = c_{3,I^-}^n$，所以

$$\frac{v_1}{v_3} = \frac{c_{1,S_2O_8^{2-}}^m}{c_{3,S_2O_8^{2-}}^m}$$

v_1、v_3、$c_{1,S_2O_8^{2-}}$ 和 $c_{3,S_2O_8^{2-}}$ 都为已知数，即可求得 m。

同理，应用实验编号 1 和 5 的结果可求出 n。再由 m 和 n 值求得反应的总级数 ($m+n$) 值。

(2) 反应速率常数的计算

根据式 (11-2)，v 和 m、n 已知就可求出 k。将计算得到的 k 值填入表 1 和表 2 中。

(3) 活化能的计算

根据表 2 的结果，以 $1/T$ 为横坐标、$\lg k$ 为纵坐标作图，得一直线，此直线的斜率为 $-E_a/2.303R$，由此可求出该反应的活化能 E_a (文献值 $E_a = 56.7 \text{kJ} \cdot \text{mol}^{-1}$)。

表 1 浓度对反应速率的影响

反应温度（室温___℃）

	实 验 编 号	1	2	3	4	5
	$0.20 \text{mol} \cdot L^{-1} (NH_4)_2S_2O_8$	20.0	10.0	5.0	20.0	20.0
	$0.20 \text{mol} \cdot L^{-1}$ KI	20.0	20.0	20.0	10.0	5.0
试剂用量	0.4% 淀粉溶液	2.0	2.0	2.0	2.0	2.0
/mL	$0.01 \text{mol} \cdot L^{-1} Na_2S_2O_3$	8.0	8.0	8.0	8.0	8.0
	$0.20 \text{mol} \cdot L^{-1} KNO_3$	—	—	—	10.0	15.0
	$0.20 \text{mol} \cdot L^{-1} (NH_4)_2SO_4$	—	10.0	15.0	—	—
反应时间 $\Delta t/s$						
反应速率 $V/\text{mol} \cdot L^{-1} \cdot s^{-1}$						
反应速率常数 k						

表 2 温度对反应速率的影响

实 验 编 号	4	6	7	8
反应温度 $T/℃$				
反应时间 $\Delta t/s$				
反应速率 $v/\text{mol} \cdot L^{-1} \cdot s^{-1}$				
反应速率常数 k				
$\lg k$				
$1/T$				

思 考 题

(1) 浓度、温度对反应速率及反应速率常数有何影响？

(2) 可否根据反应方程式直接确定反应级数？为什么？试用本实验结果加以说明。

(3) $Na_2S_2O_3$ 用量过多或过少，对实验结果有何影响？

实验 12 乙酸电离平衡常数的测定

实验目的

(1) 了解弱酸电离平衡常数的测定方法；

(2) 加深对电离平衡基本概念的理解。

方法一：pH 值测定法

一、实验原理

乙酸存在如下电离平衡：

$$HAc \Longrightarrow H^+ + Ac^-$$

其电离常数表达式为

$$K_{HAc}^\ominus = \frac{c_{H^+} \cdot c_{Ac^-}}{c_{HAc}} \tag{12-1}$$

设 HAc 的初始浓度为 c，则上式可改写为

$$K_{HAc}^\ominus = \frac{c_{H^+}^2}{c - c_{H^+}} \tag{12-2}$$

如配制一系列已知浓度的 HAc 溶液，用酸度计测定其 pH 值，然后根据 $pH = -\lg c_{H^+}$ 换算成 c_{H^+}（严格地说，酸度计所测得的 pH 值反映了溶液中 H^+ 的有效浓度，即活度）。将以上数据代入式（12-2），可求得一系列 $K_{HAc}^\ominus$ 值，其平均值即为该测定温度下的乙酸电离平衡常数。

二、仪器与试剂

仪器：酸度计、烧杯（50mL）5 个、滴定管（50mL）2 支。

试剂：HAc 标准溶液（0.1000mol·L^{-1}）。

三、操作步骤

(1) 配制系列已知浓度的 HAc 溶液

准备 5 个干燥的 50mL 烧杯进行编号。按下表用量用滴定管量取 0.1000mol·L^{-1} HAc 标准溶液，配制不同浓度的 HAc 溶液。

(2) HAc 溶液 pH 值的测定

用酸度计按由稀到浓的顺序测定 1~5 号 HAc 溶液的 pH 值[注1]，记录于下表中。

四、结果与数据处理

(1) 根据 $K_{HAc}^\ominus = c_{H^+}^2/(c - c_{H^+})$ 计算 $K_{HAc}^\ominus$，计算其平均值。

(2) 计算乙酸的电离度，说明 HAc 溶液浓度对电离度 α 的影响。

(3) 计算相对误差，并分析产生误差的原因（文献值：$K_{HAc}^\ominus = 1.76 \times 10^{-5}$）。

测定时溶液的温度_____℃   标准 HAc 溶液浓度_____mol·L^{-1}

编　号	HAc 体积/mL	H_2O 体积/mL	HAc 浓度/mol·L^{-1}	pH 值	c_{H^+}/mol·L^{-1}	$K_{HAc}^\ominus$	α_{HAc}
1	3.00	45.00					
2	6.00	42.00					
3	12.00	36.00					
4	24.00	24.00					
5	48.00	0					

注释

[1] 酸度计的使用方法参见 3.3.1。

思　考　题

(1) 不同浓度 HAc 溶液的电离度是否相同？电离常数是否相同？

(2) 测定不同浓度溶液的 pH 值时，为什么按由稀到浓的顺序进行？

方法二：电导率法

一、实验原理

乙酸的电离常数 $K_{HAc}^{\ominus}$ 与电离度 α 有如下关系：

$$K_{HAc}^{\ominus} = \frac{c\alpha^2}{(1-\alpha)} \tag{12-3}$$

式中，c 为 HAc 溶液的初始浓度。

电离度可通过测定溶液的电导率求得，从而得出电离常数。

溶液的摩尔电导率为单位浓度时的电导率，用 Λ_m 表示，即

$$\Lambda_m = \frac{\kappa}{c} \tag{12-4}$$

同一物质不同浓度的摩尔电导率只与电解质的电离度有关。对弱电解质来说，无限稀释时，可看作完全电离，此时溶液的摩尔电导率称为极限摩尔电导率 Λ_m^{∞}。在一定温度下，弱电解质某浓度的摩尔电导率 Λ_m 与无限稀释的极限摩尔电导率 Λ_m^{∞} 之比，可近似地表示该电解质溶液的电离度 α，即

$$\Lambda_m / \Lambda_m^{\infty} = \alpha \tag{12-5}$$

由实验测出电导率 κ，再根据 $\Lambda_m = \kappa/c$ 算出 Λ_m。Λ_m^{∞} 数据可查表得到，从而算出电离度 α，代入式（12-3）即可近似地求出电离常数 $K_{HAc}^{\ominus}$。

二、仪器与试剂

仪器：电导率仪、滴定管（50mL）2 支（酸式、碱式各 1 支）、烧杯（100mL）6 个。

试剂：HAc 溶液（$0.1000\,mol \cdot L^{-1}$，精确到 $0.0002\,mol \cdot L^{-1}$）。

三、操作步骤

（1）配制不同浓度的 HAc 溶液

将 5 只干燥的 100mL 烧杯按 1～5 顺序编号。按下表的要求用酸式滴定管量取 $0.1000\,mol \cdot L^{-1}$ HAc 溶液，用碱式滴定管量取蒸馏水，配制不同浓度的 HAc 溶液，放入对应的烧杯中。

（2）测定不同浓度 HAc 溶液的电导率

用电导率仪由稀到浓测定 1～5 号溶液的电导率[注1]，并记录于下表中。

四、结果与数据处理

室温_____℃

实验温度时 HAc 的极限摩尔电导率 $\Lambda_m^{\infty} = $_____ $S \cdot m^2 \cdot mol^{-1}$

HAc 溶液的初始浓度_____ $mol \cdot L^{-1}$

铂黑电极的电极常数：_____

项　　目	1	2	3	4	5
HAc 体积/mL					
水的体积/mL					
$c_{HAc}/mol \cdot L^{-1}$					
$\kappa/S \cdot m^{-1}$					
$\Lambda_m/S \cdot m^2 \cdot mol^{-1}$					
α					
$c\alpha^2$（其中 c 的单位 $mol \cdot L^{-1}$）					
$K_{HAc}^{\ominus}$					

HAc 溶液的极限摩尔电导率数据如下：

$T/℃$	0	18	25	30
$\Lambda_m^\infty/S \cdot m^2 \cdot mol^{-1}$	24.5×10^{-3}	34.9×10^{-3}	39.07×10^{-3}	42.18×10^{-3}

注释

[1] 电导率仪的使用方法参见 3.3.2。

思 考 题

(1) 什么叫溶液的电导、电导率、摩尔电导率和极限摩尔电导率？

(2) 在测定各组溶液的电导率时，测量顺序应如何？为什么？

实验 13 酸碱标准溶液浓度的标定

一、实验目的

(1) 巩固减量法称量操作，进一步练习滴定操作；

(2) 学习酸、碱标准溶液浓度的标定方法。

二、实验原理

(1) HCl 溶液的标定

无水碳酸钠和硼砂（$Na_2B_4O_7 \cdot 10H_2O$）等常用来作标定酸的基准物质。

用无水 Na_2CO_3 为基准物标定 HCl 溶液时，标定反应如下：

$$Na_2CO_3 + 2HCl == 2NaCl + CO_2 \uparrow + H_2O$$

在 pH=3.9 附近有一个稍大些的滴定突跃，可用甲基橙作指示剂。由于 Na_2CO_3 易吸收空气中的水分，因此采用市售基准试剂级的 Na_2CO_3 时，应预先在 180℃下充分干燥，并保存于干燥器中。

用硼砂作基准物时，在 pH=5.1 附近有一个滴定突跃，可用甲基红作指示剂。

如果已测得酸碱标准溶液的体积比，只需标定 NaOH 标准溶液或 HCl 标准溶液中的一种，即可计算出另一种标准溶液的浓度。

(2) NaOH 溶液的标定

标定 NaOH 溶液时，常用邻苯二甲酸氢钾（$KHC_8H_4O_4$）或草酸（$H_2C_2O_4 \cdot 2H_2O$）作基准物质。

采用邻苯二甲酸氢钾标定 NaOH 溶液时，标定反应如下：

$$HC_8H_4O_4^- + OH^- == C_8H_4O_4^{2-} + H_2O$$

在 pH=9.1 附近有一个滴定突跃，可选用酚酞作指示剂。

采用草酸标定 NaOH 溶液时，反应式如下：

$$H_2C_2O_4 + 2NaOH == Na_2C_2O_4 + 2H_2O$$

在 pH=8.4 附近有一个滴定突跃，可选用酚酞作指示剂。

三、仪器与试剂

仪器：酸式滴定管、碱式滴定管、分析天平。

试剂：无水 Na_2CO_3（基准试剂）、邻苯二甲酸氢钾（A.R.）、甲基橙指示剂（0.1%）、酚酞指示剂（0.1%）、HCl 溶液（0.1mol·L^{-1}）、NaOH 溶液（0.1mol·L^{-1}）。

四、操作步骤

（1）HCl 标准溶液的标定

准确称取已烘干的无水 Na$_2$CO$_3$ 3 份（质量按消耗 30～40mL 0.1mol·L^{-1} HCl 溶液计算），分别置于 3 只 250mL 锥形瓶中，加水约 30mL，充分摇动使完全溶解。加 1～2 滴甲基橙指示剂，用 HCl 标准溶液滴定至溶液由黄色转变为橙色，记下 HCl 标准溶液的耗用量，并计算 HCl 标准溶液的浓度。

（2）NaOH 标准溶液的标定

准确称取 3 份已在 105～110℃烘过 1h 以上的邻苯二甲酸氢钾，每份为 0.5g（如何计算），置于 250mL 锥形瓶中，加入新煮沸放冷后的水 50mL，微热，使完全溶解。加酚酞指示剂 1～2 滴，用欲标定的 NaOH 溶液进行滴定，滴至呈微红色 30s 内不褪，即为终点。3 份测定结果的相对平均偏差不大于 0.3%。

五、结果与数据处理

（1）计算 c_{HCl}

c_{HCl} 的计算公式如下：

$$c_{HCl}=\frac{2\times1000\times m_{Na_2CO_3}}{V_{HCl}M_{Na_2CO_3}} \tag{13-1}$$

HCl 标准溶液的标定结果与数据处理列表如下：

实 验 项 目	1	2	3
称量瓶＋Na$_2$CO$_3$（前）/g			
称量瓶＋Na$_2$CO$_3$（后）/g			
Na$_2$CO$_3$ 质量/g			
HCl 终读数/mL			
HCl 始读数/mL			
V_{HCl}/mL			
c_{HCl}/mol·L^{-1}			
c_{HCl} 的计算公式		$c_{HCl}=\dfrac{2\times1000\times m_{Na_2CO_3}}{V_{HCl}M_{Na_2CO_3}}$	
c_{HCl}（平均值）/mol·L^{-1}			
个别测定的绝对偏差/mol·L^{-1}			
相对平均偏差			

（2）计算 c_{NaOH}

c_{NaOH} 的计算公式如下：

$$c_{NaOH}=\frac{2\times1000\times m_{KHC_8H_4O_4}}{V_{NaOH}M_{KHC_8H_4O_4}} \tag{13-2}$$

在实验报告中，应参照标定 HCl 溶液浓度的表格格式列表。

思 考 题

（1）用邻苯二甲酸氢钾为基准物质标定 0.1mol·L^{-1} NaOH 溶液时，如何计算基准物称取量？

（2）用 Na$_2$CO$_3$ 为基准物质标定 0.1mol·L^{-1} HCl 溶液时，如何计算基准物称取量？

（3）用 Na$_2$CO$_3$ 为基准物质标定 HCl 溶液时，为什么不用酚酞作指示剂？

(4) 如果基准物 $KHC_8H_4O_4$ 中含有少量 $H_2C_8H_4O_4$，对 NaOH 溶液标定结果有什么影响？

(5) 溶解基准物 $KHC_8H_4O_4$ 或 Na_2CO_3，所用水的体积的量度是否需要准确？为什么？

(6) 用于标定的锥形瓶，是否需要预先干燥？为什么？

实验 14　工业碳酸钠总碱度的测定

一、实验目的

(1) 掌握工业碳酸钠中总碱度的测定原理和方法；

(2) 学习移液管和容量瓶的使用方法。

二、实验原理

工业碳酸钠又称碱灰，是一种不纯的碳酸钠，由于制备方法不同，其中所含的杂质也不同。如以氨法制备的碳酸钠可能含有 NaCl、Na_2SO_4、NaOH、$NaHCO_3$ 等。用 HCl 溶液滴定时，除其中主要组分 Na_2CO_3 被中和外，其他碱性杂质如 NaOH 或 $NaHCO_3$ 等也都被中和，因此这个测定结果是碱的总量，通常以 Na_2O 的百分含量表示。

用 HCl 溶液滴定 Na_2CO_3 时，包括以下两步反应：

$$Na_2CO_3 + HCl \Longrightarrow NaHCO_3 + NaCl$$
$$NaHCO_3 + HCl \Longrightarrow NaCl + H_2CO_3$$
$$\searrow H_2O + CO_2 \uparrow$$

当中和成 $NaHCO_3$ 时，pH 值为 8.3，全部中和后，pH 值为 3.9。由于滴定的第一等当点的突跃范围较小，终点不敏锐，因此采用第二等当点，以甲基橙为指示剂，溶液由黄色变至橙色时即为终点。

为了使分析用的工业碳酸钠试样具有足够的代表性，应适当多称取该样品。

三、仪器与试剂

仪器：分析天平、滴定管、容量瓶、移液管。

试剂：甲基橙指示剂（0.05%水溶液）、工业 Na_2CO_3 试样、HCl 标准溶液（0.1mol·L^{-1}）。

四、操作步骤

准确称取 1.6～2.2g[注1]工业碳酸钠试样（应称准至小数点后第几位？）置于 100mL（或 250mL）烧杯中，加少量水使其溶解，必要时可稍加热促使溶解。冷却后，将溶液转移至 250mL 容量瓶中[注2]，并用洗瓶吹洗烧杯的内壁和搅拌棒数次，每次的洗涤液应全部移入容量瓶中。用水稀释至刻度，摇匀。

用移液管[注2]吸取上述试液 25mL 于 250mL 锥形瓶中，加甲基橙指示剂 1～2 滴，用少量洗瓶中的水吹洗锥形瓶内壁，以 HCl 标准溶液滴定至溶液呈橙色[注3]，即为终点。平行滴定数份，几份滴定消耗的 HCl 标准溶液的体积应相差不大于 0.05mL。

在完成以上实验内容后，学生设计一个用双指示剂（甲基橙、酚酞）的分析方案，判断该工业碳酸钠试液含哪两种碱？它们的含量各为多少？

五、结果与数据处理

依据公式 (14-1) 计算试样的总碱度（w_{Na_2O}），并参照前几个实验的报告结果表格格式，将各项数据（包括 HCl 标准溶液浓度的标定结果）列表。

$$w_{Na_2O} = \frac{(250/25)c_{HCl} \cdot V_{HCl} \cdot M_{Na_2O}}{2m_{试样} \times 1000} \times 100\%$$ (14-1)

式中　M_{Na_2O}——Na$_2$O 的摩尔质量，61.98g·mol^{-1}；

　　　　$m_{试样}$——工业碳酸钠试样质量，g。

注释

[1] 根据试样"纯度"，可适当改变试样的称量范围。

[2] 容量瓶、移液管的操作方法详见 3.2.2。

[3] 滴定操作见 3.2.2。

思 考 题

(1) 为什么说用 HCl 溶液滴定工业碳酸钠的测定是"总碱量"的测定？

(2) "总碱量"的测定应选用何种指示剂？终点如何控制？为什么？

(3) 若以 Na$_2$CO$_3$ 形式表示总碱量，其结果的计算公式应是怎样？

实验 15　EDTA 标准溶液的配制及标定

一、实验目的

(1) 学习 EDTA 标准溶液的配制及标定方法；

(2) 掌握配位滴定法的基本原理和特点；

(3) 熟悉二甲酚橙、钙指示剂和铬黑 T 指示剂的使用及其终点变化。

二、实验原理

乙二胺四乙酸（简称 EDTA）难溶于水，通常使用它的二钠盐配制标准溶液，又称为 EDTA 溶液。一般采用间接法配制 EDTA 标准溶液，标定时常用的基准物有 Zn、ZnO、CaCO$_3$、Bi、Cu、Pb 等。

EDTA 溶液若用于测定 Pb^{2+}、Bi^{3+}，宜以 ZnO 或金属锌为基准物，以二甲酚橙为指示剂。在 pH≈5～6 溶液中，二甲酚橙指示剂本身显黄色，与 Zn^{2+} 的配合物呈紫红色。EDTA 与 Zn^{2+} 形成更稳定的配合物，因此在临近滴定终点时，二甲酚橙被游离出来，溶液由紫红色变为黄色。

EDTA 溶液若用于测定 Ca^{2+}、Mg^{2+} 含量，则宜用 CaCO$_3$ 为基准物。首先可用 HCl 溶液将 CaCO$_3$ 溶解，然后把溶液转到容量瓶中，加水稀释，制成钙标准溶液。吸取一定量钙标准溶液，调节至 pH≥12，采用钙指示剂指示终点。钙离子与钙指示剂生成的配合物为酒红色，当用 EDTA 溶液滴定至终点附近时，由于 EDTA 与 Ca^{2+} 形成的配合物比酒红色的配合物（由 Ca^{2+} 与钙指示剂形成）更稳定，钙指示剂则被游离出来，溶液由酒红转变为钙指示剂在该 pH 值下呈现的蓝色。

以 CaCO$_3$ 为基准物标定 EDTA，选用铬黑 T 为指示剂时，虽然铬黑 T（以 HIn^{2-} 表示）在 pH＝10 时也与 Ca^{2+} 形成酒红色配合物（CaIn$^-$），但不够稳定，会造成终点过早到达。若在溶液中加入 MgY^{2-}（Mg^{2+} 与 EDTA 的配合物），因发生下列置换反应，从而可以克服终点过早出现的问题：

$$MgY^{2-} + Ca^{2+} \Longrightarrow CaY^{2-} + Mg^{2+} \quad (CaY^{2+} 比 MgY^{2-} 稳定)$$

$$Mg^{2+} + HIn^{2-} \Longrightarrow MgIn^- + H^+ \quad (MgIn^- 为酒红色)$$

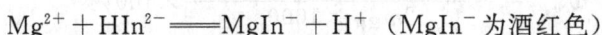

由于生成 $MgIn^-$，使滴定溶液显酒红色。

用 EDTA 滴定时，EDTA 先与游离的 Ca^{2+} 结合，最后再从 $MgIn^-$ 中置换出铬黑 T，使溶液由酒红色变纯蓝色。

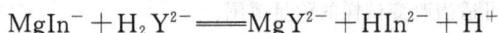

$$MgIn^- + H_2Y^{2-} \Longrightarrow MgY^{2-} + HIn^{2-} + H^+$$

加入的 MgY^{2-}，滴定至最后仍为 MgY^{2-}，所以它并不消耗 EDTA 溶液，只是起了辅助指示终点的作用。

三、仪器与试剂

仪器：分析天平、滴定管、移液管（25mL）、容量瓶（250mL）、烧杯（500mL、100mL）。

试剂：乙二胺四乙酸二钠（$Na_2H_2Y \cdot 2H_2O$）。

以 Zn 为基准物时所用试剂：金属锌（$\geqslant 99.9\%$，片状）、HCl 溶液（1:1）、六亚甲基四胺（$(CH_2)_6N_4$）、二甲酚橙指示剂（0.5%）。

以 $CaCO_3$ 为基准物时所用试剂：$CaCO_3$（s, G.R. 或 A.R.）、pH=10 氨性缓冲溶液（内含少 MgY^{2-} 溶液）[注1]、铬黑 T 指示剂（0.5g 铬黑 T 和 50gNaCl 研细混匀）。

四、操作步骤

（1）配制 $0.02mol \cdot L^{-1}$ EDTA 溶液

称取 7.5g $Na_2H_2Y \cdot 2H_2O$ 置于烧杯中，加 500mL 水，微热并搅拌使其完全溶解，冷却后转入细口瓶中，稀释至 1L，摇匀。

（2）以金属锌为基准物标定 EDTA 溶液

① 配制 $0.02mol \cdot L^{-1}$ 锌标准溶液　准确称取适量金属锌（自算），置于 100mL 烧杯中，盖上表面皿，从杯嘴处缓慢加入 10mL 1:1HCl 溶液，完全溶解后，冲洗表面皿及杯壁，转移至 250mL 容量瓶中，定容后摇匀。

② 标定 EDTA 溶液　移取 25.00mL 锌标准溶液于锥形瓶中，加 1 滴二甲酚橙及 2g $(CH_2)_6N_4$。用 EDTA 溶液滴定至紫红色变为黄色，即为终点[注2]。

（3）以 $CaCO_3$ 为基准物标定 EDTA 溶液

① 配制 $0.02mol \cdot L^{-1}$ 钙标准溶液　准确称取 0.5~0.6g 经 110℃下干燥 2h 的基准物 $CaCO_3$，置于 100mL 烧杯中，加水润湿，盖上表面皿，从杯嘴边逐滴加入数毫升 1:1 HCl 至完全溶解（注意：不要加入太多的 HCl 溶液），加 20mL 水，小心煮沸。冷却后，用水淋洗表面皿，定量转移至 250mL 容量瓶，定容至刻度，摇匀。

② 标定 EDTA 溶液　移取 25.00mL 标准钙溶液于锥形瓶中，加入 10mL pH=10 氨性缓冲溶液（内含 MgY^{2-} 溶液）、适量铬黑 T 指示剂[注3]，立即用 EDTA 溶液滴定至红色变为纯蓝色，即为终点。

注释

[1] 含 MgY^{2-} 氨性缓冲溶液的配制：用 $MgCl_2 \cdot 6H_2O$ 配制 $0.01mol \cdot L^{-1}$ 的溶液，在 pH=10 条件下，以 $0.02mol \cdot L^{-1}$ EDTA 标准溶液准确滴定为 MgY^{2-} 溶液（$0.01mol \cdot L^{-1}$），取溶液 300mL，用 pH=10 的 NH_3-NH_4Cl 缓冲溶液稀释至 1L。

[2] EDTA 与金属离子的反应速率较慢（不像酸、碱中和反应可在瞬间完成），故滴定速度不能太快，特别是近终点时，要逐滴加入。每滴入半滴或 1 滴后充分摇荡溶液，再观察是否已达到终点，如此进行逐

滴滴定，直至恰到滴定终点。滴定超过终点时溶液的颜色并没有变化，所以容易造成误差。

[3] 用小勺加入固体指示剂时，要一点点地加，边加边振摇锥形瓶，直至瓶内溶液呈现出较明显的红色即可。

思 考 题

（1）以金属锌为基准物，二甲酚橙为指示剂标定 EDTA 的原理是什么？

（2）以 HCl 溶液溶解 $CaCO_3$ 基准物，操作时应注意什么？

（3）以 $CaCO_3$ 为基准物，铬黑 T 为指示剂标定 EDTA 溶液时，为什么要加入少量 MgY^{2-}？配制 MgY^{2-} 溶液时，为什么二者的比例一定要恰好为 1∶1？若不足 1∶1，对标定结果有何影响？

实验 16 自来水总硬度的测定

一、实验目的

（1）工业用水硬度的常用表示方法；

（2）掌握 EDTA 配位滴定法测定水的总硬度的原理和操作。

二、实验原理

总硬度是指水中 Ca^{2+}、Mg^{2+} 的总浓度。硬度分为暂时硬度和永久硬度。暂时硬度是指钙、镁的酸式碳酸盐，即遇热能以碳酸盐形式沉淀下来的 Ca^{2+}、Mg^{2+}；永久硬度是指钙、镁的硫酸盐、氯化物、硝酸盐，即加热后不能沉淀下来的那部分 Ca^{2+}、Mg^{2+}。源自 Ca^{2+} 的硬度称为"钙硬"，源自 Mg^{2+} 的硬度称为"镁硬"。

硬度对工业用水关系很大，各种工业用水的硬度都有一定的要求。饮用水也不宜硬度过高。硬度的表示方法，目前国际、国内尚未统一。有的将水中钙、镁盐类含量都折算成 $CaCO_3$ 的量作为硬度的标准；也有用折算为 CaO 的量表示的。本书采用以度（°）计的方法。1 度（°）表示十万份水中含 1 份 CaO。

水中 Ca^{2+}、Mg^{2+} 的总量可采用 EDTA 配位滴定法测定：在 pH＝10 的氨性缓冲溶液中，以铬黑 T 为指示剂，用 EDTA 标准溶液滴定至溶液由酒红色变为蓝色，即为终点。在 pH＝8～11 的水溶液中，铬黑 T 为纯蓝色，它与 Ca^{2+}、Mg^{2+} 形成的配合物呈酒红色。

三、仪器与试剂

仪器：滴定管、锥形瓶。

试剂：EDTA 标准溶液（$0.2mol \cdot L^{-1}$）、铬黑 T 指示剂（s）、pH＝10 氨性缓冲溶液（将 67g NH_4Cl 溶于 300mL 水，再加入 570mL 氨水，稀释至 1L，混匀）。

四、操作步骤

用 100mL 滴定管（或移液管）量取自来水[注1]于锥形瓶中，加入 5mL 氨性缓冲溶液[注2]及少量铬黑 T，摇匀，立即用 EDTA 标准溶液滴定。近终点时要慢滴，多摇，溶液由酒红色变为纯蓝色时为终点[注3]。

平行滴定 3 份，滴定所消耗的 EDTA 标准溶液的体积最大相差应小于 0.1mL。

用式（16-1）计算以（°）表示的水的总硬度。

$$水的总硬度(°) = \frac{(cV)_{EDTA} \cdot M_{CaO}}{V_{水样} \times 1000} \times 10^5 \qquad (16-1)$$

式中　$(cV)_{EDTA}$——EDTA 标准溶液浓度 c(mol·L^{-1}) 与滴定时消耗 EDTA 标准溶液的体积 V(mL) 的乘积；

$V_{水样}$——水样体积，mL；

M_{CaO}——CaO 的摩尔质量，56.08g·mol^{-1}。

注释

[1] 若水样的硬度较大，取样量可适当减小。若水样不澄清，应用干燥的过滤器过滤。

[2] 如果水样中 HCO_3^-、H_2CO_3 含量较高，加缓冲液后常析出沉淀微粒，导致终点不稳定。此时，可在水样中加 1～2 滴 6mol·L^{-1} HCl 溶液，并加热煮沸，冷却后再加缓冲液。

[3] 在滴定终点附近，溶液常出现蓝紫色，在加入半滴或 1 滴 EDTA 标准溶液并摇荡之后，即能转变为稳定的纯蓝色，此时即为终点。水样中若有 Fe^{3+}、Al^{3+}、Cu^{2+} 等离子，会干扰 Ca^{2+}、Mg^{2+} 的测定。Fe^{3+}、Al^{3+} 可用三乙醇胺掩蔽，Cu^{2+} 则用 Na_2S 溶液使之生成 CuS 沉淀而消除干扰。

思　考　题

(1) 在 pH＝10 值，以铬黑 T 为指示剂，为什么滴定的是 Ca^{2+} 与 Mg^{2+} 的含量？

(2) 试设计测定水样的"钙硬"、"镁硬"的分析方案。

(3) 如果对硬度测定中的数据要求保留 2 位有效数字，应以何量器量取 100mL 水样？

(4) 如果水样中没有或含极少量 Mg^{2+} 时，测定总硬度的终点变色则不够敏锐，应采取什么办法解决？

实验 17　铅、铋混合液中铅、铋含量的连续测定

一、实验目的

(1) 学习通过控制酸度连续滴定铅、铋离子的配位滴定法；

(2) 进一步掌握配位滴定法的特点。

二、实验原理

Bi^{3+} 和 Pb^{2+} 均可与 EDTA 形成稳定的配合物，其 $\lg K_{稳}$ 值分别为 27.94 和 18.04，相差悬殊，因此可采用控制酸度的方法进行连续滴定。二甲酚橙在 pH＜6.3 时显黄色，能与 Bi^{3+}、Pb^{2+} 形成紫红色配合物，只是与 Bi^{3+} 的配合物更稳定，故可用作 Bi^{3+}、Pb^{2+} 连续滴定的指示剂。

在 pH≈1 时，加入二甲酚橙指示剂，呈现 Bi^{3+} 与二甲酚橙配合物的紫红色（此时 Pb^{2+} 不与二甲酚橙作用），用 EDTA 滴定至溶液突变为亮黄色，即为 Bi^{3+} 的终点，从而测得 Bi^{3+} 的含量。其后，在该溶液中加入六亚甲基四胺溶液，调节溶液 pH 值为 5～6，此时 Pb^{2+} 与二甲酚橙形成紫红色配合物，用 EDTA 继续滴定至溶液再次变为亮黄色，由此测得 Pb^{2+} 的含量。

三、仪器与试剂

仪器：滴定管、移液管 (25mL)、锥形瓶 (250mL)。

试剂：EDTA 标准溶液 (0.02mol·L^{-1})、二甲酚橙指示剂 (0.2%)、六亚甲基四胺水溶液 (20%)、含 Bi^{3+}、Pb^{2+} 的试液（实验室准备）[注1]、pH 试纸。

四、操作步骤

移取 25.00mL 试液置于 250mL 锥形瓶中，加入 25mL 水、1～2 滴二甲酚橙指示剂。用

EDTA 标准溶液进行滴定，使溶液由紫红色变为亮黄色，即为测定 Bi^{3+} 的终点。据此计算试液中 Bi^{3+} 的含量（$mg \cdot mL^{-1}$）。

在滴定 Bi^{3+} 后的溶液中，用 20％六亚甲基四胺水溶液调节酸度，至待测液呈现明显而稳定的紫红色后（若发现指示剂加入量不足，可补加 1 滴），再过量 5mL。此时溶液的 pH 值约为 5～6（用 pH 试纸检查），再用 EDTA 标准溶液滴定至溶液突变为亮黄色。由此计算试液中 Pb^{2+} 的含量（$mg \cdot mL^{-1}$）。

操作时应注意：含 Bi^{3+}、Pb^{2+} 试液的酸度，以及滴定 Bi^{3+} 时溶液的酸度均不能过低，否则，将因 Bi^{3+} 水解而产生白色浑浊。

注释

[1] 试液中含 Bi^{3+}、Pb^{2+} 各约 $0.01mol \cdot L^{-1}$。称取 $Bi(NO_3)_3$ 48g、$Pb(NO_3)_2$ 33g，加入盛有 312mL 浓 HNO_3 的烧杯中，加热溶解，加水稀至 10L。试液的含酸量为 $0.5mol \cdot L^{-1}$。

思　考　题

（1）滴定 Bi^{3+} 时要控制 pH≈1，酸度过低或过高对测定结果有何影响？如何调节这个酸度？

（2）滴定 Pb^{2+} 之前，为何要调节 pH 为 5～6？为什么要用六亚甲基四胺（$K_b^{\ominus}=1.4 \times 10^{-9}$）进行调节，而不用强碱？

（3）能否在同一份试液中先滴定 Pb^{2+}，后滴定 Bi^{3+}？

实验 18　高锰酸钾标准溶液的配制与标定

一、实验目的

（1）了解高锰酸钾标准溶液的配制方法和保存条件；

（2）掌握用 $Na_2C_2O_4$ 作基准物标定高锰酸钾溶液浓度的原理、方法及滴定条件。

二、实验原理

市售的高锰酸钾常含有硫酸盐、氯化物等杂质，不能用直接法配制成准确浓度的标准溶液。高锰酸钾又是强氧化剂，易和水中有机物、空气中的尘埃等还原性物质作用。此外，高锰酸钾能自行分解，见光分解更快。因此，高锰酸钾溶液的浓度容易改变，必须正确配制和妥善保存。

常用还原剂草酸钠作为基准物标定高锰酸钾标准溶液。草酸钠不含结晶水，易于精制。标定反应式如下：

$$2MnO_4^- + 5H_2C_2O_4 + 6H^+ === 2Mn^{2+} + 10CO_2 \uparrow + 8H_2O$$

滴定温度宜控制在 75～85℃。低于 60℃，反应速度慢；而温度过高，草酸将分解。滴定时凭借 MnO_4^- 本身的颜色指示终点。

三、仪器与试剂

仪器：分析天平、电炉、水浴锅、循环水泵、玻璃砂芯漏斗、滴定管、锥形瓶（250mL）。

试剂：$KMnO_4$ 标准溶液（$0.02mol \cdot L^{-1}$）、$Na_2C_2O_4$ 固体（基准试剂或 A. R.）、H_2SO_4 溶液（$1mol \cdot L^{-1}$）。

四、操作步骤

（1）0.02mol·L⁻¹ KMnO₄ 溶液的配制

称取计算量的 KMnO₄，溶于适量的水，加热煮沸 20～30min（随时加水，以补充因蒸发而损失的水）。冷却后于暗处放置 7～10d，然后用玻璃砂芯漏斗过滤，以除去 MnO₂ 等杂质，滤液保存于棕色瓶中。若溶液经煮沸并在水浴上保温 1h，冷却后过滤，则不必长期放置，便可标定其浓度。

（2）KMnO₄ 溶液浓度的标定

准确称取计算量（按消耗 25～35mL 0.02mol·L⁻¹ KMnO₄ 计算，称准至 0.0002g）的烘过的 $Na_2C_2O_4$ 基准物，置于 250mL 锥形瓶中，加水约 10mL，使之溶解，再加 30mL 1mol·L⁻¹ H_2SO_4 溶液。加热至 75～85℃[注1]，立即用待标定的 KMnO₄ 溶液进行滴定[注2]（不能沿瓶壁滴入），滴至溶液呈粉红色 30s 不褪色，即为终点[注3]。

重复测定 2～3 次。

五、结果与数据处理

根据式（18-1）计算 KMnO₄ 溶液浓度（c_{KMnO_4}），并按规定的格式列表报告结果。

$$c_{KMnO_4} = \frac{(2/5)m_{Na_2C_2O_4} \times 1000}{V_{KMnO_4} \cdot M_{Na_2C_2O_4}} \qquad (18\text{-}1)$$

式中　$M_{Na_2C_2O_4}$——$Na_2C_2O_4$ 的摩尔质量，134.0g·mol⁻¹；

$m_{Na_2C_2O_4}$——称取的 $Na_2C_2O_4$ 质量，g。

注释

[1] 绝对不可煮沸。以手触瓶壁烫手，即为 80℃左右。

[2] KMnO₄ 溶液颜色深，应从滴定管内液面最高边上读数。滴定时，加入第一滴 KMnO₄ 溶液褪色慢，待第一滴褪色后，再加第二滴，整个过程的滴定速度不能太快。

[3] KMnO₄ 滴定的终点不太稳定，若 30s 内不褪色，即可认为已达终点。

思　考　题

（1）配制标定 KMnO₄ 标准溶液时，为什么要把 KMnO₄ 溶液煮沸一定时间并放置数天？为什么要过滤？可否用滤纸过滤？

（2）用 $Na_2C_2O_4$ 标定 KMnO₄ 溶液浓度时，H_2SO_4 的加入量对标定有何影响？可否用 HCl 或 HNO_3 代替 H_2SO_4？

（3）用 $Na_2C_2O_4$ 标定 KMnO₄ 溶液时，为何需要加热？温度是否越高越好？为什么？

（4）本实验的滴定速度应如何掌握？为什么？

（5）用 KMnO₄ 溶液滴定时，应怎样准确地读取读数？

实验 19　高锰酸钾法测定钙的含量

一、实验目的

（1）学习沉淀分离的基本知识和操作；

（2）掌握用高锰酸钾法测定钙含量的原理和方法。

二、实验原理

某些金属离子能与 $C_2O_4^{2-}$ 生成难溶草酸盐沉淀，如果将生成的草酸盐沉淀溶于酸中，然后用 $KMnO_4$ 标准溶液滴定草酸，就可以间接测定该金属离子。Ca^{2+} 的测定常采用此法。主要反应如下：

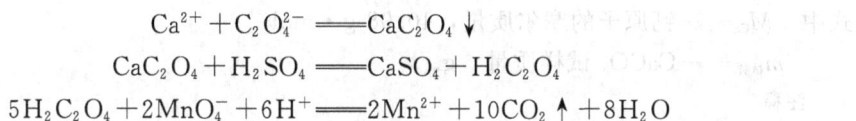

$$Ca^{2+} + C_2O_4^{2-} \Longrightarrow CaC_2O_4 \downarrow$$

$$CaC_2O_4 + H_2SO_4 \Longrightarrow CaSO_4 + H_2C_2O_4$$

$$5H_2C_2O_4 + 2MnO_4^- + 6H^+ \Longrightarrow 2Mn^{2+} + 10CO_2 \uparrow + 8H_2O$$

在沉淀 Ca^{2+} 时，如果将 $(NH_4)_2C_2O_4$ 加到中性或氨性的 Ca^{2+} 溶液中，所产生的 CaC_2O_4 沉淀颗粒细小，难以过滤；而且含有碱式草酸钙和氢氧化钙。若将此种沉淀溶解，然后用 $KMnO_4$ 溶液滴定草酸，进而计算钙的含量，就会得出不正确的结果。因此，必须选择沉淀 Ca^{2+} 的适当条件。

生成 CaC_2O_4 沉淀的正确方法，是先以 HCl 酸化 Ca^{2+} 溶液，然后加入 $(NH_4)_2C_2O_4$（由于 $C_2O_4^{2-}$ 在酸性溶液中大部分是以 $HC_2O_4^-$ 形式存在，$C_2O_4^{2-}$ 浓度很小，此时即使 Ca^{2+} 浓度相当大，也不会生成 CaC_2O_4 沉淀）。滴加稀氨水逐渐中和溶液中的 H^+，使 $C_2O_4^{2-}$ 缓缓增加，CaC_2O_4 慢慢形成。CaC_2O_4 是弱酸盐沉淀，其溶解度随溶液的酸度增大而增大，在 pH＝4 时，CaC_2O_4 的溶解损失可以忽略。故沉淀时最后须将溶液的 pH 值控制在 3.5～4.5。这样，既可以使 CaC_2O_4 沉淀完全，又不致生成 $Ca(OH)_2$ 或 $(CaOH)_2C_2O_4$ 沉淀，从而获得组成一定的、纯净的且颗粒粗大的 CaC_2O_4 沉淀。

三、仪器与试剂

仪器：分析天平、烧杯（400mL）、电炉、漏斗、滴定管、水浴。

试剂：$CaCO_3$（s）、$KMnO_4$ 标准溶液（0.02mol·L^{-1}）、HCl 溶液（6mol·L^{-1}）、$(NH_4)_2C_2O_4$ 溶液（3%）、NH_3·H_2O 溶液（3mol·L^{-1}）、甲基橙溶液（0.1%）、$AgNO_3$ 溶液（0.1mol·L^{-1}）。

四、操作步骤[注1]

准确称取 $CaCO_3$ 试样 0.1～0.2g，置于 400mL 烧杯中，加少量水润湿[注2]，盖上表面皿，在烧杯嘴处缓缓加入 6mol·L^{-1} HCl 溶液 7～8mL。轻轻摇动烧杯，促使试样溶解，小心加热至沸，用洗瓶将表面皿和烧杯壁上的附着物洗入烧杯。加水 150mL，加甲基橙 2 滴，加 6mol·L^{-1} HCl 溶液 5～8mL 至溶液显红色，加入 20mL 3% $(NH_4)_2C_2O_4$ 溶液（若此时有沉淀生成，应滴加 HCl 溶液使沉淀溶解，但注意勿多加）。加热至 70～80℃，在不断搅拌下，以每秒 1～2 滴的速度滴加 3mol·L^{-1} NH_3·H_2O 至溶液由红色变为橙黄色。此时烧杯内的玻璃棒勿移出，盖上表面皿，继续保温约 30min 并随时搅拌，放置冷却；或静置过夜进行"陈化"。

用中速滤纸以倾析法过滤。用冷的 0.1% $(NH_4)_2C_2O_4$ 溶液以倾析法洗涤沉淀[注3]3～4 次，再用冷水洗至滤液中不含 Cl^- 为止[注4]。

将带有沉淀的滤纸贴于原放置沉淀的烧杯内壁（沉淀向杯内）。用 50mL 1mol·L^{-1} H_2SO_4 溶液仔细将滤纸上的沉淀洗入烧杯，用水稀释至 100mL，加热至 70～80℃，用 0.02mol·L^{-1} $KMnO_4$ 标准溶液滴定至溶液呈粉红色。然后把滤纸浸入溶液中，用玻璃棒搅拌，如果溶液褪色，再滴入 $KMnO_4$ 溶液，直至粉红色在 30s 内不褪色，即达终点，记录 $KMnO_4$ 用量。

五、结果与数据处理

通过式（19-1）计算试样中钙的百分含量，并按一定格式报告实验数据及结果。

$$w_{Ca} = \frac{(2/5)c_{KMnO_4} \cdot V_{KMnO_4} \cdot M_{Ca}}{m_{试样} \times 1000} \times 100\% \tag{19-1}$$

式中　M_{Ca}——钙原子的摩尔质量，40.08 $g \cdot mol^{-1}$；

$\quad\quad m_{试样}$——$CaCO_3$ 试样质量，g。

注释

[1] 本操作步骤仅适用于不含干扰物质的试样。

[2] 先用少量水润湿，以免加 HCl 溶液时产生的 CO_2 将试样粉末冲出。

[3] 用沉淀剂稀溶液洗涤，是利用同离子效应降低沉淀的溶解度，以减小溶解损失，并洗去大量杂质。

[4] 水洗主要是为了除去 $C_2O_4^{2-}$。洗至洗出滤液中无 Cl^- 被检出，说明沉淀中杂质已洗净。检验 Cl^- 的方法是当滴加 $AgNO_3$ 溶液时，会产生白色沉淀。$C_2O_4^{2-}$ 也有类似反应，因此还应注意洗去滤纸上部的 $C_2O_4^{2-}$。

思 考 题

（1）沉淀 CaC_2O_4 时，为什么要先在酸性溶液中加入沉淀剂 $(NH_4)_2C_2O_4$，然后在 $70\sim80\,℃$ 时滴加氨水至甲基橙变橙黄色而使 CaC_2O_4 沉淀？中和时为什么选用甲基橙指示剂来指示酸度？

（2）洗涤 CaC_2O_4 沉淀时，为什么要先用稀 $(NH_4)_2C_2O_4$ 溶液洗涤，然后再用冷水洗？怎样判断 Cl^- 是否洗净？

（3）如果将带有 CaC_2O_4 沉淀的滤纸一起用硫酸处理，再用 $KMnO_4$ 溶液滴定，会产生什么影响？

（4）CaC_2O_4 沉淀生成后为什么要进行陈化？

（5）如果测定的试液中含有 Fe^{3+}、Al^{3+}，不用沉淀的方法进行分离，应如何消除它们的干扰？

实验 20　硫代硫酸钠溶液的配制及标定

一、实验目的

（1）学习 $Na_2S_2O_3$ 溶液的配制方法和保存条件；

（2）掌握 $Na_2S_2O_3$ 溶液浓度的标定原理和方法。

二、实验原理

硫代硫酸钠（$Na_2S_2O_3 \cdot 5H_2O$）往往含有少量杂质，如 S、Na_2SO_3、Na_2SO_4 等；而且还容易风化和潮解，因此，不能直接配制成准确浓度的溶液。

$Na_2S_2O_3$ 溶液易受空气和微生物等的作用而发生分解，日光也能促进其分解，所以要用新煮沸后冷却的蒸馏水配制溶液，并加入少量 Na_2CO_3。配制好的 $Na_2S_2O_3$ 溶液应贮存在棕色瓶中，以防止其分解。

通常采用 $K_2Cr_2O_7$ 作为基准物来标定 $Na_2S_2O_3$ 溶液的浓度。其基本原理为：$K_2Cr_2O_7$ 先与 KI 反应析出 I_2，而后用待标定的 $Na_2S_2O_3$ 标准溶液滴定析出的 I_2。

$$Cr_2O_7^{2-} + 6I^- + 14H^+ = 2Cr^{3+} + 3I_2 + 7H_2O$$
$$I_2 + 2S_2O_3^{2-} = S_4O_6^{2-} + 2I^-$$

三、仪器与试剂

仪器：分析天平、滴定管、碘量瓶。

试剂：$Na_2S_2O_3 \cdot 5H_2O$(s)、Na_2CO_3(s)、KI(s)、可溶性淀粉、HCl 溶液（$6mol \cdot L^{-1}$）、$K_2Cr_2O_7$(A.R. 或基准试剂)。

四、操作步骤

（1）$0.1mol \cdot L^{-1}$ $Na_2S_2O_3$ 溶液的配制

称取 12.5g $Na_2S_2O_3 \cdot 5H_2O$ 置于 500mL 烧杯中，加入 300mL 新煮沸已冷却的蒸馏水。待完全溶解后，加入 0.2g Na_2CO_3，然后用新煮沸已冷却的蒸馏水稀释至 0.5L。贮于棕色瓶中，在暗处放置 7～10d 后标定。

（2）$0.1mol \cdot L^{-1}$ $Na_2S_2O_3$ 溶液浓度的标定

准确称取计算量的已烘干的 $K_2Cr_2O_7$（按消耗 25～35mL $0.1mol \cdot L^{-1}$ $Na_2S_2O_3$ 溶液计算）于 250mL 碘量瓶中，加入 10～20mL 水使之溶解，再加入 20mL 10%KI 溶液和 5mL $6mol \cdot L^{-1}$ HCl 溶液，混匀，塞好瓶塞，并加以水封，置于暗处 5min[注1]。然后用 50mL 水稀释，以 $0.1mol \cdot L^{-1}$ $Na_2S_2O_3$ 溶液滴定至呈黄绿色，加入 1% 淀粉溶液 1mL，继续滴定至蓝色变绿色，即为终点[注2]。

五、结果与数据处理

根据下式计算 $Na_2S_2O_3$ 溶液的浓度：

$$c_{Na_2S_2O_3} = \frac{6m_{K_2Cr_2O_7} \times 1000}{V_{Na_2S_2O_3} \cdot M_{K_2Cr_2O_7}} \tag{20-1}$$

式中　$M_{K_2Cr_2O_7}$——$K_2Cr_2O_7$ 的摩尔质量，$294.2g \cdot mol^{-1}$；

$m_{K_2Cr_2O_7}$——称取的 $K_2Cr_2O_7$ 质量，g；

$V_{Na_2S_2O_3}$——消耗的 $Na_2S_2O_3$ 溶液的体积，mL。

注释

[1] $K_2Cr_2O_7$ 与 KI 的反应并非立即完成的，在稀溶液中反应更慢。因此，应等反应完成后再稀释。在上述条件下，大约经 5min 反应即可完成。

[2] 滴定完的溶液放置后会变蓝色。如果不是很快变蓝（经过 5～10min），那就是由于空气氧化所致。如果很快而且又不断变蓝，说明 $K_2Cr_2O_7$ 和 KI 的反应在滴定前进行得不完全，溶液稀释得过早。遇此情况，实验应重做。

思　考　题

（1）如何正确使用碘量瓶？

（2）如何配制和保存浓度比较稳定的 $Na_2S_2O_3$ 标准溶液？

（3）为什么要放置一定时间后才加水稀释？如果不放置或者少放置一段时间就加水稀释，会有什么影响？

（4）为什么当滴定到呈黄绿色时才加入淀粉指示剂？

实验 21　硫酸铜中铜含量的测定

一、实验目的
掌握用间接碘法测定铜含量的原理和方法。

二、实验原理
Cu^{2+} 在酸性溶液中与 KI 发生下列反应：

$$2Cu^{2+} + 4I^- \Longrightarrow 2CuI \downarrow + I_2$$

析出的 I_2 用 $Na_2S_2O_3$ 标准溶液滴定，由此可以间接计算铜的含量。Cu^{2+} 与 I^- 的反应是可逆的，为了促使正向反应趋于完全，必须加入过量的 KI。由于 CuI 沉淀强烈吸附 I_2，造成测定结果偏低。如果加入 KSCN，使 CuI（$K_{sp}^{\ominus} = 1.1 \times 10^{-12}$）转化为溶解度更小的 CuSCN（$K_{sp}^{\ominus} = 4.8 \times 10^{-15}$），就可以用较少的 KI 而使反应进行得更完全。但是 KSCN 只能在接近终点时加入，否则 SCN^- 可能被氧化而导致结果偏低。

测定时将溶液的 pH 值保持在 $3.0 \sim 4.0$。酸度过低，铜盐发生水解，使反应不完全，造成结果偏低，并且反应速度慢，终点拖长；酸度过高，I^- 被空气中 O_2 氧化为 I_2（Cu^{2+} 起催化作用），使结果偏高。由于 Cl^- 能与 Cu^{2+} 配位，影响 I^- 对配合物中 Cu^{2+} 的定量还原，所以最好用硫酸，而不用盐酸调节酸度。

三、仪器与试剂

仪器：分析天平、滴定管、移液管等。

试剂：$Na_2S_2O_3$ 标准溶液（$0.1mol \cdot L^{-1}$）、H_2SO_4 溶液（$1mol \cdot L^{-1}$）、KI 溶液（10%）、淀粉溶液（1%）、KSCN 溶液（10%）、$CuSO_4$ 试样（s）。

四、操作步骤[注1]

准确称取 $CuSO_4$ 试样（按消耗 $25 \sim 35mL$ $0.1mol \cdot L^{-1}$ $Na_2S_2O_3$ 标准溶液计算）于 250mL 锥形瓶中，加 3mL $1mol \cdot L^{-1}$ H_2SO_4 溶液和 30mL 水使之溶解[注2]。加入 $7 \sim 8mL$ 10% KI 溶液，立即用 $Na_2S_2O_3$ 标准溶液滴定至呈浅黄色，然后加入 1mL 1% 淀粉溶液，继续滴定到呈浅蓝色。再加入 5mL 10% KSCN 溶液，摇匀后溶液转为深蓝色，再继续滴定至蓝色恰好消失，此时溶液为浅色[注3]CuSCN 悬浮液。

五、结果与数据处理

根据 $Na_2S_2O_3$ 标准溶液的浓度以及滴定所消耗 $Na_2S_2O_3$ 标准溶液的体积，计算铜的含量（自拟计算公式）。Cu 含量的测定结果以 $g \cdot L^{-1}$ 表示。

注释

[1] 本操作步骤只能用于无干扰物质的试样。

[2] 若试样是实验室准备的 $CuSO_4$ 试液，则从加入 KI 溶液开始操作，其他步骤不变。

[3] 测定过程中溶液变化的颜色较多，对这些颜色深浅度的辨别无须统一，可自行掌握，但终点一定是以深蓝色恰好消失确定的。出现的浅色 CuSCN 悬浮液，有时呈米色，有时呈浅灰色。

思　考　题

(1) 溶解 $CuSO_4$ 时，应加硫酸、盐酸还是硝酸？

(2) 用碘法测定铜含量时，为什么要加入 KSCN 溶液？可否用 NH_4SCN 代替 KSCN 溶液？为什么？

(3) 已知 $\varphi_{Cu^{2+}/Cu^+} = 0.158V$，$\varphi_{I_2/I^-} = 0.54V$，为什么本方法中 Cu^{2+} 却能将 I^- 氧化为单质 I_2？

(4) 如果分析合金中的铜，应怎样分解试样？如何消除试液含有的杂质（如 Fe^{3+}）的干扰？

实验 22　邻二氮杂菲吸光光度法测定铁

一、实验目的

(1) 学习吸光光度法主要测量条件的选择；

（2）掌握邻二氮杂菲吸光光度法测定铁含量的方法；

（3）了解分光光度计的构造，并掌握使用方法。

二、实验原理

吸光光度法测定物质含量时的主要测量条件，是通过吸收曲线的测绘选择最佳入射光波长。

邻二氮杂菲是一种测定微量铁的较好试剂，在 pH 为 2～9 的溶液中，邻二氮杂菲与 Fe^{2+} 生成稳定的橙红色配合物，反应式如下：

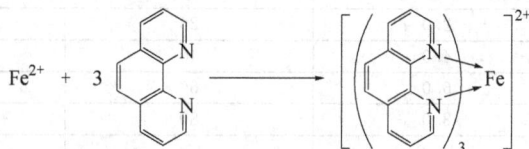

该配合物的 $\lg K_{稳}^{\ominus} = 21.3$，摩尔吸光系数 $\varepsilon_{510} = 1.1 \times 10^4$。

显色前，首先用盐酸羟胺将 Fe^{3+} 还原为 Fe^{2+}：

$$2Fe^{3+} + 2NH_2OH = 2Fe^{2+} + N_2 \uparrow + 2H_2O + 2H^+$$

测定时，溶液酸度控制在 pH＝5 左右为宜。酸度高，反应速度慢；酸度太低，Fe^{2+} 发生水解，影响显色。

Bi^{3+}、Cd^{2+}、Hg^{2+}、Ag^+、Zn^{2+} 等离子可与显色剂生成沉淀，Ca^{2+}、Cu^{2+}、Ni^{2+} 等离子与显色剂能形成有色配合物。当有这些离子存在时，应注意它们的干扰作用。

三、仪器与试剂

仪器：分光光度计、容量瓶（50mL）、移液管（2mL、5mL、10mL）。

试剂：铁标准溶液（$100\mu g \cdot mL^{-1}$）[注1]、铁标准溶液（$10\mu g \cdot mL^{-1}$，将 $100\mu g \cdot mL^{-1}$ 铁标准溶液准确稀释 10 倍）、盐酸羟胺（10%，临用时现配）、邻二氮杂菲溶液（0.1%，新配制）、NaAc 溶液（$1mol \cdot L^{-1}$）、铁未知液。

四、操作步骤

（1）吸收曲线的测绘

准确吸取 5mL $10\mu g \cdot mL^{-1}$ 铁标准溶液于 50mL 容量瓶中，加入 1mL 10% 盐酸羟胺溶液，摇匀，稍冷，加入 5mL $1mol \cdot L^{-1}$ NaAc 溶液和 3mL 0.1% 邻二氮杂菲溶液，以水稀释至刻度。在分光光度计上，用 2cm 比色皿，以水为参比溶液，在波长 570～430nm 范围内，每隔 10nm 或 20nm 测一次吸光度[注2]（在 530～490nm，每隔 10nm 测一次）。然后以波长为横坐标、吸光度为纵坐标绘制吸收曲线，在吸收曲线上确定最大吸收波长（λ_{max}）。

（2）铁含量的测定

① 标准曲线的测绘　取已编号的 6 只 50mL 容量瓶，分别准确移取 $10\mu g \cdot mL^{-1}$ 铁标准液 2.0mL、4.0mL、6.0mL、8.0mL、10.0mL 于 2～6 号 5 只容量瓶中；另外，1 号容量瓶不加铁标准溶液（配制成空白溶液，作为参比）。然后各加 1mL 10% 盐酸羟胺，摇匀，2min 后，再各加 5mL $1mol \cdot L^{-1}$ NaAc 溶液和 3mL 0.1% 邻二氮杂菲溶液，以水稀至刻度，摇匀。在分光光度计上，用 2cm 比色皿，在最大吸收波长处测定各溶液的吸光度。

② 未知液中铁含量的测定　准确吸取 5.0mL 未知液代替标准溶液，按上述步骤测定吸光度。

五、结果与数据处理

（1）吸收曲线的测绘

将各波长及相应的吸光度值列表，用坐标纸绘制吸收曲线。吸光度最大时相应的波长即为 λ_{max}，在图上标出。

（2）铁含量的测定

① 按照下列表格列出数据

λ_{max}＿＿＿＿＿＿nm　　　　　　　　　　　比色皿＿＿＿＿＿cm

试液编号	标准溶液的量/mL	总含铁量/μg	吸光度(A)
1	0.0	0	
2	2.0	20	
3	4.0	40	
4	6.0	60	
5	8.0	80	
6	10.0	100	
未知液编号			

② 以铁含量为横坐标、吸光度为纵坐标在坐标纸上绘制标准曲线。

③ 由未知液的吸光度在标准曲线上查出 5mL 未知液中的铁含量。

④ 计算未知液中铁含量（$\mu g \cdot mL^{-1}$）。

注释

[1] $100\mu g \cdot mL^{-1}$ 铁标准溶液的配制：准确称取 0.864g $NH_4Fe(SO_4)_2 \cdot 12H_2O$（A.R.）置于烧杯中，加 30mL 2mol·$L^{-1}$ HCl 溶液使之溶解，再移入 1000mL 容量瓶中，以水稀释至刻度，摇匀。

[2] 参阅 3.36 中分光光度计的使用方法。

思　考　题

（1）邻二氮杂菲分光光度法测定铁的适宜条件是什么？

（2）为什么显色前要加盐酸羟胺？如果测定一般铁盐的总铁量，是否需要加盐酸羟胺？

（3）本实验中怎样选择参比溶液？

（4）吸光度（A）和透光率（T）之间有什么关系？如何控制被测溶液的吸光度读数，使之落入测定误差较小的吸光度范围内（$A = 0.1 \sim 0.7$）？

（5）根据实验数据，计算最大吸收波长下邻二氮杂菲-铁（Ⅱ）配合物的摩尔吸光系数。

实验 23　水中微量 MnO_4^- 和 $Cr_2O_7^{2-}$ 的吸光光度法测定

一、实验目的

在掌握吸光度加和性的基础上，学习用吸光光度法测定混合组分的原理和方法。

二、实验原理

当试液中共存数种吸光物质，且它们的吸收曲线相互重叠时，在一定条件下不需要分离就可以采用分光光度法同时进行测定。

在 H_2SO_4 溶液中，MnO_4^- 和 $Cr_2O_7^{2-}$ 的吸收曲线相互重叠，如图 6-1 所示。MnO_4^- 和 $Cr_2O_7^{2-}$ 的最大吸收波长分别为 545nm（设为 λ_1）和 440nm（设为 λ_2），可在这两个波长处测定总吸光度，然后根据吸光度的加和性原理，列出联立方程，从而求出试液中 MnO_4^- 和 $Cr_2O_7^{2-}$ 的含量。因为对于 λ_1：

114

$$A_{\lambda_1,\text{总}}=A_{\lambda_1,\text{Mn}}+A_{\lambda_1,\text{Cr}} \tag{23-1}$$

对于 λ_2：

$$A_{\lambda_2,\text{总}}=A_{\lambda_2,\text{Mn}}+A_{\lambda_2,\text{Cr}} \tag{23-2}$$

得：

$$A_{\lambda_1,\text{总}}=\varepsilon_{\lambda_1,\text{Mn}} \cdot c_{\text{Mn}} \cdot b+\varepsilon_{\lambda_1,\text{Cr}} \cdot c_{\text{Cr}} \cdot b \tag{23-3}$$

$$A_{\lambda_2,\text{总}}=\varepsilon_{\lambda_2,\text{Mn}} \cdot c_{\text{Mn}} \cdot b+\varepsilon_{\lambda_2,\text{Cr}} \cdot c_{\text{Cr}} \cdot b \tag{23-4}$$

式中，$b=1\text{cm}$，为比色皿厚度。

欲求得 c_{Mn}（MnO_4^- 浓度）和 c_{Cr}（$Cr_2O_7^{2-}$ 浓度），必须先测定 4 个摩尔吸光系数：$\varepsilon_{\lambda_1,\text{Mn}}$、$\varepsilon_{\lambda_1,\text{Cr}}$、$\varepsilon_{\lambda_2,\text{Mn}}$ 和 $\varepsilon_{\lambda_2,\text{Cr}}$。可分别用已知浓度的 MnO_4^- 和 $Cr_2O_7^{2-}$ 在 λ_1 和 λ_2 波长下的标准曲线求得 ε 值（标准曲线的斜率除以 b，即为 ε）。

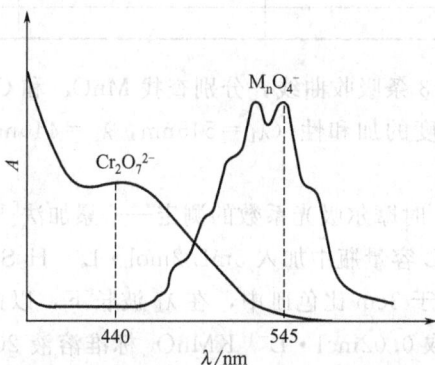

图 6-1　MnO_4^- 和 $Cr_2O_7^{2-}$ 的吸收曲线

三、仪器及试剂

仪器：分光光度计、容量瓶（50mL）、微量进样器（50μL）、移液管（5mL、10mL）、搅拌棒。

试剂：$KMnO_4$ 标准溶液（$0.02\text{mol} \cdot \text{L}^{-1}$ 和 $0.001\text{mol} \cdot \text{L}^{-1}$，经标定已知准确浓度）、$KCr_2O_7$ 标准溶液（$0.004\text{mol} \cdot \text{L}^{-1}$，经标定已知准确浓度）、$H_2SO_4$ 溶液（$2\text{mol} \cdot \text{L}^{-1}$）。

四、操作步骤

（1）$KMnO_4$ 和 KCr_2O_7 吸收曲线的绘制及吸光度的加和性试验

① 取 3 个 50mL 容量瓶，分别加入下列溶液并用水稀释至刻度，摇匀。

a. 10mL $0.001\text{mol} \cdot \text{L}^{-1}$ $KMnO_4$ 和 5mL $2\text{mol} \cdot \text{L}^{-1}$ H_2SO_4；

b. 10mL $0.004\text{mol} \cdot \text{L}^{-1}$ $K_2Cr_2O_7$ 和 5mL $2\text{mol} \cdot \text{L}^{-1}$ H_2SO_4；

c. 10mL $0.001\text{mol} \cdot \text{L}^{-1}$ $KMnO_4$ 和 10mL $0.004\text{mol} \cdot \text{L}^{-1}$ $K_2Cr_2O_7$ 及 5mL $2\text{mol} \cdot \text{L}^{-1}$ H_2SO_4。

② 测定吸光度以水为参比，用 1cm 比色皿，测定波长为 600～400nm 范围内溶液的吸光度 A_1、A_2、A_3，按如下格式记录：

λ/nm	A_1	A_2	A_3
600			
580			
560			
545			

λ/nm	A_1	A_2	A_3
540			
535			
530			
520			
500			
480			
460			
450			
440			
430			
420			
400			

由 A_1、A_2、A_3 绘制出 3 条吸收曲线，分别查找 MnO_4^- 和 $Cr_2O_7^{2-}$ 组分的最大吸收波长 λ_1 和 λ_2，并由 A_3 验证吸光度的加和性（$\lambda_1=545nm$，$\lambda_2=440nm$，实验测定数据可能略有不同）。

（2）$KMnO_4$ 在 λ_1 和 λ_2 时摩尔吸光系数的测定——累加法[注1]

① 测定 $\varepsilon_{\lambda_1,Mn}$ 于 50mL 容量瓶中加入 5mL 2mol·L^{-1} H$_2$SO$_4$ 溶液，以水稀释至刻度，摇匀，用移液管吸出 10mL 于 3cm 比色皿中，在 λ_1 波长下，以此溶液为参比，调吸光度为"0"，然后用微量进样器吸取 0.02mol·L^{-1} KMnO$_4$ 标准溶液 20μL 于比色皿中，用洗净并擦干的搅拌棒搅匀后测定其吸光度。再用同样方法每次累加 10μL 0.02mol·L^{-1} KMnO$_4$ 标准溶液于此比色皿中，并测定吸光度（使测定的吸光度值尽可能落在 0.1~0.7 范围），共累加 5~6 次。

以比色皿中 KMnO$_4$ 溶液浓度为横坐标，相应的吸光度为纵坐标，绘制标准曲线图，求出 $\varepsilon_{\lambda_1,Mn}$。

② 测定 $\varepsilon_{\lambda_2,Mn}$ 入射光波长改为 λ_2，操作步骤同①。

λ_2 不是 KMnO$_4$ 溶液的最大吸收波长，累加后测得的吸光度值很小，不宜采用绘图法，而应采用最小二乘法，计算浓度与吸光度间回归直线方程中的斜率：

$$直线斜率 = \varepsilon \cdot b = \frac{\sum c_i \sum A_i - n \sum A_i c_i}{(\sum c_i)^2 - n \sum c_i^2} \tag{23-5}$$

式中 c——标准溶液的浓度；

A——测定的标准溶液吸光度值；

n——测定次数；

b——比色皿厚度。

（3）KCr$_2$O$_7$ 在 λ_1 和 λ_2 波长下摩尔吸光系数 ε 的测定——累加法[注1]。

① 测定 $\varepsilon_{\lambda_1,Cr}$ 标准溶液用 0.004mol·L^{-1} K$_2$Cr$_2$O$_7$ 溶液，方法同 $\varepsilon_{\lambda_1,Mn}$ 的测定。

② 测定 $\varepsilon_{\lambda_2,Cr}$ 入射光波长改为 λ_2，方法同 $\varepsilon_{\lambda_1,Cr}$ 的测定。

视实验测得的吸光度值情况，选用标准曲线法或最小二乘法求算 ε。

（4）测定未知液中 MnO_4^- 和 $Cr_2O_7^{2-}$ 的含量——累加法。

在 50mL 容量瓶中加入 5mL 2mol·L^{-1} H$_2$SO$_4$ 溶液，以水稀释至刻度。吸取该溶液两份，每份 10mL，置于两个 3cm 比色皿中，以此为参比液，分别进行以下测定：

其一在 λ_1 时调吸光度为"0",用 $50\mu L$ 微量进样器移取水试样 $10\mu L$ 于比色皿中,搅匀,测定吸光度(若吸光度数值太小,可再移取适量水样累加于比色皿中,再测定其吸光度)即为 $A_{\lambda_1,总}$。

另一装参比液的比色皿,在 λ_2 波长下,调吸光度为"0",用同样方法测出水样在 λ_2 的吸光度,即为 $A_{\lambda_2,总}$。

将 $A_{\lambda_1,总}$、$A_{\lambda_2,总}$ 以及 4 个 ε 值,代入联立方程,计算水样中 MnO_4^- 和 $Cr_2O_7^{2-}$ 的量。

注释

[1] 此累加法只适用于待测组分为有色物质或与显色剂加入次序无关的显色反应。若显色反应与加入试剂次序有关,则仍应采用标准系列法。

思 考 题

(1)若试液中含有 x、y、z 三种吸光物质,欲采用不预先分离而同时测定这 3 个组分含量的分光光度法。已知它们在 λ_1、λ_2、λ_3 处各有一最大吸收峰,并各有相应的摩尔吸光系数。试列出求 c_x、c_y、c_z 的联立方程。

(2)将 H_2SO_4 参比液移入比色皿和用微量进样器吸取溶液加至比色皿时应注意什么?

(3)测定某一有色液的吸光度时,每改变一次波长,在分光光度计上应如何操作?为什么?

实验 24 乙酸的电位滴定

一、实验目的

(1)掌握电位滴定的基本原理和操作;

(2)学会运用 pH-V 曲线和(ΔpH/ΔV)-V 曲线与二级微商法确定滴定终点;

(3)学习测定弱酸离解常数的方法。

二、实验原理

乙酸为弱酸,当用标准碱溶液滴定时,随着滴定剂的加入,溶液的 pH 值将不断变化。由加入滴定剂的体积和测得的相应的 pH 值,可绘制 pH-V 或(ΔpH/ΔV)-V 滴定曲线,由曲线确定滴定的终点,并根据测得的数据计算乙酸的含量和离解常数。如果 pH-V 滴定曲线在化学计量点附近很陡,终点位置容易确定而且比较准确;若不太陡,则用(ΔpH/ΔV)对 V 作图,所得曲线的最高点为滴定终点。

乙酸在水溶液中存在如下离解平衡

$$HAc \Longleftrightarrow H^+ + Ac^-$$

其离解常数

$$K_a^\ominus = \frac{c_{H^+} \cdot c_{Ac^-}}{c_{HAc}}$$

当滴定分数为 50% 时,$c_{HAc} = c_{Ac^-}$,此时

$$K_a^\ominus = c_{H^+} \ 即 \ pK_a^\ominus = pH$$

因此在滴定分数为 50% 处的 pH 值,即为乙酸的 pK_a 值。

三、仪器与试剂

仪器:酸度计、电磁搅拌器或用双动滴定仪、复合电极、容量瓶、吸量管、滴定管等。

试剂：NaOH 标准溶液（0.1mol·L^{-1}，浓度待标定）、乙酸试液（浓度约 0.1mol·L^{-1}）[注1]、邻苯二甲酸氢钾溶液（pH = 4.00，20℃）、NaHPO$_4$ 与 KH$_2$PO$_4$ 混合溶液（pH=6.88，20℃）。

四、操作步骤

准确吸取乙酸试液 20mL 于 150mL 刻度烧杯中，用蒸馏水稀释至约 100mL，加入酚酞 2 滴，放入电极及铁芯搅拌棒，开动电磁搅拌器，调节至适当的搅拌速率。用 0.1mol·L^{-1} NaOH 标准溶液滴定，进行粗测，即测量每加入 1mL NaOH 溶液时各点的 pH 值[注2]，从而初步判断发生 pH 值突跃或酚酞指示剂明显变色时所需 NaOH 体积范围。

重复上述操作进行细测。滴定开始前测量并记录溶液的 pH 值。每滴加一定体积的 NaOH 标准溶液（每次滴加体积增量为 2～3mL），测量并记录溶液 pH 值。当滴定至粗测所得化学计量点附近，在它的前后相差 1mL 范围内，滴加的体积增量取 0.10mL 或 0.20mL，滴定进行至超过化学计量点数毫升后结束。

重复细测滴定 1～2 次。

五、结果与数据处理

（1）按以下格式记录实验数据，并计算 $\Delta pH/\Delta V$ 值和化学计量点附近的 $\Delta^2 pH/\Delta V^2$：

加入 NaOH 的体积 V/mL	pH	$\Delta pH/\Delta V$	$\Delta^2 pH/\Delta V^2$

（2）根据实验数据绘制 NaOH 溶液滴定乙酸的 pH-V 及 $\Delta pH/\Delta V$-V 曲线，确定终点体积。

（3）用内插法求出 $\Delta^2 pH/\Delta V^2$=0 处，NaOH 溶液的体积（V_{ep}）。

（4）根据以上所得的终点时的体积计算乙酸的含量（g·L^{-1}）。

（5）在 pH-V 曲线上，查出体积相当于 $1/2V_{ep}$时的 pH 值。该值即为乙酸的 pK_a 值，与文献值比较。

注释

[1] 用市售的深色泽食醋为试样时，一般需稀释十倍。测定结果实际为以乙酸计算的含酸量。

[2] 酸度计的使用参见 3.3.1。

思 考 题

（1）如何用标准缓冲溶液校正酸度值？

（2）测定酸的 K_a 值的准确度如何？与文献值有无差别？为什么？

（3）试比较 3 种确定终点方法求得的结果是否相同。

实验 25 离子选择性电极测定水样中微量氯

一、实验目的

（1）了解用氯离子选择性电极测定水样中微量氯的原理、方法及操作；

（2）了解总离子强度调节缓冲液的意义和作用。

二、实验原理

离子选择性电极是一种电化学传感器，它将溶液中特定离子的活度转换成相应的电位。氯离子选择性电极插入溶液时，其电极膜对 Cl^- 产生的位于膜和溶液间的膜电位，在一定条件下与 Cl^- 活度（a_{Cl^-}）的对数值（$\lg a_{Cl^-}$）呈直线关系，即其电极电位与 $\lg a_{Cl^-}$ 成直线关系。当氯离子选择性电极（指示电极）与双液接甘汞电极（参比电极）插入被测溶液中组成工作电池时，电池的电动势（E）在一定条件下与 $\lg a_{Cl^-}$ 成直线关系：

$$E = K' - \frac{2.303RT}{F} \lg a_{Cl^-} \qquad (25-1)$$

式中，K' 值为一常数。通过测量 E 即可测得 a_{Cl^-}。

通常情况下测定的是离子浓度（c），因此常在标准溶液与试液中同时加入相等的足够量的惰性电解质作总离子强度调节缓冲溶液（即 TISAB 溶液），使它们的总离子强度相同，并固定不变，此时，它们中待测 Cl^- 的活度系数为一定值，此值并入常数项 K' 内，则上式变为

$$E = K'' - \frac{2.303RT}{F} \lg c_{Cl^-} \quad (K'' \text{为一常数}) \qquad (25-2)$$

即 E 与 Cl^- 浓度的对数值（$\lg c_{Cl^-}$）成直线关系。

当 c_{Cl^-} 在 $1 \sim 10^{-4} mol \cdot L^{-1}$ 时，可用标准曲线法进行测定。本实验所用的 301 型氯离子选择性电极的最佳 pH 值使用范围为 $2 \sim 7$，可由加入的 TISAB 溶液控制。

三、仪器与试剂

仪器：酸度计（配 301 型氯离子选择性电极和双液接甘汞电极）、电磁搅拌器、移液管、烧杯等。

试剂：氯标准溶液[注1]（$1.00 mol \cdot L^{-1}$）、总离子强度调节缓冲液（即 TISAB 溶液，在 $1 mol \cdot L^{-1}$ NaNO$_3$ 溶液中滴加 $6 mol \cdot L^{-1}$ HNO$_3$ 溶液，调节至 pH＝$2 \sim 3$）。

四、操作步骤

（1）氯标准系列溶液的配制

用移液管移取 10mL 1.00 $mol \cdot L^{-1}$ 氯标准溶液和 10mL TISAB 溶液，置于 100mL 容量瓶内，用去离子水稀释至刻度，摇匀，制得 10^{-1} $mol \cdot L^{-1}$ 标准溶液。并按此步骤以逐级稀释法依次配成浓度为 $10^{-2} mol \cdot L^{-1}$、$10^{-3} mol \cdot L^{-1}$、$10^{-4} mol \cdot L^{-1}$、$10^{-5} mol \cdot L^{-1}$ 的一系列标准溶液。逐级稀释时，只需加 9mL TISAB 溶液。

（2）标准曲线的测绘

将氯标准系列溶液按浓度由低到高的顺序依次转入小烧杯中，插入已准备好的氯离子选择性电极[注2]和参比电极[注3]，放入搅拌棒，在电磁搅拌器上搅拌 3min，停止搅拌，按下已连接两电极的酸度计[注4]的"－mV"键，待指针稳定，即可读数，记下各标准溶液的 E 值（mV 值）。读数时是将分档开关上的数值加上指针所指的负刻度值，它们之和乘以 100 即为测量值。

（3）水样中氯含量的测定

取一定量含氯试液（视含量多少确定取样量）于 100mL 容量瓶中，再用移液管加 10mL TISAB 溶液，用去离子水稀释至刻度，摇匀。进行上述同样的操作，在酸度计上读取 E 值。

五、结果与数据处理

（1）以各标准溶液浓度的负对数（以 pCl 表示）为横坐标，以测得的各 E 值为纵坐标，

在普通坐标纸上绘制标准曲线。

（2）在标准曲线上查出与试液的 E 值相应的氯离子浓度的负对数，根据此数计算水样中的含氯量（可用 g/100mL 表示）。

注释

[1] 用 120℃下烘干 2h 后的 NaCl(A.R.) 配制 1.00mol·L⁻¹氯标准溶液。

[2] 301 型氯离子选择性电极使用前应在 10^{-3} mol·L⁻¹ NaCl 溶液中浸泡 1h，再用蒸馏水反复清洗至空白电位值（电极在不含电极响应离子的去离子水中的电位）达 200mV 以上，方能使用。电极膜勿与坚硬物碰触。电极使用后立即用蒸馏水反复冲洗。

[3] 作为参比电极的 217 型双液接甘汞电极，其电极管内装的是 KCl 溶液，而本实验测定的就是 Cl⁻。为防止 Cl⁻ 由电极渗至被测液，故需要在外套管装入 0.1mol·L⁻¹ KNO₃ 溶液，作为外盐桥接触被测液。实验完毕，洗净外套管，每次实验前再重新装入 KNO₃ 溶液。

[4] 有关酸度计的使用方法参阅 3.3.1。

思 考 题

（1）本实验测定的是氯离子的活度，还是浓度？

（2）在测定中为什么要加入 TISAB 溶液？

（3）本实验为什么必须采用有外套管的 217 型双液接甘汞电极作参比电极，而不用一般的甘汞电极？使用双液接甘汞电极应注意什么？

（4）氯离子选择性电极在使用前后怎样处理？

实验 26　三氯苯酚存在下苯酚含量的紫外光谱法测定

一、实验目的

（1）掌握等吸光度法的原理及应用范围；

（2）学习使用可见-紫外分光光度计。

二、实验原理

用分光光度法测定多组分混合物，可通过解联立方程计算各组分含量。对于吸收光谱互相重叠的两组分混合物，利用等吸光度法可消除干扰，只测定其中某一组分的含量。

设样品中含有待测组分 M 和干扰组分 N，它们的吸收光谱相互重叠（见图 6-2）。为了消除 N 组分的干扰，可从 N 组分的吸收光谱选择两个波长 λ_1 和 λ_2，在这两个波长处 N 组分

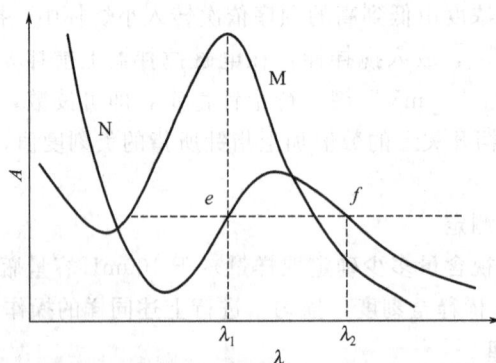

图 6-2　等吸光度法应用

的吸光度相等，不论 N 组分的浓度是多少。

$$\Delta A_N = A_{\lambda_1} - A_{\lambda_2} = 0 \quad (A \text{ 为吸光度})$$

测定 M 与 N 的混合物在 λ_1 和 λ_2 的吸光度，其差值为 ΔA_M，它只与 M 组分的含量有关，因此可以根据 ΔA_M 测定 M 组分的含量。

确定 λ_1 和 λ_2 的方法如下：在同一张谱图上分别测绘出 M、N 单一组分的吸收光谱，用作图法确定 λ_1 和 λ_2。可选择 M 组分的最大吸收波长作为测定波长 λ_1，作垂直于横坐标轴的直线，与干扰组分 N 的吸收曲线相交于 e 点，过 e 点作一平行于横坐标轴的直线与干扰组分 N 的吸收曲线相交于另一点 f，f 点相应的波长可作为另一测量波长 λ_2。λ_1 也可选择 M 组分最大吸收附近的波长，但所选择的 λ_1 应能获得较大的待测组分的吸光度差值，即 ΔA_M 要足够大。

本实验中，三氯苯酚水溶液和苯酚水溶液的吸收光谱相互重叠，用等吸光度法消除三氯苯酚的干扰，可以测定苯酚含量。

三、仪器与试剂

仪器：可见-紫外分光光度计、容量瓶（25mL）、吸量管（5mL）、烧杯。

试剂：苯酚水溶液（$0.300\text{mg} \cdot \text{mL}^{-1}$：准确称取 0.300g 苯酚，用去离子水溶解，移入 1000mL 容量瓶中定容）、2,4,6-三氯苯酚水溶液（$0.150\text{mg} \cdot \text{mL}^{-1}$：准确称取 2,4,6-三氯苯酚 0.150g，用去离子水溶解，移入 1000mL 容量瓶中定容）。

四、操作步骤

（1）绘制苯酚和三氯苯酚水溶液的吸收光谱

准确吸取 3mL $0.300\text{mg} \cdot \text{mL}^{-1}$ 苯酚水溶液于 25mL 容量瓶中，稀释至刻度。用 1cm 比色皿，以去离子水为参比，在 220～350nm 测定其吸光度，绘制吸收光谱曲线。

准确吸取 5mL $0.150\text{mg} \cdot \text{mL}^{-1}$ 三氯苯酚水溶液于 25mL 容量瓶中，稀释至刻度。用 1cm 比色皿，以去离子水为参比，在 220～850nm 测定其吸光度，绘制吸收光谱曲线。

上述两条吸收光谱曲线是绘制在同一张坐标图上的，选择合适的波长 λ_1 和 λ_2（在 λ_1 和 λ_2 波长下三氯苯酚的吸光度必须相等）。反复测定几次，检查 λ_1 和 λ_2 是否合适。

（2）绘制苯酚工作曲线

分别吸取苯酚水溶液 1.0mL、2.0mL、3.0mL、4.0mL 和 5.0mL，置于 5 个 25mL 容量瓶中，用去离子水定容后测定在波长 λ_1 和 λ_2 的吸光度。

用以上苯酚溶液浓度为横坐标，以每个溶液在 λ_1 和 λ_2 处吸光度差（ΔA）为纵坐标，绘制苯酚工作曲线。

（3）测定含有三氯苯酚溶液中苯酚的浓度

准确吸取 3mL 苯酚水溶液于 25mL 容量瓶中，再加入三氯苯酚水溶液 5.0mL，稀释至刻度，配成二组分混合液。用 1cm 比色皿，以去离子水为参比，在波长 λ_1 和 λ_2 处测定出吸光度 A_1 和 A_2。

计算混合液的 ΔA（即 $A_1 - A_2$），从工作曲线上求得混合液中所含苯酚的浓度。与标准值对照，计算误差。

思 考 题

（1）等吸光度法与普通分光光度法有何异同？

（2）试设计一个测定未知试液中苯酚及三氯苯酚两组分含量的方案。

实验 27 醇系物的气相色谱分析

一、实验目的

(1) 了解 GC-7890T 气相色谱仪的基本结构，掌握气相色谱分析的基本操作；

(2) 掌握微量进样器的进样技术；

(3) 掌握以气相色谱保留值进行定性分析以及用归一化法进行定量分析的方法及特点。

二、实验原理

甲醇、乙醇、正丙醇和正丁醇等以及这些醇试剂中常含的水分即为醇系物。用多孔聚合物型固定相（如 GDX-103）和热导池检测器（TCD），在一定操作条件下，可使各组分完全分离。

在一定条件下，每种物质均有各自确定不变的保留值，因此，可利用纯物质的保留值与同一条件下各组分的保留值——对照的方法进行定性分析。在本实验中，利用纯物质进行定性鉴定，利用归一化法对混合物进行定量分析。

用热导池检测器，宜以氢作载气。因氢热导值高，灵敏度高，进样量少。用氮气作载气，热导值较小，桥电流有一定限制，灵敏度较低，进样量大，因而分析周期长，有时会出现倒峰的异常现象。

三、仪器和试剂

仪器：气相色谱仪、计算机、氢气发生器、微量进样器、GDX-103 固定相。

试剂：无水甲醇（A. R.）、无水乙醇（A. R.）、其他各无水醇试剂、混合样液（按内含各醇的含量基本相近的方法配制）。

四、操作步骤

(1) 色谱柱的准备

参见 3.3.10。

(2) 操作条件

检测器：TCD，电流 140mA（氢作载气），检测温度 110℃；柱温 85℃；进样器温度 110℃；载气流速 50～60mL/min。

(3) 操作步骤

① 气相色谱仪仪器条件设置及分析程序计算机设置参见 3.3.10。

② 做好各种准备后，可分别进样[注1]。各纯物质进样量：无水甲醇、无水乙醇等各进 1～2μL。混合液进样量：1～2μL。进样时同步按下采集数据。

③ 峰出完后，点击停止采集按钮，即分析结束。然后打印出实验结果。

五、实验结果及计算

(1) 在同一台仪器上，对比纯物质与混合液中各组分的保留时间。保留时间相近者则属同一种物质，以此确定混合液各组分的出峰顺序，并写入实验报告。

(2) 用归一化法，分析各组分的含量，并打印谱图及相关数据。

注释

[1] 微量进样器不能混用，每种试剂或样液都配有专用的微量进样器。

思 考 题

(1) 气相色谱仪是由哪几部分组成的?

(2) 含水的醇系物用气相色谱仪测定时,为什么要用热导池检测器而不用氢火焰离子化验检测器? 为什么宜用氢气为载气?

(3) 什么情况下采用归一化法定量?

(4) 为什么能以保留值进行气相色谱的定性分析?

实验28 异丁醇的气相色谱测定

一、实验目的

(1) 掌握使用氢火焰离子化检测器的基本操作;

(2) 学会定量校正因子的测定;

(3) 掌握以内标法进行色谱定量分析的方法及特点。

二、实验原理

本实验以聚乙二醇-20M为固定相,使用氢火焰离子化检测器,采用内标法测定异丁醇含量。

(1) 用内标法定量,需选定内标物。内标物应为试样中不存在的纯物质,加入的量应接近待测组分的量,它的色谱峰应位于待测组分色谱峰附近。本实验选用正丙醇为内标物。

(2) 以内标物为标准物,测定(相对)定量校正因子 f_i',计算公式如下:

$$f_i' = \frac{f_i}{f_s} = \frac{A_s m_i}{A_i m_s} \tag{28-1}$$

式中 f_i、f_s——组分和标准物的绝对校正因子;

A_i、A_s——组分和标准物的峰面积;

m_i、m_s——组分和标准物的质量。

在一定操作条件下,含待测物(i)和标准物(s)的质量分别为 m_i、m_s 的混合液,注入柱内一定量后,测量出它们的峰面积 A_i、A_s,代入公式(28-1)中,即得该待测物相对标准物的校正因子 f_i'。

(3) 测定时,准确称取一定量试样,加入一定量的内标物,根据内标物和试样的质量以及色谱图上相应的峰面积,计算待测组分的含量(c_i):

$$c_i = \frac{m_i}{m} \times 100\% = \frac{m_s}{m} f_i' \frac{A_i}{A_s} \times 100\% \tag{28-2}$$

式中 m_s、m——内标物、试样的质量;

f_i'——以内标物为标准的相对校正因子。

本实验各步骤的称量操作全部改用吸取容量的操作代替。

三、仪器和试剂

仪器:GC-7890F气相色谱仪、氢气发生器、空气压缩机、氮气钢瓶、色谱柱、微量进样器等。

试剂:聚乙二醇-20M、102白色担体、正丙醇(色谱纯)、异丁醇(色谱纯)、含异丁醇

123

的试液。

四、操作步骤

（1）操作条件

固定相：聚乙二醇-20M 固定液（10％），60～80 目 102 白色担体；氢火焰离子化检测器（FID）；柱温 90～100℃；检测室温度 130℃；气化室温度 150℃；载气为 N_2；燃气为 H_2；助燃气为空气。

（2）操作步骤

经检漏，装上柱子调试正常后，开启仪器。按氢火焰检测器使用方法进行操作（参见 3.3.10）。点火后，待基线稳定即可进样。

① 异丁醇相对校正因子的测定 准确吸取异丁醇和正丙醇（内标物）各 0.1mL 置于 10mL 容量瓶内，用蒸馏水稀释至刻度，充分混匀[注1]。在一定的操作条件下吸取此混合液 $1\mu L$，进样。得色谱图，分别量取正丙醇和异丁醇的峰高 h_i、h_s[注2]，半峰宽 $y_{1/2}$（s）、$y_{1/2}$（i），按以下公式计算 f_i'：

$$f_i' = \frac{h_s y_{1/2}(s)}{h_i y_{1/2}(i)} \cdot \frac{m_i}{m_s} \tag{28-3}$$

按移取的体积（V）和液体的密度（ρ）计算质量（m），即 $m_i = d_i V_i$；$m_s = d_s V_s$；$V_i = V_s = 0.1$ mL；$d_i = 0.806$ g·mL^{-1}；$d_s = 0.804$ g·mL^{-1}。

② 试液的分析 准确移取试液 5mL，正丙醇（内标）0.1mL 于 10mL 容量瓶中，用蒸馏水稀释至刻度，摇匀，与①相同的操作条件下，注样 $1\mu L$。

从色谱图上分别量取正丙醇和异丁醇的峰高（h）和半峰宽 $y_{1/2}$，并进行计算：

$$m_i = \frac{(h \cdot y_{1/2})_i}{(h \cdot y_{1/2})_s} \cdot f_i' \cdot m_s \tag{28-4}$$

故试液中异丁醇含量

$$c_i (\text{mg} \cdot \text{mL}^{-1}) = \frac{(h \cdot y_{1/2})_i}{(h \cdot y_{1/2})_s} \cdot f_i' \cdot \frac{m_s}{V_{试}} \tag{28-5}$$

式中，$V_{试} = 5.00$mL；$m_s = d_s \times 0.1 \times 1000$mg。

以上①、②操作步骤均平行测定两次。

五、数据及处理

（1）查出各色谱图中内标物及待测物峰高、半峰宽的测量值（标出单位）和峰面积的计算结果。

（2）计算待测组分的相对质量校正因子，试与文献值比较。

（3）内标法分析异丁醇的含量。

注释

[1] 溶液配制后，注意充分摇匀。每次进样之前，要将容量瓶的溶液摇荡几下，吸取后，立即进样。

[2] 正丙醇出峰在前，异丁醇在后，在色谱图上作上标记，以免计算结果出错。

思 考 题

（1）应以何方法确定试样中哪个是异丁醇的色谱峰？

（2）内标法进行定量分析有什么优缺点？它对内标物有何要求？

（3）实验中是否要严格控制进样量，为什么？

（4）测定相对校正因子实验的主要误差是什么？

实验 29　液体黏度的测定

一、实验目的

（1）了解恒温槽的构造、控温原理及各主要部件的作用，掌握恒温槽的调节操作技术；

（2）了解黏度的物理意义，了解奥氏（Ostwarld）黏度计结构的特点，掌握用奥氏黏度计测定液体黏度的原理和方法；

（3）了解温度对液体黏度的影响。

二、实验原理

黏度是液体发生相对流动时内摩擦阻力的度量。如图 6-3 所示，相距为 dx 的两个液层以不同速率（v 和 $v+dv$）移动时，产生的流速梯度为 dv/dx。当流体受外力作用产生流动时，在流动着的液体层之间存在着切向的内部摩擦力。当液体平稳流动时，必须消耗部分功来克服这种流动的阻力，维持一定流速所需的力 f' 与液层的接触面积 A 及流速梯度 dv/dx 成正比，即

$$f' = \eta \cdot A \cdot \frac{dv}{dx} \tag{29-1}$$

若以 f 表示单位面积液体的黏滞阻力，$f = f'/A$，则

$$f = \eta \cdot \frac{dv}{dx} \tag{29-2}$$

以上两式中，η 称为液体的黏度系数，简称黏度，单位在 C.G.S 制中用"泊"（P）表示，在 SI 制中用"帕斯卡·秒"（Pa·s）表示，$1P = 10^{-1}$ Pa·s。

黏度与液体的种类有关，对于纯液体，温度变化对黏度的影响十分显著，黏度随温度的升高而减小。对于溶液，黏度不随压力的增减而变化（压力变化只改变流速），其大小与溶质和溶剂的本性、溶液的浓度、溶质分子的大小及在溶剂中的形状、pH 值和其他电解质等多种因素有关。

测定液体黏度的方法主要有 3 类：

① 用毛细管黏度计测定液体在毛细管里的流出时间；

② 用落球式黏度计测定圆球在液体里的下落速率，用于高黏度液体的黏度系数测定；

③ 用旋转式黏度计测定液体与同心轴圆柱体相对转动的情况。

本实验用奥氏黏度计（如图 6-4 所示）测定低黏滞液体的黏度，也称为毛细管法。此法的依据是泊松（Poiseuille）方程，即液体流出毛细管的速率与黏度系数之间存在如下关系式：

$$\eta = \frac{\pi r^4 pt}{8lV} \tag{29-3}$$

式中　η——黏度，Pa·s；

　　　V——在时间 t 内流过毛细管的液体体积，m^3；

　　　p——毛细管两端的压力差，Pa；

　　　r——毛细管半径，m；

　　　l——毛细管的长度，m。

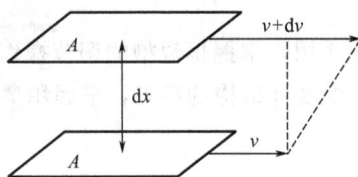

图 6-3 流体流动示意图

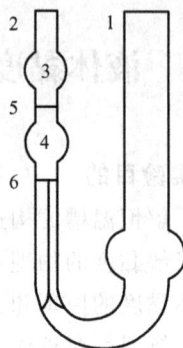

图 6-4 奥氏黏度计

1—宽管；2—主管；3—缓冲球；

4—测定球；5,6—环形测定线

按式（29-3），由实验直接测定液体的绝对黏度是很困难的，但如果测定待测液体对标准液体（如水）的相对黏度则是简单而实用的。若液体在毛细管中仅受重力的作用，毛细管两端的压力差为

$$p = \rho g h \tag{29-4}$$

式中 ρ——液体密度，$kg \cdot m^{-3}$；

    g——重力加速度，$m \cdot s^{-2}$；

    h——液面的落差，m。

于是，式（29-3）可表示为

$$\eta = \frac{\pi r^4 \rho g h t}{8 l V} \tag{29-5}$$

如果不同种类液体在相同温度以同体积流过同一根毛细管，其 r、h、l、V 均为常数，g 也为常数，式（29-5）可写为

$$\eta = k \rho t \tag{29-6}$$

对于两种不同的液体，其密度分别为 ρ_1、ρ_2，流经同一根毛细管所需时间为 t_1、t_2，则

$$\eta_1 = k \rho_1 t_1 \qquad \eta_2 = k \rho_2 t_2$$

$$\frac{\eta_1}{\eta_2} = \frac{\rho_1 t_1}{\rho_2 t_2} \quad 或 \quad \eta_1 = \frac{\rho_1 t_1}{\rho_2 t_2} \eta_2 \tag{29-7}$$

从上式可知，若已知某参考物质的黏度 η_1、密度 ρ_1 及被测物质的密度 ρ_2，则可通过测定 t_1 和 t_2 求出 η_2。

研究表明，温度与液体的黏度存在下列关系：

$$\lg\eta = \frac{A}{T} + B \tag{29-8}$$

上式中 A、B 为液体的特性常数，可通过实验测定，即分别从 $\lg\eta$ 对 $\frac{1}{T}$ 所作的直线的斜率和截距求出。若将式（29-8）积分，也可由一个温度下的 η 求出另一个温度下的 η 值。

三、仪器与试剂

仪器：30℃、35℃、40℃恒温槽各 1 套[注1]（公用），奥氏黏度计 1 支，10mL 刻度移液管 2 只，100mL 烧杯 2 只，吹风机 1 个，洗耳球 1 个，螺旋铁夹 1 个，秒表 1 块。

试剂：无水乙醇（A.R.）、无水乙醚（A.R.）、去离子水。

四、操作步骤

（1）本实验用奥氏黏度计测定同体积的无水乙醇和水流过同一支毛细管的 t_1 和 t_2，然后查出水的 η_1、ρ_1 和无水乙醇的 ρ_2[注2]，利用公式（29-7）求得无水乙醇的黏度 η_2。

（2）将黏度计用洗涤液、自来水、蒸馏水、无水乙醇、无水乙醚依次洗涤，务必洗净，然后用吹风机烘干备用。

（3）检查各温度恒温槽的线路连接是否正确，温度控制是否符合测试要求，调节好温度。加入样品后待恒温才能进行测定。

（4）用移液管取 10mL 无水乙醇，由黏度计（如图 6-4 所示）宽管 1 注入，然后把黏度计垂直固定在铁架上，置于恒温槽中，注意黏度计缓冲球 3 要在水面之下，在指定温度下恒温约 10min。为保证测定过程中液体稳态流动，恒温槽内的搅拌速度不宜过快。

（5）用洗耳球接于黏度计主管处，缓慢将液面抽上，使液面达到缓冲球 3 之半。拿开洗耳球，此时液面将平稳下降，当液面下落到环形测定线 5 时开启秒表，下落到环形测定线 6 时关闭秒表，记录此体积流经毛细管所需的时间。重复同样操作，测定 3 次，要求各次的时间相差不超过 0.2s，取其平均值。为了使测定结果比较稳定，可在测定之前让液体从毛细管中先润湿一次。黏度计要垂直浸入恒温槽中，实验中不要振动黏度计。

（6）用同样方法测定其他温度下的时间数据。

（7）将黏度计中的乙醇倾入回收瓶中，用热风吹干。再用移液管取 10mL 蒸馏水放入黏度计中，与前述步骤相同，测定蒸馏水从环形测定线 5 流至 6 时所需的时间，重复同样操作，要求同前。实验中自始至终要使用同一支黏度计。

（8）实验结束，倒掉蒸馏水，用少量无水乙醇将黏度计洗涤 2～3 次，再用无水乙醚洗一次，然后用吹风机吹干。

五、结果与数据处理

（1）将实验测定数据和计算结果填入下表。

$T/℃$	蒸馏水				无 水 乙 醇					
	t_1	t_2	t_3	$t_{平均}$	t_1	t_2	t_3	$t_{平均}$	η	$\lg\eta$
25										
30										
35										
40										

（2）从附录中查阅所需数据，利用公式（29-7）求出乙醇的黏度。

（3）作 $\lg\eta - \dfrac{1}{T}$ 图，检验其直线关系。

注释

[1] 恒温槽及其控温原理参见 3.4.2。

[2] 计算中使用的不同温度下水和无水乙醇的密度和黏度见附录。

思 考 题

（1）影响毛细管法测定黏度的因素是什么？

（2）为什么黏度计要垂直地置于恒温槽中？

（3）液体的黏度与温度有何关系？

实验 30 黏度法测定水溶性高聚物相对分子质量

一、实验目的

(1) 测定多糖聚合物——右旋糖苷的平均相对分子质量；

(2) 掌握用乌氏（Ubbelohde）黏度计测定黏度的原理和方法。

二、实验原理

黏度的定义见实验 29。

高聚物在稀溶液中的黏度主要反映了液体在流动时存在着内摩擦，其中因溶剂分子之间的内摩擦表现出来的黏度叫纯溶剂黏度，记作"η_0"；溶剂分子之间的内摩擦、高聚物分子相互之间的内摩擦和高分子与溶剂分子之间的内摩擦总和表现为溶液的黏度，记作"η"。在同一温度下，$\eta > \eta_0$。相对于溶剂，其溶液黏度增加的分数称为增比黏度，记作"η_{sp}"，即

$$\eta_{sp} = \frac{\eta - \eta_0}{\eta_0} \tag{30-1}$$

而溶液黏度与纯溶剂黏度的比值称为相对黏度，记作"η_r"，即

$$\eta_r = \frac{\eta}{\eta_0} \tag{30-2}$$

η_r 也是整个溶液的黏度行为，η_{sp} 则意味着已扣除了溶剂分子之间的内摩擦效应。两者的关系为

$$\eta_{sp} = \frac{\eta}{\eta_0} - 1 = \eta_r - 1 \tag{30-3}$$

对于高分子溶液，增比黏度 η_{sp} 随溶液浓度 c 的增加而增加。为便于比较，将单位浓度下所显示的增比黏度，即 η_{sp}/c 称为比浓黏度，$\ln\eta_{sp}/c$ 称为比浓对数黏度。η_r 和 η_{sp} 都是无因次量。

为了进一步消除高聚物分子之间的内摩擦效应，必须将溶液浓度无限稀释，使得每个高聚物分子彼此相隔极远，其相互干扰可以忽略不计。此时溶液所呈现的黏度行为基本上反映了高分子与溶剂分子之间的内摩擦。这一黏度的极限值记为

$$\lim_{c \to 0} \frac{\eta_{sp}}{c} = [\eta] \tag{30-4}$$

$[\eta]$ 称为特性黏度，其值与浓度无关。实验证明，当聚合物、溶剂和温度确定后，$[\eta]$ 的数值只与高聚物平均相对分子质量 $\overline{M}$ 有关，它们之间的半经验关系可用 Mark Houwink 方程式表示

$$[\eta] = K\overline{M}^\alpha \tag{30-5}$$

式中，K 为比例常数，α 是与分子形状有关的经验常数。它们都与温度、聚合物、溶剂性质有关，在一定的相对分子质量范围内与相对分子质量无关。

K 和 α 的数值只能通过其他绝对方法确定，例如渗透压法、光散射法等。黏度法只能测定 $[\eta]$ 求算 $\overline{M}$。

测定高分子的 $[\eta]$ 用毛细管黏度计最方便。当液体在毛细管黏度计内因重力作用而流出时遵守泊松（Poiseuille）方程

$$\frac{\eta}{\rho} = \frac{\pi h g r^4 t}{8lV} - m\frac{V}{8\pi lt} \qquad (30\text{-}6)$$

式中　V——在时间 t 内流过毛细管的液体体积，$\mathrm{m^3}$；

　　　ρ——液体的密度，$\mathrm{kg \cdot m^{-3}}$；

　　　r——毛细管半径，m；

　　　l——毛细管的长度，m；

　　　h——流经毛细管液体的平均液柱高度，m；

　　　g——重力加速度；

　　　m——与仪器的几何形状有关的常数，在 $r/l \ll 1$ 时，可取 $m=1$。

对某一支指定的黏度计，令 $\alpha = \dfrac{\pi h g r^4}{8lV}$，$\beta = \dfrac{mV}{8\pi l}$，则式（30-6）可改写为

$$\frac{\eta}{\rho} = \alpha t - \frac{\beta}{t} \qquad (30\text{-}7)$$

式中，$\beta < 1$，当 $t > 100\mathrm{s}$ 时，等式右边第二项可以忽略。设溶液密度 ρ 与溶剂密度 ρ_0 近似相等，通过测定溶液和溶剂的流出时间 t 和 t_0，就可以求算 η_r：

$$\eta_r = \frac{\eta}{\eta_0} = \frac{t}{t_0} \qquad (30\text{-}8)$$

从而可以计算得到 η_{sp}、η_{sp}/c 和 $\ln(\eta_r/c)$。配制一系列不同浓度的溶液分别进行测定，以 η_{sp}/c 和 $\ln(\eta_r/c)$ 为纵坐标，c 为横坐标作图，得到两条直线，分别外推到 $c=0$ 处（见图 6-5），其截距即为 $[\eta]$，代入式（30-5）（K 和 α 已知）即可求出 $\overline{M}$。

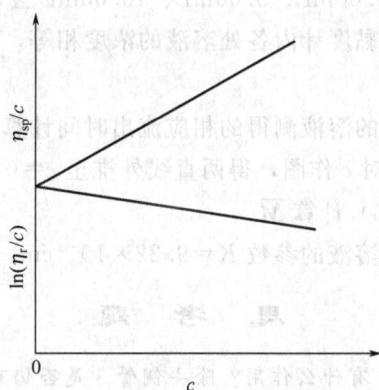

图 6-5　外推法求 $[\eta]$ 示意图

三、仪器与试剂

仪器：恒温水浴 1 套，乌氏黏度计 1 支，3 号砂芯漏斗 1 只，抽滤瓶 1 个（250mL），真空泵（公用），吸量管各 1 只（5mL、10mL），秒表 1 块，锥形瓶 1 只（100mL），容量瓶 1 个（50mL），烧杯 1 只（50mL），针筒 1 只（10mL）。

试剂：右旋糖苷（A. R.）、洗液、去离子水。

四、操作步骤

（1）黏度计洗涤

先用洗液灌入黏度计内（见图 6-6），并使其反复流过毛细管部分。然后将洗液倒回专用瓶中，再分别用自来水、去离子水清洗干净备用。容量瓶、移液管也要洗净。

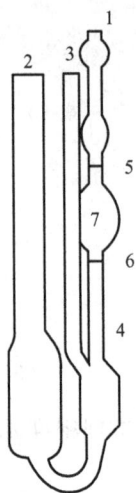

图 6-6　乌氏黏度计

1—主管；2—宽管；

3—侧管；4—毛细管；

5，6—环形测定线；

7—测定球

（2）溶液配制

用分析天平准确称取 1g 右旋糖苷样品，倒入预先洗净的 50mL 烧杯中，加入约 30mL 的去离子水，在水浴中加热溶解至溶液完全透明，取出后自然冷却至室温，再将溶液移至 50mL 的容量瓶中，并用去离子水少量多次荡洗烧杯后全部转移至容量瓶中，最后用去离子水定容至刻度。

用预先洗净并烘干的 3 号砂芯漏斗过滤，装入 100mL 锥形瓶中备用。

（3）溶剂流出时间 t_0 的测定

开启恒温水浴，并将黏度计垂直安装在恒温水浴中，注意环形测定线 5 要在水面以下。用移液管吸 10mL 去离子水，从宽管 2 注入黏度计，在主管 1 和侧管 3 的上端均套上干燥清洁的橡皮管，并用夹子夹住侧管 3 上的橡皮管下端，使其不通大气。用洗耳球吸主管 1 的橡皮管口，使溶剂沿毛细管上升到 5 之上，同时松开 3 上的夹子和吸耳球，使其通大气，此时液体自然流下，当液面流经 5 处时，立即按下秒表开始记时，液面到达 6 处时停止记时，记录液面流经 5、6 之间的时间。重复上述操作三次，偏差小于 0.2s，取其平均值，即为 t_0 值。

（4）溶液流出时间 t 的测定

取出黏度计，倾出其中的水，连接到水泵上抽气，同时用电热吹风吹干。用移液管吸取已预先恒温好的糖苷溶液 10mL，注入黏度计内，同上法测定溶液的流出时间 t。

然后依次加入 2.00mL、3.00mL、5.00mL、10.00mL 去离子水。每次稀释后都要将稀释液抽洗黏度计的测定球，使黏度计内各处溶液的浓度相等，按同样的方法进行测定。

五、结果与数据处理

（1）根据实验对不同浓度的溶液测得的相应流出时间计算 η_{sp}、η_r、η_{sp}/c 和 $\ln(\eta_r/c)$。

（2）用 η_{sp}/c 和 $\ln(\eta_r/c)$ 对 c 作图，得两直线外推至 $c=0$ 处，求 $[\eta]$。

（3）将 $[\eta]$ 代入式（30-5）计算 $\overline{M}$。

（4）25℃时，右旋糖苷水溶液的参数 $K=9.22\times10^{-2}\,cm^3\cdot g^{-1}$，$\alpha=0.5$。

思　考　题

（1）乌氏黏度计中的侧管 3 有什么作用？除去侧管 3 是否仍可以测黏度？

（2）评价黏度法测定高聚物相对分子质量的优缺点，指出影响准确测定结果的因素。

实验 31　互溶双液系相图的绘制

一、实验目的

（1）了解沸点测定及互溶双液系相图绘制的原理和方法；

（2）绘制常压下环己烷-乙醇双液系的沸点-组成（T-x）图，并确定恒沸混合物的组成和最低恒沸点；

（3）了解阿贝折射仪的使用方法。

二、实验原理

在常温下，任意两种液体混合组成的体系称为双液体系，若两种液体能按任意比例相互溶解，则称完全互溶双液体系；若只能部分互溶，则称部分互溶双液体系。

液体的沸点是指液体的饱和蒸气压与外压相等时的温度，当外压等于 101.325kPa 时的沸点称为正常沸点。纯液体在一定的外压下有确定的沸点，而双液体系的沸点不仅与外压有关，还与双液体系的组成有关。图 6-7(a) 是一种最简单的完全互溶双液系的 $T\text{-}x$ 图，图中纵轴是温度（沸点）T，横轴是液体 B 的摩尔分数 x_B（或质量百分组成），上面一条是气相线，下面一条是液相线，对应于同一沸点温度的二曲线上的两个点，就是互相成平衡的气相点和液相点，其相应的组成可从横轴上获得。如果在恒压下将溶液蒸馏，测定气相馏出液和液相蒸馏液的组成，就能绘出 $T\text{-}x$ 图。

如果液体与拉乌尔定律的偏差不大，在 $T\text{-}x$ 图上溶液的沸点介于 A、B 二纯液体的沸点之间 ［见图 6-7(b)］，实际溶液由于 A、B 二组分的相互影响，常与拉乌尔定律有较大偏差，在 $T\text{-}x$ 图上会有最高或最低点出现 ［如图 6-7(c) 所示］，这些点称为恒沸点，其相应的溶液称为恒沸点混合物。恒沸点混合物蒸馏时，所得的气相与液相组成相同，靠蒸馏无法改变其组成。如 HCl 与水的体系具有最高恒沸点，苯与乙醇的体系则具有最低恒沸点。

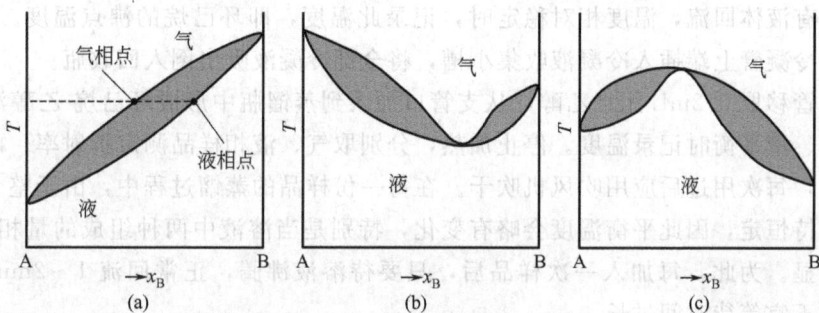

图 6-7　完全互溶双液系的相图

本实验采用折射率法测定体系在沸点温度时的气、液相组成。首先测定已配制好的不同组成的溶液的折射率，然后绘制折射率与组成的工作曲线。气液平衡时，由温度计直接读得沸点，同时取气、液相样品，用阿贝折射仪测定其折射率，对照折射率-组成工作曲线，查出该折射率对应的组成。用温度和组成数据即可绘制所需的相图。本实验所用装置如图 6-8 所示，在简单蒸馏瓶中用电热丝直接加热溶液，这样可以避免过热和暴沸现象发生。

三、仪器与试剂

仪器：超级恒温水浴 1 台、温度计（50～100℃）1 支、沸点仪 1 套、阿贝折射仪 1 台、长短滴管各 1 支、吸量管（1mL、5mL）各 2 支、量筒（25mL）1 个、试管 6 支、吹风机、镜头纸。

试剂：环己烷（A.R.）、无水乙醇（A.R.）、环己烷-乙醇混合液（20％、40％、60％、80％）。

四、操作步骤

（1）调节超级恒温水浴，温度比室温高 5℃左右，通恒温水于阿贝折射仪中。

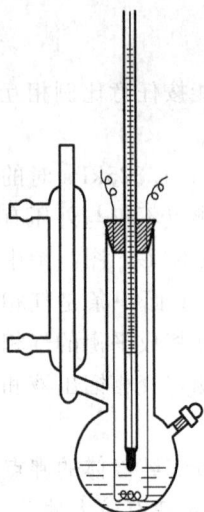

图 6-8 互溶双液
体系装置图

（2）绘制折射率-组成工作曲线　将 6 支干净小试管编号，依次移入 0.00mL、0.20mL、0.40mL、0.60mL、0.80mL、1.00mL 的环己烷，再依次移入 1.00mL、0.80mL、0.60mL、0.40mL、0.20mL、0.00mL 的无水乙醇，轻轻摇动，混合均匀，配成 6 份已知浓度的溶液（按纯样品的密度，换算成质量分数）。用阿贝折射仪测定每份溶液的折射率，要求对每份溶液测定两次，结果填入下表中，取平均值。以折射率对组成作图，即得到工作曲线。

（3）安装沸点仪　按图 6-8 所示安装好仪器，盖好瓶塞，电加热丝应尽量靠近容器底部，温度计的位置以水银球的一半浸在液体中为宜，并注意不要与电热丝相接触。由于整个体系并非绝对恒温，气、液两相的温度会有少许差别，因此沸点仪中，温度计水银球的位置应一半浸在溶液中，一半露在蒸气中。而且随着溶液量的增加要不断调节水银球的位置。先通冷凝水再通电。

（4）本实验是以恒沸组成为界，把相图分成左右两半，分两次来绘制相图的。具体方法如下：在干燥的蒸馏瓶中加入 20mL 环己烷。调节变压器旋钮（电压在 10V 左右，以电热丝不红为限）加热液体，使其慢慢升温至溶液沸腾。当冷凝器中有液体回流，温度相对稳定时，记录此温度，即环己烷的沸点温度。停止加热，用长滴管自冷凝管上端插入冷凝液收集小槽，将全部冷凝液吸出倒入回收瓶。

用吸量管移取 0.2mL 无水乙醇，从支管口加入到蒸馏瓶中形成环己烷-乙醇混合液，然后加热至气、液平衡时记录温度。停止加热，分别取气、液相样品测定折射率。两根取样滴管不能混用，每次用过后应用吹风机吹干。在每一份样品的蒸馏过程中，由于整个体系的成分不可能保持恒定，因此平衡温度会略有变化，特别是当溶液中两种组成的量相差较大时，变化更为明显。为此，每加入一次样品后，只要待溶液沸腾，正常回流 1～2min 后，即可取样测定，不宜等待时间过长。

（5）按记录表中规定的数量，逐次移取 0.2mL、0.3mL……无水乙醇，重复（5）的操作，直至第一组溶液测完。停冷凝水后将蒸馏瓶中的液体倒入回收瓶中，勿用水洗，用吹风机吹干。

（6）整个实验过程中，通过折射仪的水温要恒定。使用折射仪时，棱镜不能触及硬物（如滴管）。擦拭棱镜用擦镜纸。

（7）重新安装好仪器，按记录表中第二组规定的数量重复（4）、（5）、（6）的操作至结束。

分组	混合液的体积组成		沸点/℃	气相分析		液相分析	
	每次加入的环己烷的体积/mL	每次加入的无水乙醇的体积/mL		折射率	组成	折射率	组成
第一组	20.00	0					
	—	0.2					
	—	0.3					
	—	0.5					
	—	1.0					
	—	5.0					
	—	10.0					

分组	混合液的体积组成		沸点/℃	气相分析		液相分析	
	每次加入的环己烷的体积/mL	每次加入的无水乙醇的体积/mL		折射率	组成	折射率	组成
第二组	0	20.0					
	1.0	—					
	3.0	—					
	3.0	—					
	5.0	—					
	5.0	—					
	7.0	—					
	10.0	—					

五、结果与数据处理

（1）将实验中测得的折射率-组成数据列表，并绘制成工作曲线。

溶液浓度（质量分数%）		0%	20%	40%	60%	80%	100%
折射率	1						
	2						
	平均值						

（2）将实验中测得的沸点-折射率数据列表，并从工作曲线上查得相应的组成，从而获得沸点与组成的关系。

（3）绘制沸点-组成图，并标明最低恒沸点和组成。

（4）在精确的测定中，还要对温度计的外露水银柱进行校正。

思 考 题

（1）在该实验中，测定工作曲线时折射仪的恒温温度与测定样品时折射仪的恒温温度是否需要保持一致？为什么？

（2）过热现象对实验有什么影响？如何在实验中尽可能避免过热现象？

（3）在连续测定法实验中，样品的加入量应十分精确吗？为什么？

（4）试估计哪些因素是本实验误差的主要来源？

实验 32　配合物组成及平衡常数的测定

一、实验目的

（1）学习分光光度法测定 Fe^{3+} 与铁钛试剂形成配合物的组成和平衡常数的原理及方法；

（2）熟悉 722 型分光光度计的原理和操作方法。

二、实验原理

金属离子常与有机物形成有色配合物。Fe^{3+} 与铁钛试剂 $C_6H_2(OH)_2(SO_3Na)_2$ 在不同 pH 值的溶液中形成不同配位数、不同颜色的配合物。在保持缓冲溶液的 pH 值不变的条件下，可采用浓比递变法测定配合物的组成。首先配制浓度相同的 Fe^{3+} 和铁钛试剂溶液，然后用这两种溶液配成一系列不同体积比的混合液。当混合液中这两者分子比（即体积比）相当于配合物组成时，溶液中配合物浓度最高，因而溶液颜色最深。因此，用分光光度法测得各溶液消光值。根据朗伯-比耳定律即可求得配合物组成及平衡常数。

当溶液中金属离子 A 与配位体 B 形成 AB_n 配合物时，存在如下平衡：

$$A + nB \rightleftharpoons AB_n$$

其平衡常数为

$$K^\ominus = \frac{[AB_n]}{[A][B]^n} \qquad (32\text{-}1)$$

若只有 A 显色，反应后生成另一种颜色更深的配合物 AB_n，则混合液消光值为

$$E = \varepsilon_1 cxL = \varepsilon_A c(1-x)L \qquad (32\text{-}2)$$

式中　E——混合液消光值（$E = \lg I_0/I$，即 $E = \varepsilon_i c_i L$）；

　　ε_1，ε_A——配合物和物质 A 的摩尔消光系数；

　　　x——物质 A 转变为配合物的分数；

　　　L——光程。

如果物质 B 浓度变化很小，且只进行 $A + nB \rightleftharpoons AB_n$ 这一反应，则式（32-1）可写为

$$K^\ominus = \frac{x}{(1-x)[B]^n}$$

则有

$$x = \frac{K^\ominus[B]^n}{1 + K^\ominus[B]^n} \qquad (32\text{-}3)$$

将式（32-3）代入式（32-2）得

$$\frac{1}{E - \varepsilon_A cL} = \frac{1}{[B]^n K(\varepsilon_1 - \varepsilon_A)cL} + \frac{1}{(\varepsilon_1 - \varepsilon_A)cL}$$

或

$$\frac{1}{E - E_A} = \frac{1}{[B]^n K^\ominus(\varepsilon_1 - \varepsilon_A)cL} + \frac{1}{(\varepsilon_1 - \varepsilon_A)cL} \qquad (32\text{-}4)$$

保持物质 A 的浓度 c 不变，测得 E_A 和物质 B 不同浓度时的 E，以 $\dfrac{1}{E - E_A}$ 对 $\dfrac{1}{[B]^n}$ 作图。如果是一直线，则证明 $n = 1$，按式（32-4）从直线的斜率和截距可求 $K^\ominus$ 值。

即

$$K^\ominus = \frac{(截距)}{(斜率)} \qquad (32\text{-}5)$$

若不是直线，则需另设 n 的数值作图验证。

三、仪器与试剂

仪器：分光光度计 1 台、分析天平、电吹风 1 台、容量瓶（100mL）1 个、容量瓶（50mL）9 个、烧杯（50mL）4 个、微量滴定管（10mL）2 支、吸量管（10mL）1 支。

试剂：铁钛试剂溶液（$0.0025\text{mol} \cdot \text{L}^{-1}$）、HAc-NH$_4$Ac 缓冲溶液（pH = 4.6）、NH$_4$Fe(SO$_4$)·12H$_2$O(s，纯度为 99.0%)。

四、操作步骤

(1) 配制 $0.025\text{mol} \cdot \text{L}^{-1}$ 硫酸高铁铵溶液 100mL。

(2) 配制混合液

按下表规定的计量配制各种体积比的混合液（缓冲溶液，$0.0025 mol \cdot L^{-1}$ 铁钛试剂溶液由实验室配制）。

溶液编号	1	2	3	4	5	6	7	8	9
$V(Fe^{3+})$/mL	4.0	4.0	4.0	4.0	4.0	4.0	4.0	4.0	0
V(铁钛)/mL	0	2.0	2.5	3.0	3.5	4.0	5.0	6.0	10.0
V(缓冲)/mL	10	10	10	10	10	10	10	10	10
V(总)/mL	50	50	50	50	50	50	50	50	50

（3）最大吸收波长 λ_{max} 的选定

将上述溶液中的 1 号、9 号及颜色最深的溶液（编号 Y）分别倒入 3cm 比色皿中（被测液约占比色皿的 3/4），以去离子水为空白，在 $480 \sim 700nm$ 波长范围内每隔 20nm 测一次消光值，记于下表内，从而找出 λ_{max}。

λ_{max} 的选定方法是：从 E-λ 值中，取 1 号、9 号 E 值最小，而颜色深的溶液（Y 号）E 值最大，此时对应的 λ 值为 λ_{max}。

λ/nm								
E_1								
E_y								
E_9								

$\lambda_{max} = $ _____ nm

（4）在所选定的 λ_{max} 条件下（即分光光度计单色波长选定在 λ_{max} 位置上），测定 1～8 号的消光值，记录于下表中。

溶液编号	1	2	3	4	5	6	7	8
E								

（5）关闭仪器开关，切断电源，整理、清洗实验仪器。

五、结果与数据处理

（1）数据记录

按要求将实验测得数据填入有关表内。

（2）数据处理

$K^{\ominus}$ 值计算：以 $1/(E-E_A)$（E_A 在本实验中即 E_1）对 $1/[B]$ 作图，验证是否为直线。如果不为直线，则用 $1/(E-E_A)$ 对 $1/[B]^2$ 作图，再进行验证，依次类推。得到直线后，可确定 n 值，按式（32-5）即可求得配合物的平衡常数 $K^{\ominus}$。

思 考 题

（1）在什么条件下才能用本实验方法测定配合物的组成及平衡常数？

（2）为什么在测定前要选择最大吸收波长 λ_{max}？

（3）为什么要在混合液中加缓冲溶液？

实验 33　液体饱和蒸气压的测定

一、实验目的

（1）明确液体饱和蒸气压的定义及液体两相平衡的概念；

（2）掌握用静态法测定液体饱和蒸气压的操作方法；

（3）了解纯液体的饱和蒸气压与温度的关系，即克劳修斯-克拉贝龙（Clausius-Clapeyron）方程式的意义；

（4）学会用图解法求液体的平均摩尔气化热和正常沸点。

二、实验原理

在一定温度下（距离临界温度较远时），纯液体与其蒸气达平衡时的蒸气压称为该温度下液体的饱和蒸气压，简称为蒸气压。蒸发单位物质的量的液体所需的热量称为该温度下液体的摩尔气化热，用"$\Delta_{vap}H_m$"表示。

根据克劳修斯-克拉贝龙方程：

$$\lg p_{蒸气} = -\frac{\Delta_{vap}H_m}{2.303R} \cdot \frac{1}{T} + c \tag{33-1}$$

式中　$p_{蒸气}$——纯液体的饱和蒸气压，Pa；

$\Delta_{vap}H_m$——纯液体的摩尔气化热，$J \cdot mol^{-1}$；

R——摩尔气体常数，$J \cdot mol^{-1} \cdot K^{-1}$；

c——积分常数。

以 $\lg p_{蒸气}$ 对 $\frac{1}{T}$ 作图，应为一条直线，其斜率为 $-\frac{\Delta_{vap}H_m}{2.303R}$，由此可以计算纯液体的摩尔气化热。

测定液体饱和蒸气压的方法很多，本实验采用的静态法，是在某一温度下直接测量饱和蒸气压的方法，此法一般适用于蒸气压比较大的液体。本实验所用仪器称为纯液体饱和蒸气压测定装置，如图 6-9 所示。

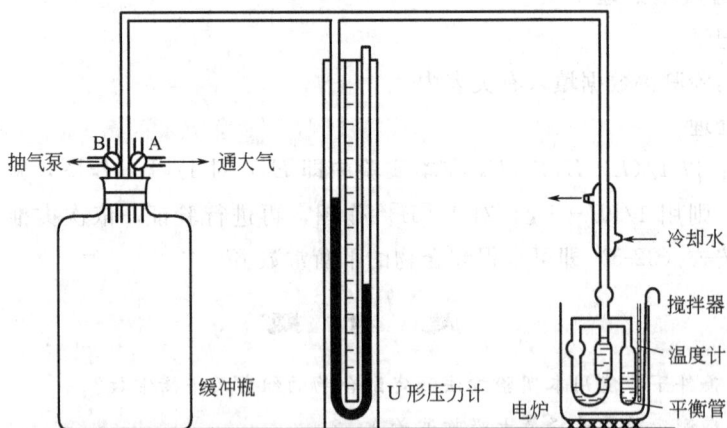

图 6-9　纯液体饱和蒸气压测定装置

三、仪器与试剂

仪器：纯液体饱和蒸气压测定装置一套、电炉一个、水银温度计（50～100℃）一支、烧杯（2000mL）烧杯一个、真空泵、气压计。

试剂：无水乙醇（A.R.）。

四、操作步骤

（1）向平衡管中装入液体

平衡管如图 6-10 所示。将平衡管放在烘箱中或在酒精灯上烘热，以赶出管内部分空气。将无水乙醇从 c 管管口灌入，管子冷却后，部分液体可流入 a 管。然后将平衡管与抽气系统按图 6-10 所示接好，加热、抽气，降低 a 管中的压力 300～400mmHg[注1]，再借大气压力将液体压于 a 管，一次不成多抽两次。使液体灌入 a 管的 2/3，b 管和 c 管中要留有足够的液体。

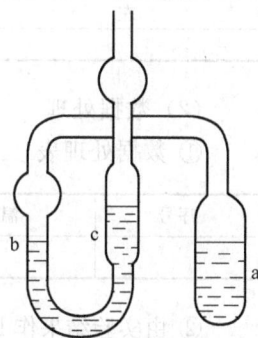

图 6-10　平衡管示意图

（2）装置仪器

如装置图 6-10 所示，装好每一个仪器，检查各接口处密封情况。装置中的平衡管由 3 个相互连接的玻璃管 a、b、c 组成，a 管贮存液体，b 和 c 管底部相通。可见，a、b 管上纯粹是待测液体的蒸气压，c 管上是外压。当 b 管和 c 管的液面处于同一高度时，表示加在 b 管上的蒸气压与加在 c 管上的外压相等，此刻的温度即该外压下的沸点。用实验时的大气压值减去压力计两边水银柱的高度差，即为该温度下的饱和蒸气压。

（3）检查系统气密性

关闭通大气活塞 A，旋转三通活塞 B 使系统与真空泵相通，开动真空泵，抽气减压至 U 型压力计两边汞柱压差为 200～300mmHg 时，关闭活塞 B，使系统与真空泵和大气皆不相通。观察 U 型压力计两边的汞柱高度有无变化，如汞面高度能在数分钟内维持不变，则表明系统不漏气。否则应逐段检查，消除漏气原因。在检查漏气过程中，熟悉 A、B 两个三通活塞阀的开关方向。

（4）测定大气压下的沸点

旋转三通活塞 A 使体系与大气相通，打开冷凝水，将水浴加热，注意平衡管要全部浸入水中。随着加热温度的升高，平衡管中开始有气泡产生，这说明空气开始排出。当水浴达到 79～80℃时停止加热，不断搅拌水浴，待温度降到一定程度，c 管不再有气泡冒出，b 管液面上升（同时 c 管液面下降），此时要特别注意，当两管的液面达到同一水平时，立刻记下此时的温度和大气压。

立刻加热水浴，使温度重新上升，重复以上操作。若 3 次结果一致，即进行下面实验。

（5）饱和蒸气压的测定

大气压实验做完后，为防止空气倒灌 a 管，立刻关闭通大气活塞 A，打开通真空泵活塞 B，使体系压力降低 50mmHg 左右（即 U 型压力计两汞柱高度相差 50mm），关闭活塞 B。此时液体重新沸腾，不断搅拌使水浴冷却，当 b、c 两管液面等高时，立刻记录温度，压力计水银柱高度可以在测温之前读数（为什么？）。

（6）重复操作（5），每次减压约 50mmHg，直到两汞柱相差 400mmHg，停止实验，此时需再读一次大气压值。

五、结果与数据处理

（1）数据记录

气压计读数		mmHg		室温		℃
U 型压力计零点	左		mmHg	右		mmHg

U 型压力计读数/mmHg			温度/℃
左	右	汞柱差	

（2）数据处理

① 数据处理表

序号	温度/℃	$(1/T)\times10^3/K$	$p_{蒸汽}/Pa$	$\lg p_{蒸汽}/[Pa]$

② 由实验结果作 $\lg p_{蒸汽}\sim 1/T$ 图，求斜率和截距，然后将 $p_{蒸汽}$ 和 T 的关系式写成 $\lg p_{蒸汽}=-A/T+B$ 的形式，在此图中求外压力为 101.325kPa 时的沸点。

③ 计算乙醇的摩尔气化热 $\Delta_{vap}H_m$。

注释

[1] 压力单位 mmHg 已废止。但为了便于读取 U 形压力计读数，现仍使用，1mmHg＝133.322Pa。

思 考 题

（1）为什么要将 a、b 弯管中的空气排净？如何判断空气已经被赶净？怎样防止空气倒灌？

（2）何时读取 U 型压力计两边汞柱的压差数值，所读数值是否是乙醇的饱和蒸气压？

（3）在本实验中，所用的每件测量仪器的精度是多少？引起误差的因素有哪些？最后得到的摩尔气化热应保留几位有效数字？

实验 34 电动势的测定及其应用

一、实验目的
（1）掌握电位差计的测量原理和使用方法；

（2）测定化学电池的电动势；

（3）用电位滴定法测定溶液中银离子浓度。

二、实验原理
（1）电池电动势的测定

电池由正、负（或阴、阳）两极组成，在放电过程中正极（阴极）发生还原反应，负极（阳极）发生氧化反应。如果电池反应是自发的，则电池的电动势为正。电池电动势是正、负两极电势之差：

$$E＝\varphi_{右}-\varphi_{左} \tag{34-1}$$

现以丹尼耳电池为例：

$$\text{Zn} \,|\, \text{Zn}^{2+}(a_1) \,\|\, \text{Cu}^{2+}(a_2) \,|\, \text{Cu}$$

负极进行氧化反应:

$$\text{Zn} \longrightarrow \text{Zn}^{2+} + 2e$$

$$\varphi_{左} = \varphi_{左}^{\ominus} + \frac{RT}{2F} \ln a_{\text{Zn}^{2+}} \tag{34-2}$$

正极进行还原反应:

$$\text{Cu}^{2+} + 2e \longrightarrow \text{Cu}$$

$$\varphi_{右} = \varphi_{右}^{\ominus} + \frac{RT}{2F} \ln a_{\text{Cu}^{2+}} \tag{34-3}$$

电池反应:

$$\text{Zn} + \text{Cu}^{2+} \longrightarrow \text{Cu} + \text{Zn}^{2+}$$

电池的电动势

$$E = E^{\ominus} - \frac{RT}{2F} \ln \frac{a_{\text{Zn}^{2+}}}{a_{\text{Cu}^{2+}}} \tag{34-4}$$

式中，$\varphi_{左}$ 和 $\varphi_{右}$ 分别为锌电极和铜电极的标准还原电势；$a_{\text{Zn}^{2+}}$ 和 $a_{\text{Cu}^{2+}}$ 分别为电解质 (即 ZnSO_4 和 CuSO_4) 的平均活度。

本实验测定下列电池的电动势。

$$\text{Hg} \,|\, \text{Hg}_2\text{Cl}_2(\text{s}) \,|\, \text{KCl}(饱和) \,\|\, \text{AgNO}_3(0.2\text{mol} \cdot \text{L}^{-1}) \,|\, \text{Ag}$$

电池的电动势 E 为

$$E = \varphi_{\text{Ag}^+/\text{Ag}} - \varphi_{饱和甘汞} \tag{34-5}$$

若 $\varphi_{饱和甘汞}$ 已知，则可计算 $\varphi_{\text{Ag}^+/\text{Ag}}$。

由测得的 E 还可分别计算电池反应的 Gibbs 函数差 ΔG。

$$\Delta G = -nFE \tag{34-6}$$

(2) 电位滴定测定银离子浓度

在一般容量分析中用指示剂的颜色改变来判断终点，但当待测溶液本身有颜色时，就不能凭借观察指示剂的颜色变化来判断滴定终点。电化学提供了一种方法，它不用变色指示剂，而用电动势的变化来指示滴定终点，此即"电位滴定"。

将银丝插入 AgNO_3 溶液中组成半电池，则银电极电势将与溶液中的 Ag^+ 的活度符合能斯特 Nernst 公式。

在 25℃时

$$\varphi_{\text{Ag}} = \varphi_{\text{Ag}}^{\ominus} + 0.0591 \lg a_{\text{Ag}^+} \tag{34-7}$$

若以 NaCl 溶液滴定 AgNO_3 溶液，其反应为

$$\text{Ag}^+ + \text{Cl}^- \longrightarrow \text{AgCl}(\text{s})$$

由于溶液中 a_{Ag^+} 的改变，使 φ_{Ag} 也随之变化，因此银电极电势的变化反映着溶液中 Ag^+ 的浓度变化。一般把因电势变化反映出待测溶液中离子浓度变化的电极称为指示电极。

开始滴定时，溶液中 a_{Ag^+} 的变化幅度不大，指示电极电势变化缓慢。即将达到等当点时，极少量 NaCl 溶液的加入都会引起 a_{Ag^+} 的急剧变化。从而使指示电极电势发生突跃。

由于单个电极的电势无法直接测量，必须用一个电势已知的参比电极作比较，与指示电极组成电池，然后用电位计测定该电池的电动势。参比电极的电势在滴定过程中是稳定不变的，指示电极电势的变化导致电池电动势的变化可由电位计读数直接反映出来。

若将测得的电动势 E 与加入标准溶液的体积 (mL) 作图，可得滴定曲线，由曲线上电

势突变的位置找出等当点。

三、仪器与试剂

(1) 电池电动势的测定

仪器：电位差计、检流计、惠斯登标准电池、稳压电源、饱和甘汞电极、银电极、铂电极、半电池杯、U 型玻璃管、量筒、烧杯。

试剂：琼脂、$NH_4NO_3(s)$、$AgNO_3$ 溶液（$0.02mol \cdot L^{-1}$）、KCl 溶液（饱和）。

(2) 电位滴定测定银离子浓度

仪器：UJ25 型电位计全套、银电极 1 个、饱和甘汞电极 1 支、烧杯（100mL）1 个、烧杯（50mL）1 个、量筒 1 支、玻璃搅拌棒 1 根、洗耳球 1 个、饱和 KCl 盐桥 1 个、水磨砂纸。

试剂：$AgNO_3$ 溶液（未知浓度）、NaCl 标准溶液（$0.1mol \cdot L^{-1}$）、KCl 溶液（饱和）。

四、操作步骤

(1) 电池电动势的测定

① 制备盐桥。量取 25mL 蒸馏水，置于小烧杯内，加入 0.5g 琼脂（撕碎），放在电炉上加热。待基本溶解，停止加热，加入 4g NH_4NO_3，搅拌使其完全溶解，趁热倒入 U 型玻璃管中，冷凝后即可使用。共制两个盐桥[注1]。

② 准备电极

a. 饱和甘汞电极。检查甘汞电极中是否有适量的 KCl(饱和) 溶液，如没有应加入。取一干净半电池杯，用 KCl 饱和溶液冲洗两遍，加入 KCl 饱和溶液至杯内 1/3 处。并将甘汞电极上的橡皮套取下，用 KCl 冲洗后插入半电池杯的溶液中。

b. 银电极。取一干净半电池杯，用 $0.02mol \cdot L^{-1}$ $AgNO_3$ 溶液冲洗两遍，将 $AgNO_3$ 溶液加至 1/3 处，插入用 $AgNO_3$ 溶液冲洗净的 Ag 电极。

③ 检查仪器。将所有开关都置于"关"的位置。按 3.3.4 中的要求连接线路。经教师检查后再接通电源。

④ 对仪器进行标准化。详细操作见 3.3.4 中电位差计的使用方法。

⑤ 测电池的电动势。将被测电池接在线路中，将检流计的分流器开关置于 0.1 挡，测量两次，取平均值。

⑥ 测量完毕，先关闭各仪器，拔下电源插头，拆除线路，将仪器复原，洗净电极。

(2) 电位滴定测定银离子浓度

① 用砂纸将银电极打光，并用少量 $AgNO_3$ 溶液冲洗，然后按图 6-11 连好实验装置。（$AgNO_3$ 溶液先不放入。）

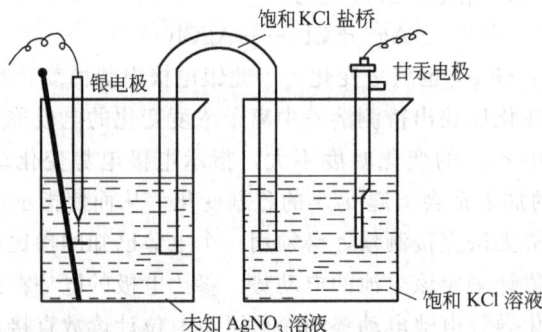

图 6-11　电动势实验装置图

② 参照 3.3.4 和 3.3.3 介绍的方法将电位计、检流计[注2]、标准电池、稳压电源、实验装置的线路接好，经教师检查后方可开启电源。

③ 按 3.3.4 方法调节工作电流。

④ 用 10mL 移液管吸取 10mL 未知浓度 $AgNO_3$ 溶液，移入 100mL 烧杯中，量取 40mL 去离子水冲稀、搅拌。

⑤ 银电极与电位计正极相连，饱和甘汞电极与电位计负极相连。

⑥ 测定此时电池的电动势，即未加入 NaCl 标准溶液的电池电动势，在测量电池电动势时工作电流绝对不可变动。

⑦ 按下表依次加入 NaCl 标液，搅拌均匀后测其电动势，记录实验值。

V_{NaCl}/mL	2	2	2	2	1	0.5	0.5	0.5	0.5	2	2
E/V											

⑧ 实验完毕，洗净银电极和烧杯。

五、结果与数据处理

（1）电池电动势的测定

① 求 $\varphi_{Ag^+/Ag}$[注3]。

② 计算 ΔG_a、ΔG_b（$n=1$）。

（2）电位滴定测定银离子浓度

① 计算室温下标准电池的电动势和甘汞电极的电极电位：

$$E_{标准}=E_{20}[1-4.06\times10^5(T-20)-9.5\times10^7(T-20)]$$

$$\varphi_{甘汞}=0.2415-0.00065(T-25)$$

② 以实验测得的 E 对 V_{NaCl} 作图，求 $AgNO_3$ 溶液浓度。

$$c_{AgNO_3}=\frac{c_{NaCl}\cdot V_{NaCl}}{V_{AgNO_3}} \tag{34-8}$$

注释

[1] 制备盐桥时溶液一定要倒满，在管口处呈凸出状，U 型管内不能有气泡。

[2] 光电检流计是十分灵敏的仪器，使用过程中务必爱护，避免损坏。检流计电源有两档："220V" 和 "6V"，实验前将开关扳到 "6V"。接通电源后，即有光点出现；若无光点，可将分流器开关调到 "直接" 档，同时调零，使光点位于刻度盘 "0" 处。

检流计有 3 个灵敏度档，应从灵敏度最低档（$\times0.01$）开始观测，如光点偏转不大可以提高一档灵敏度（$\times0.1$），直到灵敏度最高一档（$\times1$）光点不偏转为止。

检流计用毕，应将分流开关扳到 "短路"，以保护检流计。

[3] $\varphi_{饱和甘汞}=0.2412-0.00076(T-25)$，$T$ 为实验时的摄氏温度。

思 考 题

（1）补偿法测电动势的基本原理是什么？为什么用伏特计不能准确测定电池电动势？

（2）盐桥起什么作用？什么样的电解质可用作盐桥的电解质？

（3）电位计、标准电池、检流计和稳压电源各有什么作用？

（4）在测定电动势过程中，若检流计总向一个方向偏转。可能是哪些原因造成的？

实验 35　蔗糖水解反应速率常数的测定

一、实验目的

（1）测定蔗糖在盐酸催化下的水解反应速率常数，验证此反应为准一级反应，并计算反应活化能；

（2）了解旋光仪的原理及使用方法。

二、实验原理

蔗糖水溶液在有氢离子存在时，将发生如下水解反应：

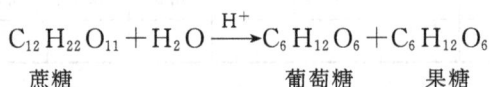

$$C_{12}H_{22}O_{11}+H_2O \xrightarrow{H^+} C_6H_{12}O_6+C_6H_{12}O_6$$

蔗糖　　　　　　　　　　葡萄糖　　　果糖

水解速率与氢离子、蔗糖和水的浓度有关。当氢离子浓度一定，且水量较大时，反应过程中水的浓度变化很小，两者皆可视为常数，所以反应可按准一级反应处理，则

$$-\mathrm{d}c/\mathrm{d}t=kc_{蔗糖} \tag{35-1}$$

令 c_0 为反应开始时的蔗糖浓度，c 为时间 t 时的蔗糖浓度，对式（35-1）积分，得

$$k=(1/t)\ln(c_0/c) \tag{35-2}$$

测定不同时间的蔗糖浓度，代入式（35-2）即可求出该条件下的反应速率常数 k。

蔗糖浓度的测定是根据蔗糖具有旋光性。因为蔗糖是右旋的，水解后产生的果糖是左旋的，葡萄糖也是右旋的，但果糖的旋光强度大于葡萄糖，故水解进行中混合液的右旋光度逐渐变小，最后变为左旋，依据旋光度的线性及加合性，可确定出水解过程中蔗糖浓度的变化关系。

若反应时间分别为 0、t、∞ 时，溶液的旋光度各为 α_0、α_t、α_∞。则

$$c_0=k(\alpha_0-\alpha_\infty) \tag{35-3}$$

$$c=k(\alpha_t-\alpha_\infty) \tag{35-4}$$

将式（35-3）、式（35-4）代入式（35-2）中可得

$$\ln(\alpha_t-\alpha_\infty)=-kt+\ln(\alpha_0-\alpha_\infty) \tag{35-5}$$

式（35-5）表明，以 $\ln(\alpha_t-\alpha_\infty)$ 对 t 作图可得一直线，由直线的斜率可求得反应速率常数 k。

三、仪器与试剂

仪器：旋光仪一台、超级恒温槽一套、水浴锅一个、秒表一只、移液管（25mL）两支、带盖锥形瓶（100mL）3 个、滤纸、镜头纸。

试剂：蔗糖溶液（20%）、盐酸（$2mol \cdot L^{-1}$）。

四、操作步骤

（1）了解旋光仪的原理与使用方法。

用蒸馏水测定仪器的零点，反复测量几次，直到熟练地辨别三分视野的消失，找到等暗面，学会正确读数。倒出样品管中的蒸馏水。

（2）将超级恒温槽的温度调到指定的温度（30℃或35℃）。

（3）用 25mL 移液管移取 25mL 蔗糖溶液，置于 100mL 干燥的带盖锥形瓶中；用移液

管取 25mL 2mol·L^{-1}盐酸溶液，置于另一个 100mL 干燥的带盖锥形瓶中，将两个锥形瓶放入超级恒温槽的水浴内。

（4）用两支移液管分别取 25mL 蔗糖溶液及 25mL 2mol·L^{-1}盐酸溶液，置于一个干燥的 100mL 带盖锥形瓶内，混合均匀。将此锥形瓶置于 50～60℃水浴内加热 30min 后取出，冷却至室温，放入超级恒温槽的水浴中保温，准备测 α_∞ 用。

（5）当步骤（3）中准备的两份溶液恒温达 10min 以上时，取出两个锥形瓶，将盐酸溶液倒入蔗糖溶液中，迅速将混合液在两个锥形瓶中反复倒两次，同时启动秒表开始记时（以后秒表不得停止）。用少量混合液迅速将样品管（200mm）洗 3 次，然后装满样品管，盖好玻璃片，旋好压紧螺帽，检查无泄漏后，擦干净，将气泡赶至扩大部分，放入旋光仪，调节螺旋找到等暗面，先记下秒表上的准确时间，迅速将样品管放入。大约 5min、10min、15min、20min、30min、50min 和 74min 把样品管从恒温槽中取出各测一次，并记录准确时间（注意：随着反应的进行，旋光度值逐渐变小，当跨过零点后，旋光度值为仪器表盘读数减去 180°所得的差值）。在每次测定之前，须把样品管，特别是样品管两端的测量孔擦干净，注意管中气泡的位置，测定过程操作要迅速准确。

（6）倒出上述反应液，用步骤（4）准备好的测 α_∞ 溶液（已恒温 10min 以上）将样品管洗 3 次，然后装满样品管，测定 α_∞。

（7）实验结束后，将样品管、玻璃片、压紧螺帽的内外洗净擦干。由于蔗糖水解混合液的酸度较大，易腐蚀仪器，故在使用时要注意防止反应液沾污仪器，使用完毕时必须擦净。

五、结果与数据处理

（1）将实验结果填入表内。

实验温度：　　　　℃　　　　　　　　　　　　　　　　α_∞/（°）：

反应时间 t/s	α_t/（°）	$\alpha_t - \alpha_\infty$/（°）	$\ln(\alpha_t - \alpha_\infty)$

（2）数据处理

① 以 $\ln(\alpha_t - \alpha_\infty)$ 对 t 作图，由所得直线的斜率求 k 值，并计算反应半衰期。

② 利用另一温度下的 k 值，计算活化能。

思　考　题

（1）实验中利用蒸馏水来校正旋光仪的零点，试问蔗糖转化反应过程中所测的旋光度 α_t 是

143

否需零点校正？为什么？

（2）测定 α_t 与 α_∞ 是否要用同一根试样管，为什么？

（3）使用旋光仪时以三分视野消失且较暗的位置读数，能否以三分视野消失且较亮的位置读数？你认为哪种读法更准确？为什么？

实验 36　表面活性剂临界胶束浓度（CMC）的测定

一、实验目的
掌握电导法测定离子型表面活性剂临界胶束浓度的原理和方法。

二、实验原理
在表面活性剂溶液中，当浓度增大到一定值后，表面活性剂离子或分子将发生缔合而生成胶束。对于表面活性剂，其溶液开始形成胶束的浓度称为该表面活性剂的临界胶束浓度，简称 CMC。随着胶束的形成，表面活性剂溶液的许多物理化学性质，如表面张力、电导率等都将发生突变。本实验采用电导法，通过测定离子型表面活性剂溶液的电导率随浓度的变化关系，来确定 CMC。

三、仪器与试剂
仪器：电导率仪、DJS-1 型铂黑电极、WMZK-01 型温度指示控制仪、恒温槽、移液管（50mL、20mL、10mL）各两支、锥型瓶（50mL）两个、洗耳球一个。

试剂：十二烷基硫酸钠溶液（30.00mol·L^{-1}）。

四、操作步骤
（1）按下面记录表配制不同浓度的十二烷基硫酸钠溶液。

（2）调节恒温槽的温度至 25℃。

（3）按浓度由低到高依次测量各溶液的电导率。测量时将待测溶液注入锥形瓶，然后将锥形瓶放入恒温槽，恒温约 3min 后再测量电导率。

五、结果与数据处理
（1）将测量数据填入记录表。

编　号	溶液的配制		浓度/mmol·L^{-1}	电导率/μS^{-1}·cm^{-1}
	原液/mL	水/mL		
1	100	0	30.00	
2	90	10	27.00	
3	80	20	24.00	
4	70	30	21.00	
5	60	40	18.00	
6	50	50	15.00	
7	40	60	12.00	
8	30	70	9.00	
9	25	75	7.50	
10	20	80	6.00	
11	10	90	3.00	
12	5	95	1.50	

144

（2）绘制电导率与浓度关系图，从图中求出 CMC。

思 考 题

（1）何谓 CMC？
（2）表面活性剂的哪些性质与 CMC 有关？

7 制备实验

实验37　高锰酸钾的制备

一、实验目的
(1) 了解由 MnO_2 制备 $KMnO_4$ 的原理及方法；
(2) 熟悉碱熔融法、过滤、蒸发和结晶等操作。

二、实验原理
MnO_2 在较强氧化剂（如 $KClO_3$）存在下与碱共熔，可制得 K_2MnO_4：

$$3MnO_2 + 6KOH + KClO_3 = 3K_2MnO_4 + KCl + 3H_2O$$
K_2MnO_4 在酸性介质中（如加酸或通 CO_2 气体）易发生歧化反应，生成 MnO_2 和 $KMnO_4$：

$$2CO_2 + 3K_2MnO_4 = 2KMnO_4 + MnO_2 + 2K_2CO_3$$
滤去 MnO_2 固体，将溶液蒸发浓缩，即析出 $KMnO_4$ 晶体。

三、仪器与试剂
仪器：托盘天平、铁坩埚、坩埚钳、铁搅拌棒、玻璃砂漏斗、吸滤瓶、循环水泵、蒸发皿、烧杯（400mL、250mL）、表面皿、启普发生器、酒精灯。

试剂：$MnO_2(s)$、$KClO_3(s)$、$KOH(s)$、pH 试纸、$CaCO_3(s)$、盐酸。

四、操作步骤
(1) MnO_2 的熔融、氧化

称取 10g 固体 KOH 和 5g 固体 $KClO_3$，放入铁坩埚中，用铁搅拌棒将物料混合均匀，小火加热。待混合物熔融后，边搅拌边将 5g 固体 MnO_2 分多次小心地加入铁坩埚中。随着反应的进行，熔融物黏度逐渐增大，用力搅拌以防结块或粘在坩埚壁上。待反应物干后，升高温度，强热 $5\sim10min$，在此过程中用铁搅拌棒将熔块尽量捣碎。

(2) 浸取

待物料冷却后，将坩埚放在盛有 $150\sim200mL$ 蒸馏水的 400mL 烧杯中共煮，待熔融物全部溶解，小心地用坩埚钳取出坩埚。

(3) K_2MnO_4 的歧化

趁热向浸取液中通 CO_2 气体至 K_2MnO_4 全部歧化为止（用 pH 试纸检查溶液 pH 值为 $10\sim11$，或者用玻璃棒把溶液沾在滤纸上，滤纸上只呈现紫红色而无绿色痕迹）。静置片刻，用玻璃砂漏斗抽滤。

(4) 滤液的蒸发、结晶

将滤液转移到蒸发皿中，小火加热。当浓缩至液面开始析出 $KMnO_4$ 晶膜时，停止加热。自然冷却，结晶。用玻璃砂漏斗抽滤，尽可能将 $KMnO_4$ 晶体抽干。

（5）$KMnO_4$ 晶体的干燥

将晶体转移至已知质量的表面皿中，用玻璃棒将晶体分散开，放入烘箱中，80℃下干燥 0.5h。冷却后称重，计算产率。

思考题

（1）用 MnO_2 制 $KMnO_4$ 能否使用瓷坩埚？为什么？

（2）可否用加盐酸或通氯气的方法，代替向 K_2MnO_4 溶液中通 CO_2 气体？与通氯气的方法相比，通 CO_2 的方法有何缺点？

（3）为什么要用玻璃砂漏斗过滤 $KMnO_4$ 溶液？是否可用布氏漏斗？

（4）$KMnO_4$ 与 MnO_2 抽滤分离后，如何除去留在玻璃砂漏斗中的 MnO_2？

实验 38　硫酸亚铁铵的制备

一、实验目的
（1）了解复盐的制备方法；
（2）练习过滤、蒸发、结晶等基本操作；
（3）了解目视比色检验产品质量的方法。

二、实验原理
金属铁与稀硫酸反应生成 $FeSO_4$，$FeSO_4$ 与等物质的量的 $(NH_4)_2SO_4$ 在水溶液中相互作用，生成溶解度较小的硫酸亚铁铵 $[FeSO_4 \cdot (NH_4)_2SO_4 \cdot 6H_2O]$ 复盐晶体：

$$Fe + H_2SO_4 = FeSO_4 + H_2 \uparrow$$
$$FeSO_4 + (NH_4)_2SO_4 + 6H_2O = FeSO_4 \cdot (NH_4)_2SO_4 \cdot 6H_2O$$

该复盐称为摩尔盐，较一般简单的亚铁盐稳定，在空气中不易被氧化，是常用的亚铁离子试剂。

三、仪器与试剂
仪器：托盘天平、布氏漏斗、吸滤瓶、循环水泵、比色管（5.0mL）、蒸发皿、表面皿、烧杯。

试剂：HCl 溶液（2mol·L^{-1}）、H_2SO_4 溶液（1mol·L^{-1}）、NaOH 溶液（2mol·L^{-1}）、Na_2CO_3 溶液（10%）、$BaCl_2$ 溶液（1mol·L^{-1}）、KSCN 溶液（1mol·L^{-1}）、Fe^{3+} 标准溶液、铁屑、$(NH_4)_2SO_4(s)$、pH 试纸。

四、操作步骤
（1）铁屑表面的处理
在托盘天平上称取 4.0g 铁屑，为去除表面的油污，将其放入小烧杯中，加入 20mL 10% Na_2CO_3 溶液，小火加热 10min。倾出碱液，用水将铁屑洗净。

（2）硫酸亚铁的制备
在盛有铁屑的烧杯中加入 20mL 3mol·L^{-1} H_2SO_4 溶液，水浴加热，加热过程中注意补充蒸发的水分，以防 $FeSO_4$ 结晶析出。待反应速率明显减慢（约 30min），趁热进行减压过滤。如果滤纸上有 $FeSO_4 \cdot 7H_2O$ 晶体析出，可用少量热的蒸馏水冲洗滤纸，使晶体溶解。将滤液转移至蒸发皿中，此时溶液的 pH 值应大约为 1。以少量水冲洗未反应完的铁屑和残渣，用滤纸吸干后称重，计算实际参加反应的铁的质量。

（3）硫酸亚铁铵的制备

按照实际用铁量，根据反应方程式计算 $(NH_4)_2SO_4$ 的需用量［考虑到过滤等操作中 $FeSO_4$ 的损失，$(NH_4)_2SO_4$ 的用量大致可按生成 $FeSO_4$ 理论产量的 80％ 计算］。室温下将称出的 $(NH_4)_2SO_4$ 固体配成饱和溶液[注1]加到 $FeSO_4$ 溶液中，混合均匀，用 $1mol \cdot L^{-1}$ H_2SO_4 溶液将 pH 值调节为 1～2。加热蒸发，待溶液表面出现晶膜时，静置，自然冷却至室温，得到浅蓝绿色的 $FeSO_4 \cdot (NH_4)_2SO_4 \cdot 6H_2O$ 晶体。减压过滤，用滤纸将晶体表面水分吸干，称重，计算产率。

（4）产品检验及 Fe^{3+} 的限量分析

设法通过实验证明产品中含有 Fe^{2+}、NH_4^+、SO_4^{2-}。

标准溶液的配制：在三支比色管中分别加入含有下列数量 Fe^{3+} 的标准溶液各 3.0mL，加入 0.4mL $2mol \cdot L^{-1}$ HCl 和 1 滴 $1mol \cdot L^{-1}$ KSCN 溶液，再加入不含 O_2 的蒸馏水至刻度，摇匀。

① 含 Fe^{3+} 0.10mg（符合一级试剂）；

② 含 Fe^{3+} 0.20mg（符合二级试剂）；

③ 含 Fe^{3+} 0.40mg（符合三级试剂）。

称取 0.2g 产品置于 5.0mL 比色管中，用少量不含 O_2 的蒸馏水溶解。加入 0.4mL $2mol \cdot L^{-1}$ HCl 和 1 滴 $1mol \cdot L^{-1}$ KSCN 溶液，再加不含 O_2 的蒸馏水至刻度，摇匀。将所得溶液和上述标准溶液比较，以确定 Fe^{3+} 的含量符合哪一级试剂的规格标准。

注释

[1] 在不同温度下的溶解度（$g/100gH_2O$）数据表：

物　　质	10℃	20℃	30℃	40℃	60℃	70℃	80℃
$(NH_4)_2SO_4$	73.0	75.4	78.0	81.0	88.0	—	95.3
$FeSO_4 \cdot 7H_2O$	45.17	62.11	82.73	110.27	—	266	
$(NH_4)_2SO_4 \cdot FeSO_4 \cdot 6H_2O$	—	41.36	—	62.26	92.49	—	139.48

思　考　题

（1）为什么要保持硫酸亚铁和硫酸亚铁铵的溶液具有较强的酸性？

（2）如何计算 $FeSO_4$ 的理论产量及所需 $(NH_4)_2SO_4$ 固体的用量？

（3）怎样用实验证明产品中有 Fe^{2+}、NH_4^+、SO_4^{2-}？

（4）在检验产品中 Fe^{3+} 含量时，为什么要用不含 O_2 的蒸馏水溶解样品？

实验 39　环己烯的制备

一、实验目的

（1）学习以浓磷酸或浓硫酸催化环己醇脱水制备环己烯的原理和方法；

（2）了解分馏原理，初步掌握分馏的基本操作及分液漏斗的使用。

二、实验原理

烯烃是重要的有机化工原料，石油裂解是工业上制备烯烃的主要方法。实验室中制备烯烃，除了采用醇在氧化铝等催化剂存在下高温脱水的方法外，主要是通过酸性条件下的醇脱水和碱性条件下的卤代烷脱卤化氢来实现。

本实验是用环己醇在浓磷酸催化下脱水制备环己烯。

主反应：

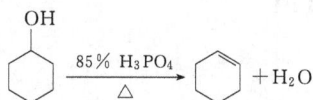

副反应：

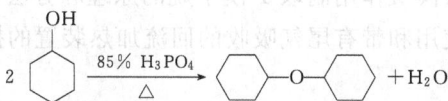

三、仪器与试剂

仪器：圆底烧瓶（50mL）、分馏柱、球形冷凝管、直形冷凝管、温度计（100℃）、锥形瓶、分液漏斗、蒸馏头、小玻璃漏斗、水浴。

试剂：环己醇、H_3PO_4（85%）、NaCl(s)、无水 $CaCl_2$、Na_2CO_3 溶液（5%）。

四、操作步骤

在 50mL 干燥的圆底烧瓶中，加入 10g 环己醇（12.4mL，0.1mol）[注1]、5mL 85% H_3PO_4[注2]，充分摇荡，使它们混合均匀。投入几粒沸石，按图 3-7 安装好分馏装置，用小锥形瓶作接受器（置于冷水浴中）。

缓慢加热反应混合物至沸腾，以较慢速率进行蒸馏，控制分馏柱顶部温度不超过 73℃[注3]。当无液体蒸出时，适当提高加热温度。当温度到达 85℃时，停止加热，馏出液为环己烯和水的浑浊液。

在馏出液中分批加入约 1g NaCl，使之饱和。再加入 3~4 mL 5% Na_2CO_3 溶液，以中和其中的微量酸。然后，将该液体转移至分液漏斗，振摇后静置分层。分出下面的水层，将有机层由上口转入干燥的小锥形瓶中，加入约 2g 无水 $CaCl_2$ 进行干燥[注4]。

将干燥后澄清透明的粗环己烯滤入 30mL 蒸馏瓶中，加入几粒沸石，用水浴加热蒸馏（所用的蒸馏装置必须干燥），收集 82~85℃馏分。产量 4~5g。

环己烯为无色透明液体，沸点：83℃，d_4^{20}：0.8102，n_D^{20}：1.4465。

注释

[1] 环己醇在常温下为黏稠液体，如果用量筒量取，约 12.4mL，应注意转移过程中的损失。也可采用称量法称取。

[2] 脱水剂用磷酸和硫酸均可。磷酸的用量多，是硫酸的 2 倍。但用磷酸的优点在于：其一，反应中不生成炭渣；其二，反应中无刺激性气体产生。

[3] 环己醇和水、环己烯和水都形成二元恒沸物（见附录），前者沸点 97.8℃，后者 70.8℃。为避免环己醇蒸出，温度不宜过高。

[4] 水层应尽可能分离完全，否则将增大无水 $CaCl_2$ 的用量，以致产物更多地被干燥剂吸附而造成损失。本实验中用无水 $CaCl_2$ 作为干燥剂较为适宜，因为它还可以除去少量环己醇。

(1) 以磷酸作脱水剂，与用硫酸作脱水剂相比，有什么优点？

(2) 在制备环己烯的过程中，为什么要控制分馏柱顶部馏出温度不超过 73℃？

(3) 如果实验产率太低，试分析可能主要在哪些操作上造成损失？

实验 40　1-溴丁烷的制备

一、实验目的

(1) 学习以正丁醇与氢溴酸作用制取 1-溴丁烷的原理和方法；

(2) 掌握分液漏斗的使用和带有尾气吸收的回流加热装置的操作。

二、实验原理

实验室制备饱和烃的一卤代衍生物（卤代烷）的最常用方法之一，是用醇和氢卤酸反应。该反应是可逆的，为了提高产率，可以增加醇或氢卤酸的用量，也可及时将卤代烃或水蒸出。本实验是以溴化钠与浓硫酸作用生成过量的溴化氢，并使之与正丁醇反应制取 1-溴丁烷。

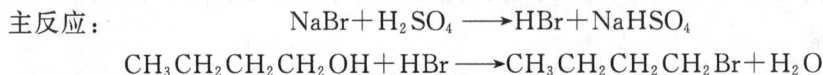

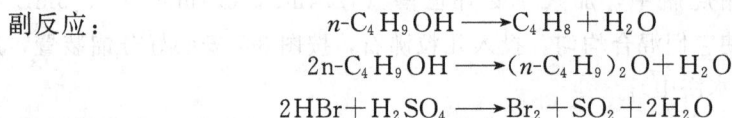

主反应：

$$NaBr + H_2SO_4 \longrightarrow HBr + NaHSO_4$$

$$CH_3CH_2CH_2CH_2OH + HBr \longrightarrow CH_3CH_2CH_2CH_2Br + H_2O$$

副反应：

$$n\text{-}C_4H_9OH \longrightarrow C_4H_8 + H_2O$$

$$2n\text{-}C_4H_9OH \longrightarrow (n\text{-}C_4H_9)_2O + H_2O$$

$$2HBr + H_2SO_4 \longrightarrow Br_2 + SO_2 + 2H_2O$$

三、仪器与试剂

仪器：圆底烧瓶（100mL）、球形冷凝管、直形冷凝管、锥形瓶、分液漏斗、干燥管、小玻璃漏斗、烧杯、弯管、接引管、水浴。

试剂：正丁醇、无水 NaBr、浓 H_2SO_4、Na_2CO_3 溶液（10%）、无水 $CaCl_2$、饱和 $NaHSO_3$ 溶液（备用）。

四、操作步骤

在 100mL 圆底烧瓶中放入 6.2mL（50g）正丁醇及 8.3g 研细的无水 NaBr[注1]和几粒沸石，烧瓶上装回流冷凝管。另外，在一个小锥形瓶内放入 10mL 水，将其放在冷水浴中，边摇荡，边冷却，边慢慢地加入 10mL 浓 H_2SO_4，稀释均匀。将稀释的 H_2SO_4 分 4 次从冷凝管上端加入烧瓶。每加一次都要充分振荡烧瓶，使反应物混合均匀。在冷凝管上口按图 3-1 (c) 连接气体吸收装置[注2]，放在热源上，用小火加热至沸腾，回流 30min[注3]。

回流反应完成后，待反应物稍冷，拆下回流冷凝管，加入几粒沸石，改为蒸馏装置〔见图 3-5(a)〕，进行蒸馏。仔细观察馏出液，直到无油滴蒸出为止[注4]。

将馏出液转移至分液漏斗中，将油层[注5]从下口放入干燥的小锥形瓶中。然后将 4mL 浓 H_2SO_4 分两次加入小锥形瓶，每加一次都要摇动锥形瓶。如果混合物发热，可用冷水浴冷却。将混合物缓缓倒入分液漏斗，静止分层，放出下层的浓硫酸。油层依次用 10mL 水[注6]、5mL 10% Na_2CO_3 溶液及 10mL 水洗涤 3 次。将下层的粗 1-溴丁烷放入干燥的小锥形瓶中，加入 1~2g 无水 $CaCl_2$ 进行干燥，直到液体澄清为止。

使用放有少许脱脂棉的小玻璃漏斗，将干燥后的澄清液滤入 30mL 干燥的烧瓶中，加入几粒沸石，安装好蒸馏装置［见图 3-5（b）］，在石棉网上用小火加热蒸馏，收集 99~102℃馏分。产量约 6.5g。

1-溴丁烷为无色透明液体，沸点：101.6℃，d_4^{20}：1.2798，n_D^{20}：1.4401。

注释

［1］如用含结晶水的 $NaBr(NaBr \cdot 2H_2O)$，可按物质的量进行换算，并相应减少加入水的量。

［2］勿使漏斗全部埋入水中，以免倒吸。在本实验中，由于使用 1∶1 H_2SO_4，回流时如果保持缓和的沸腾状态，很少有 HBr 气体从冷凝管上端逸出。

［3］回流时间太短，反应不完全；回流时间太长，将增加副反应。

［4］用干净的试管或表面皿盛清水，收集馏出液，观察有无油滴。粗 1-溴丁烷约为 7mL。

［5］通常下层为粗 1-溴丁烷，上层为水。若未反应的正丁醇较多，或因蒸馏过久而蒸出一些氢溴酸恒沸液，则液层的相对密度发生变化，油层可能悬浮或变为上层。遇到这种情况，可加清水稀释，使油层下沉。

［6］如水洗后产物仍呈红色，是由于浓 H_2SO_4 的氧化作用生成单质溴，可加入几毫升饱和 $NaHSO_3$ 溶液洗涤除去。

$$2NaBr + 3H_2SO_4(浓) \longrightarrow Br_2 + SO_2 + 2H_2O + 2NaHSO_4$$
$$Br_2 + 3NaHSO_3 \longrightarrow 2NaBr + NaHSO_4 + 2SO_2 + H_2O$$

思 考 题

（1）产物中可能含有哪些杂质及副产物？应怎样减少副反应的发生？

（2）实验中对粗产品进行各步洗涤的目的何在？

实验 41　2-甲基-2-己醇的制备

一、实验目的

（1）学习由卤代烷制备 Grignard 试剂的基本方法；

（2）掌握由 Grignard 试剂制备叔醇的原理、装置和操作。

二、实验原理

醇的制法很多，对于较简单和常用的醇，在工业上主要是通过淀粉发酵和石油裂解中烯烃的催化加水等方法制备。在实验室中，结构复杂的醇主要是通过 Grignard 试剂与醛、酮的加成反应制备。

卤代烷在无水乙醚中与金属镁作用，生成的烷基卤化镁（RMgX）称为 Grignard 试剂。

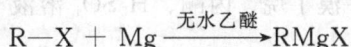

$$R\text{—}X + Mg \xrightarrow{\text{无水乙醚}} RMgX$$

Grignard 试剂能与环氧乙烷、醛、酮、羧酸酯发生加成反应，将加成物进行酸性水解，可分别得到伯、仲、叔醇。例如：

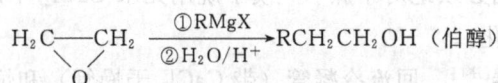

$$H_2C\underset{O}{\overset{\displaystyle}{\diagup\!\!\!\diagdown}}CH_2 \xrightarrow[\text{②}H_2O/H^+]{\text{①}RMgX} RCH_2CH_2OH（伯醇）$$

151

$$\underset{\substack{|\\H}}{\overset{\substack{H\\|}}{C}}=O \xrightarrow[\text{②}H_2O/H^+]{\text{①}RMgX} RCH_2OH \text{（伯醇）}$$

$$\underset{\substack{|\\H}}{\overset{\substack{R\\|}}{C}}=O \xrightarrow[\text{②}H_2O/H^+]{\text{①}RMgX} R_2CHOH \text{（仲醇）}$$

$$\underset{\substack{|\\R}}{\overset{\substack{R\\|}}{C}}=O \xrightarrow[\text{②}H_2O/H^+]{\text{①}RMgX} R_3COH \text{（叔醇）}$$

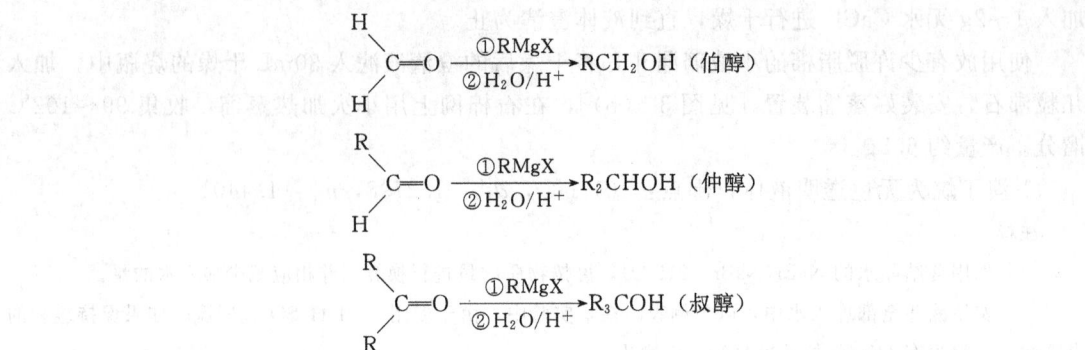

Grignard 试剂的化学性质非常活泼，遇含有活泼氢的化合物（如 HOH、ROH、HX 等）或氧立即分解。例如：

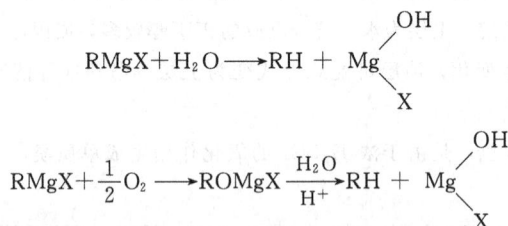

$$RMgX+H_2O \longrightarrow RH + \underset{\substack{|\\X}}{\overset{\substack{OH\\|}}{Mg}}$$

$$RMgX+\frac{1}{2}O_2 \longrightarrow ROMgX \xrightarrow[H^+]{H_2O} RH + \underset{\substack{|\\X}}{\overset{\substack{OH\\|}}{Mg}}$$

因此，Grignard 试剂的反应必须在无水和无氧的条件下进行。否则，通过该反应制备醇的产率很低。

此外，Grignard 试剂的生成及其加成和水解反应，均为放热反应，在实验中必须注意控制加料速度和反应温度等条件。

本实验以 1-溴丁烷为起始原料制备 Grignard 试剂，然后使 Grignard 试剂与丙酮的加成产物发生酸性水解，从而制备 2-甲基-2-己醇。

主反应：

$$CH_3CH_2CH_2CH_2Br+Mg \xrightarrow{\text{无水乙醚}} CH_3CH_2CH_2CH_2MgBr$$

$$CH_3CH_2CH_2CH_2MgBr + \underset{\substack{\|\\O}}{CH_3CCH_3} \xrightarrow{\text{无水乙醚}} \underset{\substack{|\\OMgBr}}{CH_3CH_2CH_2CH_2C(CH_3)_2}$$

$$\underset{\substack{|\\OMgBr}}{CH_3CH_2CH_2CH_2C(CH_3)_2} + H_2O \xrightarrow{H^+} \underset{\substack{|\\OH}}{CH_3CH_2CH_2CH_2C(CH_3)_2}$$

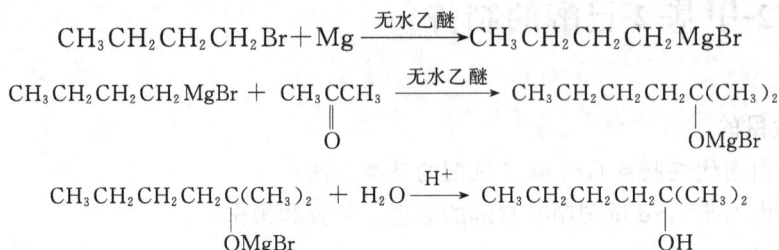

三、仪器与试剂

仪器：三口烧瓶（100mL）、电动搅拌器、恒压滴液漏斗、干燥管、回流冷凝管、分液漏斗、冷凝管、蒸馏头、接引管、圆底烧瓶、温度计（0～150℃）、电热套、小玻璃漏斗、蒸馏烧瓶（50mL）。

试剂：镁屑、无水乙醚、1-溴丁烷、丙酮、H_2SO_4 溶液（10%）、Na_2CO_3 溶液（5%）、无水 K_2CO_3、无水 $CaCl_2$。

四、操作步骤

所有的反应器及试剂必须绝对干燥（1-溴丁烷用无水 $CaCl_2$ 干燥，蒸馏纯化；丙酮用无水 K_2CO_3 干燥，蒸馏纯化）。

在装置有电动搅拌器[注1]、回流冷凝管（带 $CaCl_2$ 干燥管）和恒压滴液漏斗的 100mL 三

152

口烧瓶［装置见图 3-3（b）］中，加入 1g（约 0.043mol）镁屑[注2] 和 5mL 无水乙醚。在恒压滴液漏斗中加入 4.5mL（5.7g，0.043mol）1-溴丁烷和 5mL 无水乙醚，混匀。先向三口瓶中滴入 1～1.5mL 混合液，数分钟后即见溶液呈微沸状态，乙醚自行回流。若不发生反应，可用温水浴温热[注3]。反应起初比较剧烈，待反应缓和后，自冷凝管上端加入 8mL 无水乙醚。开动搅拌器，并滴入其余的 1-溴丁烷乙醚溶液，控制滴加速度，维持乙醚溶液呈微沸状态。滴加完毕，继续加热回流 15min。此时若镁屑已作用完全，则可以在冷水浴冷却下由恒压滴液漏斗加入 3.2mL（2.5g，0.043mol）丙酮和 3mL 无水乙醚的混合液，滴加速度仍维持乙醚微沸。加完后，在室温下继续搅拌 15min。有时体系中可能有灰白色黏稠状固体析出。

在冰水浴冷却和搅拌条件下，自恒压滴液漏斗向烧瓶中分批加入 33mL 10% H_2SO_4 溶液[注4]（开始滴速宜慢，以后可渐快），分解产物。待分解完全后，将溶液倒入分液漏斗中，分出醚层。水层每次用 8mL 乙醚萃取两次，合并醚层，用 10mL 5% Na_2CO_3 溶液洗涤一次，用无水 K_2CO_3 干燥。将干燥后的粗产物乙醚溶液滤入 50mL 蒸馏烧瓶中，安装好普通蒸馏装置［见图 3-5（b）］，用电热套加热，先蒸除乙醚，然后继续加热蒸馏，收集 137～141℃ 馏分。观察产品外观，称重并计算产率（产量约 2.5g）。

2-甲基-2-己醇，沸点：143℃，n_D^{20}：1.1475。

注释

［1］本实验中搅拌棒的密封可采用图 3-3（c）的装置；若采用简易密封装置，应用甘油或石蜡油将其润滑。

［2］镁屑应是新刨制的。镁屑经长期放置，表面有一层氧化膜，可采用下述方法除去：用 5% HCl 溶液作用数分钟，抽滤除去酸液后，依次用水、乙醇、乙醚洗涤，抽干后置于干燥器内备用。

［3］开始时 1-溴丁烷局部浓度较大，反应易于发生，故搅拌应在反应开始后进行。若 5min 后反应仍不开始，可用温水浴加热，或在加热前加入一小粒碘促使反应发生。

［4］Grignard 试剂与醛、酮形成的加成物在酸性条件下进行水解，通常用稀盐酸或稀硫酸使产生的碱式卤化镁转变为易溶于水的镁盐，以利于乙醚溶液和水溶液分层。由于水解是放热反应，故要在冷却条件下进行。对遇酸极易脱水的醇，最好用 NH_4Cl 溶液进行水解。

思 考 题

（1）在将 Grignard 试剂加成物水解前的各步反应中，为什么使用的仪器和试剂均需绝对干燥？

（2）在制备 Grignard 试剂的反应中，当试剂都按要求加入后，若反应仍未立即开始，应采取哪些措施？

（3）所得粗产物乙醚溶液，为什么用无水 K_2CO_3 干燥，而不用无水 $CaCl_2$ 干燥？

实验 42　2-乙基-2-己烯醛的制备

一、实验目的

（1）学习在稀碱溶液催化下通过正丁醛的羟醛缩合反应制取 2-乙基-2-己烯醛的原理和方法；

（2）练习减压蒸馏的操作。

二、实验原理

含有 α-H 原子的醛在稀碱催化下，一分子醛的 α-H 原子加到另一分子醛的氧原子上，其余部分加到羰基碳原子上，生成 β-羟基醛，这个反应称为羟醛缩合反应。例如：

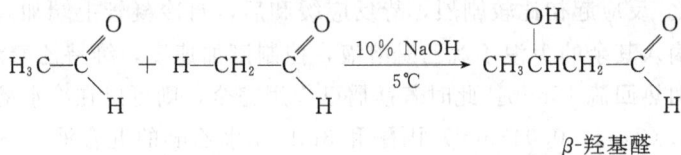

$$H_3C-\overset{\displaystyle O}{\underset{\displaystyle H}{C}} + H-CH_2-\overset{\displaystyle O}{\underset{\displaystyle H}{C}} \xrightarrow[5℃]{10\% \ NaOH} CH_3\overset{\displaystyle OH}{C}HCH_2-\overset{\displaystyle O}{\underset{\displaystyle H}{C}}$$

$$\beta\text{-羟基醛}$$

含有两个 α-H 原子的醛所生成的 β-羟基醛在受热或少量碘存在下，发生分子内脱水生成 α,β-不饱和醛：

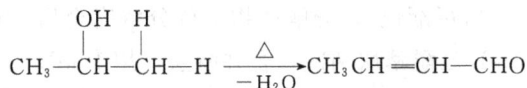

$$CH_3-\overset{\displaystyle OH}{\underset{}{C}}H-\overset{\displaystyle H}{\underset{}{C}}H-H \xrightarrow[-H_2O]{\triangle} CH_3CH=CH-CHO$$

2-乙基-2-己烯醛就是通过正丁醛的羟醛缩合反应制备的。

主反应：

$$2CH_3CH_2CH_2CHO \xrightarrow{5\% \ NaOH} CH_3CH_2CH_2\overset{\displaystyle OH}{\underset{\displaystyle CH_2CH_3}{C}}HCHCHO \xrightarrow[-H_2O]{加热} CH_3CH_2CH_2CH=\overset{}{\underset{\displaystyle CH_2CH_3}{C}}CHO$$

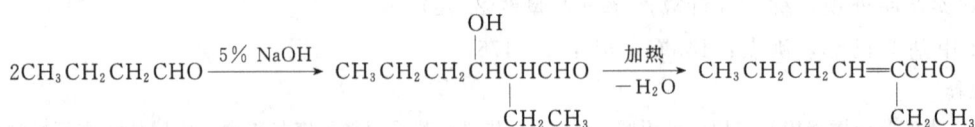

副反应：氧化反应和树脂化反应。

三、仪器与试剂

仪器：三口烧瓶（100mL）、电动搅拌器、回流冷凝管、冷凝管、恒压滴液漏斗、分液漏斗、蒸馏烧瓶（30mL）、小玻璃漏斗、锥形瓶、温度计、减压蒸馏所需仪器。

试剂：正丁醛、NaOH 溶液（5%）、无水 Na_2CO_3 或 K_2CO_3。

四、操作步骤

在 100mL 三口烧瓶上，安装电动搅拌器、回流冷凝管和恒压滴液漏斗，装置如图 3-3（b）所示。

在烧瓶中加入 8mL 新配制的 5% NaOH 溶液[注1]，在恒压滴液漏斗中加入 20mL（16.3g）新蒸馏的正丁醛[注2]，烧瓶以 70～80℃水浴加热。在剧烈搅拌下滴加正丁醛（也可用滴管滴加）。由于反应是放热的，控制滴加速度使蒸气不超过冷凝管 1/3 处。滴加完毕，撤去水浴，擦干烧瓶外壁，改用石棉网小火加热回流（也可用电热套加热），继续搅拌 1h。

待反应液冷却后，用分液漏斗分去水层，有机层用等体积的水洗涤一次。粗产品放入干燥的锥形瓶中，用无水 Na_2CO_3 或 K_2CO_3 干燥，加塞放置。将干燥后的粗产物滤入 30mL 蒸馏烧瓶中，进行减压蒸馏[注3]，装置见图 3-8。收集 65～67℃（3333Pa，25mm Hg）馏分。观察产品外观，称重并计算产率（产量约 9.0g）。

2-乙基-2-己烯醛（又称异辛烯醛）为无色液体，沸点：174.5℃（99.725kPa，748mmHg）。

注释

[1] NaOH 溶液需新配制，否则影响催化活性。

[2] 正丁醛易被空气氧化。放置已久的正丁醛，使用前必须重新蒸馏，否则影响产率。

[3] 也可采取常压蒸馏，收集 165～180℃馏分。由于 2-乙基-2-己烯醛易被氧化，在此温度下产品常呈

淡黄色，而且易树脂化。

思 考 题

（1）放置过久的正丁醚主要含有哪些杂质？为什么不能直接使用？

（2）反应中加 NaOH 溶液起什么作用？NaOH 溶液浓度过大或用量过多，将带来什么不利影响？

（3）为什么反应中要不断地充分搅拌？

实验 43 正丁醚的制备

一、实验目的
（1）学习醇在酸催化下通过分子间脱水制取醚的原理和方法；
（2）掌握分水器的分水原理及使用方法。

二、实验原理
醚的制法主要有以下两种。

（1）在酸性脱水剂存在下醇分子间脱水：

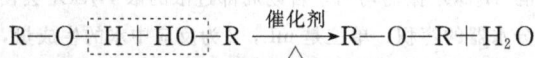

$$R-O+H+HO+R \xrightarrow[\triangle]{催化剂} R-O-R+H_2O$$

这种方法主要适用于制备脂肪族低级单醚，如乙醚、正丁醚等，常用的脱水剂是浓硫酸。为了提高产率，制备沸点较低的醚时，可将生成的醚及时从反应器中蒸出（如乙醚）；制备沸点较高的醚时，可利用分水器将生成的水不断地从反应物中除去（如正丁醚）。

需要注意的是，醇类在较高温度下还能发生分子内脱水而生成烯烃。因此，用此法制备醚时，为了减少副反应，在操作时必须严格控制反应温度。

上述方法仅适用于从低级伯醇制单醚；用仲醇制醚的产量不高；用叔醇则主要生成烯烃。

（2）由醇（酚）钠与卤代烷作用，主要是用来制备混醚，特别是制备芳基烷基醚时产率较高。

$$RONa+XR' \longrightarrow R-O-R'+NaX$$

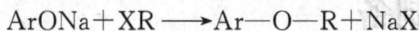
$$ArONa+XR \longrightarrow Ar-O-R+NaX$$

本实验采用方法（1），利用正丁醇在浓硫酸作用下受热脱水制备正丁醚。

主反应：

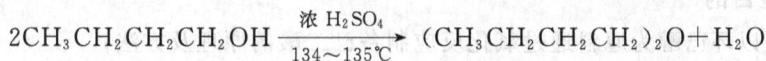
$$2CH_3CH_2CH_2CH_2OH \xrightarrow[134\sim135℃]{浓\ H_2SO_4} (CH_3CH_2CH_2CH_2)_2O+H_2O$$

副反应：

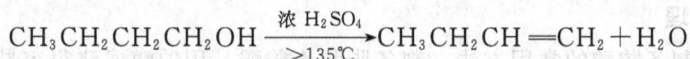
$$CH_3CH_2CH_2CH_2OH \xrightarrow[>135℃]{浓\ H_2SO_4} CH_3CH_2CH=CH_2+H_2O$$

三、仪器与试剂
仪器：三口烧瓶（100mL）、回流冷凝管、分水器、温度计（0～150℃）、分液漏斗、锥形瓶、蒸馏烧瓶、空气冷凝管、接引管、电热套、小玻璃漏斗。

试剂：正丁醇、浓 H_2SO_4、H_2SO_4 溶液（50%）、无水 $CaCl_2$。

四、操作步骤

在 100mL 三口烧瓶中加入 15.5mL（12.5g，0.11mol）正丁醇，边摇边缓慢加入 2.5mL 浓 H_2SO_4，混匀[注1]，加入几粒沸石。在烧瓶侧口安装温度计，正口安装分水器，分水器内装有 (V−2) mL 水[注2]，分水器上方接回流冷凝管，烧瓶另一侧口用塞子塞住。见图 3-6(a)。

一切就绪后，用小火加热，使瓶内液体微沸，开始回流。回流液经冷凝管收集于分水器内，水沉于下层，有机液体浮于上层，积至支管时即可返流回烧瓶中。待瓶内温度升至 134～135℃[注3]（约需 50min），分水器中已全部被水充满时停止加热。若继续加热，则溶液变黑，并有大量副产物丁烯生成。

待反应物冷却后，连同分水器中的水一起倒入盛有 25mL 水的分液漏斗中，振摇后静置，分出下层液体。上层粗产物每次用 8mL 50% H_2SO_4 洗涤两次，再每次用 10mL 水洗涤两次，然后加入适量无水 $CaCl_2$ 干燥。干燥后的粗产物滤入 30mL 干燥的蒸馏烧瓶中，加入几粒沸石，装上空气冷凝管［见图 3-5(b)］，加热，收集 140～144℃ 馏分。观察产物外观，称重并计算产率（产量 4～5g）。

正丁醚为无色液体，沸点：142.4℃，n_D^{20}：1.3992。

注释

［1］一定要将正丁醇与浓 H_2SO_4 振摇均匀，否则局部过浓的浓 H_2SO_4 会使正丁醇部分炭化。

［2］(V−2) 中的 V 为分水器的容积，单位是 mL，2 为反应中水的生成量，即 2mL。水的理论生成量为 1.52mL，考虑到水中可能溶有少量正丁醇，而且仪器中可能带入水，故取 2mL。当分水器充满水后，表示反应基本完成。

［3］制备正丁醚的适宜温度是 134～135℃，但开始回流时很难达到。因为正丁醇、正丁醚、水可形成二元或三元恒沸物，这些恒沸物的沸点都低于 134℃。

思 考 题

(1) 为什么反应过程中要严格控制温度？

(2) 用 50% H_2SO_4 洗涤粗产物的目的何在？为什么不用浓 H_2SO_4？

(3) 能否采用本实验的方法由乙醇和 2-丁醇制备乙基仲丁基醚？

实验 44 己二酸的制备

一、实验目的

(1) 学习以环己醇为原料通过氧化反应制备己二酸的原理及方法；

(2) 进一步熟悉尾气吸收装置与电动搅拌操作。

二、实验原理

氧化反应是制备羧酸的常用方法。制备脂肪族羧酸，用伯醇或醛很容易通过氧化反应生成相应的羧酸。仲醇、酮或烯烃经强烈氧化，也能得到羧酸，但同时发生碳链断裂。常用的氧化剂是浓硝酸、重铬酸钠（或重铬酸钾)-硫酸、高锰酸钾等。用高锰酸钾进行氧化时，根据需要可以在中性、酸性、碱性介质中进行。

本实验以环己醇为原料，采用两种不同的氧化方法制取己二酸：

$$\text{(cyclohexanol)} + HNO_3 \xrightarrow{80\sim90\text{℃}} HOOC(CH_2)_4COOH + NO_2 + H_2O$$

$$\text{(cyclohexanol)} + KMnO_4 \xrightarrow{NaOH} NaOOC(CH_2)_4COOK + MnO_2$$

$$NaOOC(CH_2)_4COOK \xrightarrow{H^+} HOOC(CH_2)_4COOH$$

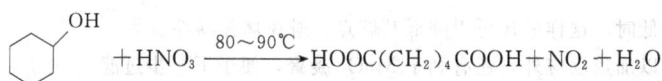

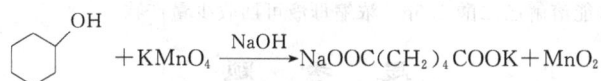

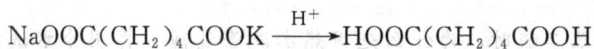

三、仪器与试剂

仪器：三口烧瓶（150mL，高锰酸钾法）或圆底烧瓶（50mL，浓硝酸法）、温度计（100℃）、恒压滴液漏斗、电动搅拌器、布氏漏斗、抽滤瓶、循环水泵、表面皿、烧杯（100mL）。

试剂：环己醇、$KMnO_4(s)$ 或浓 HNO_3、NaOH 溶液（1%）、浓 HCl、$NaHSO_3(s)$。

四、操作步骤

（1）浓硝酸法

实验须在通风橱内进行。必须严格按照规定的反应条件进行操作。

在 50mL 圆底烧瓶中插一支温度计，水银球尽量接近瓶底，用适当方式将温度计固定在铁架上。

在烧瓶中加 5mL 水，再加 5mL 浓 HNO_3[注1]，混合均匀，在水浴上加热至 80℃。然后用滴管加 2 滴环己醇，反应立即开始，温度随即升至 85～90℃。小心地逐滴加 2.1mL 环己醇，一定要使温度维持在上述范围，必要时往水浴中添加冷水[注2]。当环己醇全部加入而且溶液温度降低到 80℃ 以下时，将反应混合物在 85～90℃ 加热 2～3 min。

反应液在冰浴中冷却后，进行抽滤。用滤液洗出烧瓶中剩余的晶体。用 6mL 冰水分两次洗涤己二酸晶体，抽干后取出产物，晾干。观察产品外观，称重并计算产率（产量约 1.4g）。

（2）高锰酸钾法

在装有电动搅拌器、温度计和恒压滴液漏斗的 150mL 三口烧瓶中（见图 3-3），加入 50mL 1%NaOH 溶液和 12g $KMnO_4$。在搅拌下，将 4.2mL 环己醇[注3]从滴液漏斗中缓慢滴入（也可用滴管滴加）烧瓶，控制温度在 43～47℃。滴加完毕，而且反应温度降至 43℃ 左右时，在沸水浴中将反应物加热约 10min[注4]，使反应进行完全。

为了检验反应是否完成，在一张平整的滤纸上点一小滴反应液，如果紫红色消失，表示反应已经完成。如果还存在紫红色，可继续加热几分钟；若紫红色仍不消失，则向反应液中加入少许固体 $NaHSO_3$，以消耗过量的 $KMnO_4$。

趁热过滤，每次用 10mL 热水洗涤滤渣 MnO_2 两次。尽量挤压掉滤渣中的水分。将滤液转移到 100mL 烧杯中，用 4mL 浓 HCl 酸化。小心地加热蒸发，使溶液的体积减少到 20mL 左右[注5]，冷却即析出己二酸。抽滤，用 10mL 冷水洗涤晶体，干燥。观察产品外观，称重并计算产率（产量约 4g）。

注释

[1] 切不可使用同一量筒量取环己醇和浓 HNO_3，两者相遇会发生剧烈反应，甚至造成意外。

[2] 此反应强烈放热，必须控制好环己醇的滴加速度，以免温度上升太快而使反应失控。但也不能将温度降到 85℃ 以下，否则会因反应太慢而导致未作用的环己醇积聚起来。

[3] 环己醇熔点为 24℃，熔融时为黏稠液体。为减少转移时的损失，可用少量水冲洗量筒，并置入滴

液漏斗中。在室温较低时，这样做还可以降低其熔点，避免堵住漏斗。

[4] 加热除了可以加速反应外，还有利于 MnO_2 凝聚，便于下一步过滤。

[5] 15℃时 100mL 水能溶解己二酸 1.5g，浓缩母液可回收少量产物。

思 考 题

（1）用高锰酸钾法制取己二酸时，为什么先用热水洗涤滤渣，再用冷水洗涤粗产品？在洗涤过程中如果用水量过多，对实验结果有什么影响？

（2）通过实验，比较硝酸氧化法和高锰酸钾氧化法的优缺点。

（3）浓硝酸法为什么必须在通风橱内进行操作？

实验 45   肉桂酸的制备

一、实验目的

（1）了解 Perkin 反应的原理，学习利用该反应制取肉桂酸的方法；

（2）进一步熟悉和掌握回流、水蒸气蒸馏等操作技术。

二、实验原理

芳香醛和具有 α-H 的脂肪酸酐，在相应的无水脂肪酸钾盐（或钠盐）的催化下共热，发生类似于羟醛缩合的反应，生成 α，β-不饱和芳香酸，这个反应称为 Perkin 反应。例如，本实验以苯甲醛和乙酸酐在无水乙酸钾（钠）的存在下缩合制备肉桂酸。其反应机理可能是酸酐受乙酸钾（钠）的作用，生成酸酐负离子，该负离子和醛发生亲核加成，生成中间物 β-羟基酸酐，然后再发生失水和水解作用即得到不饱和的芳香酸。

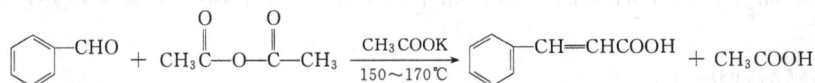

$$\text{C}_6\text{H}_5\text{CHO} + \text{CH}_3\text{CO-O-COCH}_3 \xrightarrow[150\sim170℃]{\text{CH}_3\text{COOK}} \text{C}_6\text{H}_5\text{CH=CHCOOH} + \text{CH}_3\text{COOH}$$

三、仪器与试剂

仪器：三口烧瓶（250mL、50mL）、回流冷凝管、温度计（250℃）、空气冷凝管、锥形瓶、水蒸气蒸馏所需仪器、布氏漏斗、抽滤瓶、循环水泵、表面皿、电热套。

试剂：苯甲醛、无水乙酸钾、乙酸酐、Na_2CO_3(s)、活性炭、浓 HCl。

四、实验步骤

在干燥的 50mL 三口烧瓶中，加入 3g 新熔融并研细的无水乙酸钾粉末[注1]、3mL（3.2g，0.03mol）新蒸馏过的苯甲醛[注2]和 5.5mL（6g，0.06mol）乙酸酐，振荡使其混合。在烧瓶正口装上温度计，水银球插入反应混合物液面下但不要触及瓶底；侧口装配空气冷凝管。加入几粒沸石，将烧瓶放在石棉网上加热回流 1h，反应液的温度保持在 150～170℃。

反应结束后，待反应液温度降至 100℃ 左右时，将其倒入盛有 25mL 水的 250mL 三口烧瓶内。用 20mL 热水分两次洗涤原烧瓶，洗涤液也并入三口烧瓶内，再分批加入 5～7g 固体 Na_2CO_3[注3]，振摇，直至反应混合液呈弱碱性。安装水蒸气蒸馏装置（见图 3-9），进行水蒸气蒸馏，蒸出未反应的苯甲醛，直至馏出液中无油珠为止。馏出液倒入指定的回收瓶内。

向三口烧瓶中的剩余液体内加入少量活性炭，煮沸几分钟进行脱色。趁热过滤，将滤液转移到锥形瓶中。小心地用浓 HCl 酸化，使之呈明显酸性，再用冷水浴冷却。待肉桂酸完全析出后，减压过滤。晶体用少量水洗涤、抽干，在 80℃ 左右下烘干。粗产品也可用热水或 30%乙醇进行重结晶。观察产品外观，称重并计算产率（产量 2～2.5g）。

肉桂酸有顺、反异构体，通常以反式形式存在。肉桂酸为无色晶体，m. p.：135～136℃。

注释

[1] 也可用等物质的量的无水乙酸钠或无水碳酸钾代替，其他步骤完全相同。

[2] 久置的苯甲醛含苯甲酸，需蒸馏除去。

[3] 不能用 NaOH 代替。

思 考 题

(1) 具有何种结构的醛能发生 Perkin 反应？

(2) 在水蒸气蒸馏之前，为什么要使反应液碱化？能否用固体 NaOH 代替 Na$_2$CO$_3$ 进行碱化？为什么？

实验 46 甲基橙的制备

一、实验目的

(1) 学习重氮化反应和偶合反应的实验操作；

(2) 掌握盐析和重结晶的原理及操作方法。

二、实验原理

甲基橙是指示剂，它是由对氨基苯磺酸重氮盐与 N,N-二甲基苯胺的醋酸盐在弱酸性介质中偶合得到的。偶合首先得到的是嫩红色的酸式甲基橙，称为酸性黄。在碱性介质中，酸性黄转变为橙黄色的钠盐，即甲基橙。

反应式如下：

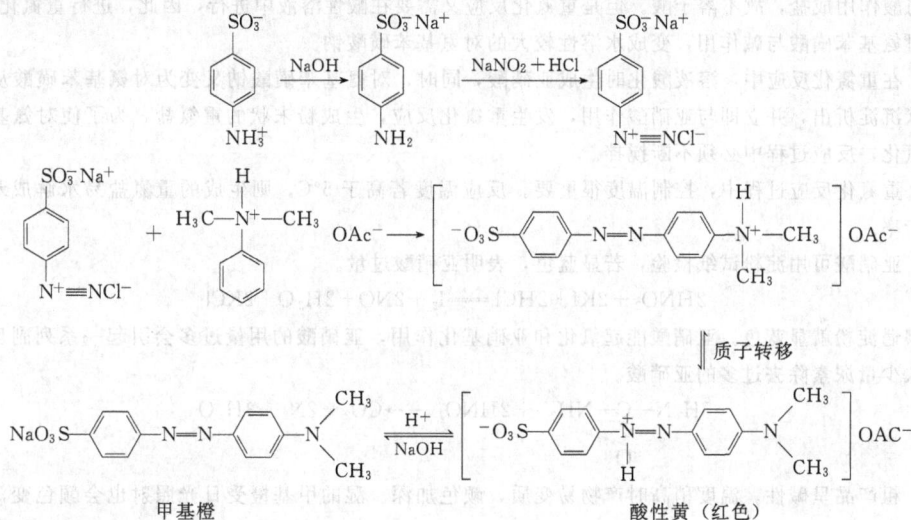

甲基橙　　　　　　　　　　　　　　　　　　　　酸性黄（红色）

三、仪器与试剂

仪器：烧杯（250mL 或 400mL、100mL）、温度计（100℃）、玻璃棒。

试剂：对氨基苯磺酸、NaNO$_2$(s)、NaOH 溶液（10%）、浓 HCl、N,N-二甲基苯胺、冰醋酸、NaCl(s)、饱和 NaCl 溶液、乙醇、乙醚、稀 HCl 及稀 NaOH 溶液、淀粉试纸。

四、操作步骤

（1）对氨基苯磺酸重氮盐的制备

将 2.0g 对氨基苯磺酸晶体置于 100mL 烧杯中，加入 4mL 5% NaOH 溶液，在热水浴中温热使之溶解[注1]。冷至室温后，加入 0.8g NaNO$_2$，溶解后，在搅拌下[注2]将该混合溶液分次滴入装有 13mL 冰冷的水和 2.5mL 浓 HCl 的烧杯中，温度保持在 5℃ 以下[注3]，很快就出现对氨基苯磺酸重氮盐的细粒状白色沉淀[注4]，为了保证反应完全，继续在冰浴中放置 15min。

（2）偶合

在一试管中加入 1.3mL N,N-二甲基苯胺和 1.0mL 冰醋酸，振荡使之混合。在搅拌下将此溶液慢慢加到上述冷却的对氨基苯磺酸重氮盐溶液中，加完后，继续搅拌 10min，此时产生红色的酸性黄沉淀。然后，在搅拌下，慢慢加入 15mL 10% NaOH 溶液，反应混合物变为橙色，粗制的甲基橙呈细粒状沉淀析出。

将反应混合物加热至沸腾约 10~15min，使粗制的甲基橙溶解后，加入 5g 固体 NaCl，在不断搅拌下，继续加热至 NaCl 全部溶解。稍冷，置于冰浴中冷却，待甲基橙全部重新结晶析出后，抽滤，收集结晶。每次用 10mL 饱和 NaCl 溶液冲洗烧杯两次，并用这些冲洗液洗涤产品[注5]。

若要得到较纯的产品，可将滤饼连同滤纸移至装有 7.5mL 热水的烧瓶中，微热并不断搅拌。滤饼几乎全部溶解后，取出滤纸，使溶液冷至室温，然后再在冰浴中冷却。甲基橙全部以结晶析出后，抽滤。依次用少量乙醇、乙醚洗涤产品[注6]。干燥后，称重（产量 2.3~2.5g）。

产品没有明确的熔点，因此不必测定其熔点。

取少许产品溶于水，加几滴稀 HCl，然后用稀 NaOH 溶液中和，观察溶液颜色的变化。

注释

[1] 对氨基苯磺酸是一种有机两性化合物，其酸性比碱性强，能形成酸性的内盐，它能与碱作用生成盐，难与酸作用成盐，故不溶于酸。但是重氮化反应又需要在酸性溶液中进行，因此，进行重氮化反应时，首先使对氨基苯磺酸与碱作用，变成水溶性较大的对氨基苯磺酸钠。

[2] 在重氮化反应中，溶液酸化时生成亚硝酸，同时，对氨基苯磺酸钠又变为对氨基苯磺酸从溶液中以细粒状沉淀析出，并立即与亚硝酸作用，发生重氮化反应，生成粉末状的重氮盐，为了使对氨基苯磺酸完全重氮化，反应过程中必须不断搅拌。

[3] 重氮化反应过程中，控制温度很重要。反应温度若高于 5℃，则生成的重氮盐易水解成苯酚，从而降低产率。

[4] 亚硝酸可用淀粉试纸检验，若显蓝色，表明亚硝酸过量。

$$2HNO_2 + 2KI + 2HCl \longrightarrow I_2 + 2NO + 2H_2O + 2KCl$$

析出的碘遇淀粉就显蓝色。亚硝酸能起氧化和亚硝基化作用，亚硝酸的用量过多会引起一系列副反应，这时应加入少量尿素除去过多的亚硝酸。

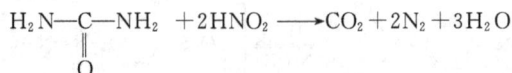

$$H_2N\overset{\displaystyle C}{\underset{\displaystyle O}{\|}}NH_2 + 2HNO_2 \longrightarrow CO_2 + 2N_2 + 3H_2O$$

[5] 粗产品呈碱性。温度稍高时产物易变质，颜色加深。湿的甲基橙受日光照射也会颜色变深，通常在 65~75℃ 烘干。

[6] 用乙醇、乙醚洗涤的目的是使产品迅速干燥。

思 考 题

（1）在本实验中，重氮盐的制备为什么要将温度控制在 0~5℃？偶合反应为什么在弱酸性介质中进行？

(2) 在制备重氮盐时若加入氯化亚铜将出现什么样的结果？

(3) N，N-二甲基苯胺与重氮盐的偶合，为什么总是在氨基的对位上发生？

实验 47　乙酸正丁酯的制备

一、实验目的

(1) 学习利用酯化反应制取乙酸正丁酯的两种方法；

(2) 熟悉分水装置的使用。

二、实验原理

乙酸和正丁醇在浓硫酸的催化下发生酯化反应生成乙酸正丁酯。

$$CH_3COOH + n\text{-}C_4H_9OH \rightleftharpoons CH_3COOC_4H_9\text{-}n + H_2O$$

酯化反应是可逆反应，为了提高产率，常采用的措施有：增加某种反应物的用量；将生成的水或酯及时分出。本实验分别采用增加酸的用量和分水两种方法。

三、仪器与试剂

仪器：圆底烧瓶（100mL）、蒸馏烧瓶（30mL）、回流冷凝管、分水器、分液漏斗、小玻璃漏斗、温度计（200℃）、锥形瓶、冷凝管、蒸馏头。

方法一试剂：正丁醇、冰醋酸、浓 H_2SO_4、Na_2CO_3 溶液（10%）、无水 $MgSO_4$。

方法二试剂：冰醋酸，其余试剂同方法一。

四、操作步骤

方法一

将 7.4g 正丁醇（9.2mL，0.1mol）和 12g 冰醋酸（12mL，0.2mol）放入 100mL 干燥的圆底烧瓶中，混合均匀。小心地加入 3～4 滴浓 H_2SO_4，充分振摇[注1]，加入沸石，装上回流冷凝管，在石棉网上加热回流 1.5h，停止加热。

待反应混合物冷却后，将其慢慢倒入盛有 50mL 水的分液漏斗中，分出上层粗酯。先后用 10% Na_2CO_3 溶液 10mL、水 10mL 将酯各洗涤一次，然后用无水 $MgSO_4$ 干燥粗酯。将干燥后的酯经小玻璃漏斗及少量脱脂棉滤入 30mL 蒸馏烧瓶中，放入沸石，在石棉网上加热蒸馏，收集 124～126℃馏分。乙酸正丁酯产量约 7.5g，产率约 65%。

方法二

将 7.4g 正丁醇（9.2mL，0.1mol）和 6 g 冰醋酸（6mL，0.1mol）放入 100mL 干燥的圆底烧瓶中，混合均匀，小心地加入 3～4 滴浓 H_2SO_4，充分振摇[注1]，加入沸石，装好分水器及回流冷凝管 [见图 3-6(b)]。在分水器中预先加入（$V-1.8$）mL 水[注2]。在石棉网上加热回流，待分水器中的水升至支管口处，表示反应完成，停止加热。冷却后将反应液倒入分液漏斗中，先用 10mL 水洗涤，分去水层，再用 10% $NaCO_3$ 溶液 10mL 洗涤，分去水层，最后用 10mL 水洗涤一次。将分去水后的酯用无水 $MgSO_4$ 干燥。干燥后的酯滤入 30mL 蒸馏烧瓶中，放入沸石，在石棉网上加热蒸馏，收集 124～126℃馏分。产量约 8～9g，产率约 75%。

乙酸正丁酯，沸点：126.5℃，d_4^{20}：1.3941，n_D^{20}：0.8825。

注释

[1] 浓 H_2SO_4 在反应过程中起催化作用，用量不宜过多。加入浓 H_2SO_4 时应充分振摇，以避免反应液局部过热引起醇脱水。

[2] $(V-1.8)$ 中的 V 为分水器容量的毫升数，1.8 为反应中生成水的理论毫升数。本实验是利用恒沸混合物除去酯化反应中生成的水。正丁醇、乙酸正丁酯和水可以形成多种形式的恒沸物，含水的恒沸物冷凝为液体后，分为两层，上层主要是酯和醇，下层主要是水。

思 考 题

(1) 酯的粗产品中含有哪些杂质？如何除去？

(2) 试比较制备乙酸正丁酯的两种方法的优、缺点，说明两种方法的理论依据是什么？

8 性质实验

实验 48　单、多相离子平衡

一、实验目的

(1) 加深理解同离子效应对弱电解质电离平衡的影响，验证缓冲溶液的性质。

(2) 了解盐类水解和影响水解的因素。

(3) 运用溶度积规则解释沉淀的生成和溶解，掌握沉淀-溶解平衡移动的原理。

二、实验原理

(1) 同离子效应

同离子效应是指在弱电解质溶液中加入含有相同离子的另一电解质，使弱电解质的电离度减小的现象。

(2) 缓冲溶液

缓冲溶液为弱酸及其相应的盐或弱碱及其相应的盐组成的混合体系，它可在一定程度上抵御外加少量酸、碱和适度稀释的影响，而使溶液的 pH 值保持基本不变。

(3) 盐类水解

盐类水解是指组成盐的离子与水所电离的 H^+ 或 OH^- 生成弱电解质，从而促进水进一步离解的过程。水解可能使溶液呈现酸性或碱性。影响水解平衡的因素是温度、浓度及pH 值。

(4) 沉淀-溶解平衡

在一定温度下，难溶电解质的沉淀-溶解平衡的化学平衡常数，即该难溶电解质的溶度积 $K_{sp}^{\ominus}$。$K_{sp}^{\ominus}$ 是判断沉淀产生和溶解与否的依据，此即溶度积规则。对化合物 $M_m A_n$：

$c^m(M^{n+}) \cdot c^n(A^{m-}) < K_{sp}^{\ominus}$　　沉淀溶解或无沉淀析出

$c^m(M^{n+}) \cdot c^n(A^{m-}) = K_{sp}^{\ominus}$　　平衡状态

$c^m(M^{n+}) \cdot c^n(A^{m-}) > K_{sp}^{\ominus}$　　产生沉淀

分步沉淀的先后次序为：哪种离子与沉淀剂离子浓度幂的乘积先达到相应难溶电解质的 $K_{sp}^{\ominus}$，哪种离子先产生沉淀。

沉淀转化的条件是：一般来说，溶解度较大的难溶电解质容易转化为溶解度较小的难溶电解质。

三、仪器与试剂

仪器：试管、酒精灯。

试剂：HAc 溶液（0.1mol·L⁻¹）、NaAc(s)、NaAc 溶液（0.1mol·L⁻¹）、NH₃·H₂O 溶液（0.1mol·L⁻¹）、NH₄Cl(s)、NH₄Cl 溶液（0.1mol·L⁻¹）、HCl 溶液（0.1mol·L⁻¹、2mol·L⁻¹）、NaOH 溶液（0.1mol·L⁻¹）、Na₃PO₄ 溶液（0.1mol·L⁻¹）、Na₂HPO₄ 溶液（0.1mol·L⁻¹）、NaH₂PO₄ 溶液（0.1mol·L⁻¹）、SnCl₂ 溶液（0.1mol·L⁻¹）、NaCl 溶液（0.1mol·L⁻¹）、Pb(NO₃)₂ 溶液（0.5mol·L⁻¹、0.1mol·L⁻¹）、KCl 溶液（1mol·L⁻¹、0.01mol·L⁻¹）、KI 溶液（0.01mol·L⁻¹）、AgNO₃ 溶液（0.1mol·L⁻¹）、K₂CrO₄ 溶液（0.1mol·L⁻¹）、Na₂S 溶液（0.1mol·L⁻¹）、甲基橙指示剂（0.1%）、酚酞指示剂（0.1%）、pH 试纸。

四、实验内容

（1）同离子效应

① 在试管中加入 2mL 0.1mol·L⁻¹ HAc 溶液，再加入 1 滴甲基橙，观察溶液显什么颜色。然后加入少量 NaAc 晶体，摇动使其溶解，观察溶液颜色的变化。

② 在试管中加入 2mL 0.1mol·L⁻¹ NH₃·H₂O 溶液，再加入 1 滴酚酞，观察溶液显什么颜色。然后加入少量 NH₄Cl 固体，摇动使其溶解，观察溶液颜色的变化。

（2）缓冲溶液

在试管中加入 5mL 0.1mol·L⁻¹ HAc 和 5mL 0.1mol·L⁻¹ NaAc 溶液，用试纸测定其 pH 值。然后将溶液分成 3 份，分别加入 2 滴 0.1mol·L⁻¹ HCl 溶液、0.1mol·L⁻¹ NaOH 溶液和 H₂O，以试纸分别测其 pH 值（可在此实验之前向同体积蒸馏水中加入同量的 HCl 和 NaOH，测定 pH 值，作为对比），可以得出什么结论？最后，再向前两支试管中分别加入过量的 0.1mol·L⁻¹ HCl 和 0.1mol·L⁻¹ NaOH 溶液，测其 pH 值，又可得出什么结论？

（3）盐类水解

① 用 pH 试纸分别测定 0.1mol·L⁻¹ NaAc、0.1mol·L⁻¹ NH₄Cl 和 0.1mol·L⁻¹ NaCl 溶液的 pH 值。

② 用 pH 试纸分别测定 0.1mol·L⁻¹ Na₃PO₄、0.1mol·L⁻¹ Na₂HPO₄ 和 0.1mol·L⁻¹ NaH₂PO₄ 溶液的 pH 值。

③ 在试管中加入 1 滴 0.1mol·L⁻¹ SnCl₂ 溶液，用滴管加水稀释，观察白色沉淀的产生；再逐滴加入 2mol·L⁻¹ HCl 至白色沉淀恰好消失，再加水稀释，观察现象。

④ 取少量 NaAc 固体溶于少量水中，加入 1 滴酚酞溶液，观察溶液的颜色；在小火上将此溶液加热，观察溶液颜色有何变化。

（4）沉淀-溶解平衡

① 沉淀的生成和溶解

a. 取两支试管，分别加入 5 滴 0.5mol·L⁻¹ Pb(NO₃)₂ 溶液，然后在一支试管中加入 5 滴 1mol·L⁻¹ KCl 溶液，在另一支试管中加入 5 滴 0.01mol·L⁻¹ KCl 溶液，观察有无白色沉淀产生（不产生沉淀的留作实验②用）。

b. 在上面未产生沉淀的试管中滴入 0.01mol·L⁻¹ KI 溶液，观察现象。

c. 设计一组实验，以证明 Mg(OH)₂ 能溶于非氧化性稀酸和铵盐。

② 分步沉淀

a. 在试管中加入 2 滴 0.1mol·L⁻¹ AgNO₃ 和 5 滴 0.1mol·L⁻¹ Pb(NO₃)₂ 溶液，用 3mL 蒸馏水稀释，摇匀。逐滴加入 0.1mol·L⁻¹ K₂CrO₄ 溶液，并不断振荡试管，观察沉淀

的颜色；继续滴加 $0.1mol \cdot L^{-1}$ K_2CrO_4 溶液，沉淀颜色有何变化？

b. 在试管中加入 2 滴 $0.1mol \cdot L^{-1}$ Na_2S 和 5 滴 $0.1mol \cdot L^{-1}$ K_2CrO_4 溶液，稀释至 5mL。逐滴加入 $0.1mol \cdot L^{-1}$ $Pb(NO_3)_2$ 溶液，观察首先生成的沉淀的颜色。沉降后，再向清液中滴加 $0.1mol \cdot L^{-1}$ $Pb(NO_3)_2$ 溶液，又会出现什么颜色的沉淀？

③ 沉淀的转化

在试管中加入 10 滴 $0.1mol \cdot L^{-1}$ $AgNO_3$ 溶液，再加入 10 滴 $0.1mol \cdot L^{-1}$ K_2CrO_4 溶液，振荡，得到砖红色沉淀。再向其中加入 $0.1mol \cdot L^{-1}$ $NaCl$ 溶液，边加边振荡，直到砖红色沉淀消失，白色沉淀生成为止。

思 考 题

(1) 欲配制 pH 为 4.7 和 9.4 的两种缓冲溶液，应选用何种酸和碱及相应的盐来配制？

(2) 为什么 Na_3PO_4 溶液呈碱性，Na_2HPO_4 溶液呈弱碱性，而 NaH_2PO_4 溶液呈弱酸性？

(3) 如何配制 $FeCl_3$、$SbCl_3$、$Bi(NO_3)_3$、Na_2S 溶液？

(4) 沉淀生成和溶解的条件是什么？

(5) 用 $0.1mol \cdot L^{-1} NaCl$、$0.1mol \cdot L^{-1} K_2CrO_4$ 和 $0.1mol \cdot L^{-1} AgNO_3$ 溶液，设计一个说明分步沉淀的实验。

(6) 能否通过比较两种难溶电解质 $K_{sp}^{\ominus}$ 值的相对大小，来判断沉淀转化的发生？

实验 49　氧化还原反应

一、实验目的

(1) 掌握电极电势的概念，深入理解电极电势对氧化还原反应的影响；

(2) 掌握氧化态、还原态物质浓度和溶液的酸度对电极电势及氧化还原反应的影响。

二、实验原理

氧化剂与还原剂电极电势代数值的相对大小，是判断氧化还原反应进行方向、程度和次序的依据。当氧化剂所在电对的电极电势 ($\varphi_{氧}$) 大于还原剂所在电对的电极电势 ($\varphi_{还}$) 时，氧化还原反应自发地正向进行；反之，则不能自发进行。其差值越大，反应的进行程度越大。若某溶液中同时存在多种氧化剂（或还原剂），都能与所加入的还原剂（或氧化剂）发生氧化还原反应，氧化还原反应则应首先发生在电极电势差值最大的两个电对所对应的氧化剂与还原剂之间。

根据 Nernst 方程，氧化剂或还原剂的浓度以及介质的 pH 值对电极电势有影响，因而对氧化还原反应都有影响。

三、仪器与试剂

仪器：试管、离心试管。

试剂：KI 溶液（$0.1mol \cdot L^{-1}$）、KBr 溶液（$0.1mol \cdot L^{-1}$）、I_2 水、Br_2 水、CCl_4、$FeCl_3$ 溶液（$0.1mol \cdot L^{-1}$）、$FeSO_4$ 溶液（$0.1mol \cdot L^{-1}$）、MnO_2(s)、浓 HCl、HCl 溶液（$1mol \cdot L^{-1}$）、NaOH 溶液（$6mol \cdot L^{-1}$）、H_2SO_4 溶液（$3mol \cdot L^{-1}$）、$KMnO_4$ 溶液（$0.01mol \cdot L^{-1}$）、Na_2SO_4 溶液（$0.25mol \cdot L^{-1}$）、$Pb(NO_3)_2$ 溶液（$0.1mol \cdot L^{-1}$）、Na_2S 溶液（$0.1mol \cdot L^{-1}$）、H_2O_2 溶液（3%）、淀粉 KI 试纸。

四、实验内容

(1) 电极电势对氧化还原反应的影响

① 在试管中加入 $0.5mL$ $0.1mol \cdot L^{-1}$ KI 溶液和 $2\sim3$ 滴 $0.1mol \cdot L^{-1}$ $FeCl_3$ 溶液，观察现象；再加入 $0.5mL$ CCl_4，充分振荡后，观察现象。

② 用 $0.1mol \cdot L^{-1}$ KBr 溶液代替 $0.1mol \cdot L^{-1}$ KI 溶液，进行同样的实验，观察现象。

根据实验①、②的结果，定性地比较 Br_2/Br^-、I_2/I^-、Fe^{3+}/Fe^{2+} 三个电对电极电势的相对大小，并指出哪个电对的氧化态物质是最强的氧化剂，哪个电对的还原态物质是最强的还原剂。

③ 在两支试管中分别加入 $0.5mL$ I_2 水和 Br_2 水，再加入少许 $0.1mol \cdot L^{-1}$ $FeSO_4$ 溶液及 $0.5mL$ CCl_4，摇匀后观察现象。

根据实验①、②、③的结果，说明电极电势与氧化还原反应进行方向的关系。

(2) 浓度、酸度对氧化还原反应的影响

① 用 $MnO_2(s)$、浓 HCl、$1mol \cdot L^{-1}$ HCl 溶液、淀粉 KI 试纸设计实验，验证浓度、酸度对氧化还原反应的影响。

② 用 0.01 $mol \cdot L^{-1}$ $KMnO_4$、$0.25mol \cdot L^{-1}$ Na_2SO_4、$3mol \cdot L^{-1}$ H_2SO_4 和 $6mol \cdot L^{-1}$ NaOH 溶液设计 3 个实验，证明在不同介质中（酸性、中性、碱性）$KMnO_4$ 的还原产物不同。

(3) 氧化还原的相对性

① 在离心试管中加入 $1mL$ $0.1mol \cdot L^{-1}$ $Pb(NO_3)_2$ 溶液，滴加 $0.1mol \cdot L^{-1}$ Na_2S 溶液 $1\sim2$ 滴，观察所生成沉淀的颜色。离心分离，弃去清液。用水将沉淀洗涤 2 次，加入 3% H_2O_2 溶液，搅拌，观察沉淀的颜色变化。

② 用 $0.01mol \cdot L^{-1}$ $KMnO_4$、$3mol \cdot L^{-1}$ H_2SO_4、3% H_2O_2 溶液设计一个实验，证明在酸性介质中 $KMnO_4$ 能氧化 H_2O_2。

思 考 题

(1) 如何根据电极电势的相对大小来判断氧化还原反应的进行方向？

(2) 介质的酸碱性对哪些氧化还原反应有影响？如何影响？

(3) 为什么 H_2O_2 既可作氧化剂又可作还原剂？何种情况下作氧化剂？何种情况下作还原剂？

实验50　配位化合物的性质

一、实验目的

(1) 掌握配合物的生成和离解，以及配离子与简单离子的区别；

(2) 理解配位平衡移动的原理；

(3) 了解螯合物的生成条件。

二、实验原理

一般来说，配位化合物由内界（配位个体或配离子）和外界组成，内界与外界的结合不牢固，在水溶液中像强电解质一样完全电离；而配离子很稳定，在水溶液中像弱电解质一样

部分电离。即配离子在溶液中存在着配合和离解平衡，如

$$Cu^{2+} + 4NH_3 \rightleftharpoons [Cu(NH_3)_4]^{2+}$$

可用稳定常数和不稳定常数来描述配离子的稳定性。和所有的化学平衡一样，当条件改变时，配位平衡会发生移动。

螯合物是由中心离子与多齿配体所构成的环状配合物，它比一般的配合物稳定，很多金属螯合物具有特征的颜色。

三、仪器与试剂

仪器：试管。

试剂：$CuSO_4$ 溶液（$0.1mol \cdot L^{-1}$）、$NH_3 \cdot H_2O$ 溶液（$6mol \cdot L^{-1}$、$0.1mol \cdot L^{-1}$）、NaOH 溶液（$2mol \cdot L^{-1}$）、$BaCl_2$ 溶液（$1mol \cdot L^{-1}$）、Na_2S 溶液（$0.1mol \cdot L^{-1}$）、$HgCl_2$ 溶液（$0.1mol \cdot L^{-1}$）、KI 溶液（$0.1mol \cdot L^{-1}$）、$FeCl_3$ 溶液（$0.1mol \cdot L^{-1}$）、KSCN 溶液（$0.1mol \cdot L^{-1}$）、$AgNO_3$ 溶液（$0.1mol \cdot L^{-1}$）、NaCl 溶液（$0.1mol \cdot L^{-1}$）、KBr 溶液（$0.1mol \cdot L^{-1}$）、$Na_2S_2O_3$ 溶液（$0.1mol \cdot L^{-1}$）、KCN 溶液（$0.1mol \cdot L^{-1}$）、H_2S 溶液（$0.1mol \cdot L^{-1}$）、$SnCl_2$ 溶液（$0.1mol \cdot L^{-1}$）、EDTA 溶液（$0.1mol \cdot L^{-1}$）、$FeSO_4$ 溶液（$0.1mol \cdot L^{-1}$）、邻二氮杂菲溶液（0.25%）、$NiSO_4$ 溶液（$0.2mol \cdot L^{-1}$）、二乙酰二肟溶液（1%）。

四、实验内容

（1）配离子的生成和配合物的组成

① 在试管中加几滴 $0.1mol \cdot L^{-1}$ $HgCl_2$ 溶液[注1]，逐滴加入 $0.1mol \cdot L^{-1}$ KI 溶液，观察橘红色沉淀的生成；再继续滴加 KI 溶液，观察沉淀的溶解。

② 在试管中加入 10 滴 $0.1mol \cdot L^{-1}$ $FeCl_3$ 溶液，然后加入少量 $0.1mol \cdot L^{-1}$ KSCN 溶液，观察现象。

③ 在试管中加入 2mL $0.1mol \cdot L^{-1}$ $CuSO_4$ 溶液，逐滴加入 $6mol \cdot L^{-1}$ $NH_3 \cdot H_2O$ 溶液，观察有无沉淀生成。继续加入过量 $NH_3 \cdot H_2O$ 溶液，观察变化。将所得溶液分为 3 份，其中一份加入几滴 $1mol \cdot L^{-1}$ $BaCl_2$，有何现象？另一份加入几滴 $2mol \cdot L^{-1}$ NaOH 溶液，有何现象？第三份加入几滴 $0.1mol \cdot L^{-1}$ Na_2S 溶液，又有何变化？这些现象说明什么？

（2）配位平衡的移动

① 在试管中加入 0.5mL $0.1mol \cdot L^{-1}$ $AgNO_3$ 溶液，滴加 $0.1mol \cdot L^{-1}$ NaCl 溶液，至产生沉淀；再加入 $6mol \cdot L^{-1}$ $NH_3 \cdot H_2O$ 溶液，至沉淀溶解；再向试管中滴入 $0.1mol \cdot L^{-1}$ KBr 溶液，有何现象？再加入 2mL $0.1mol \cdot L^{-1}$ $Na_2S_2O_3$ 溶液，有何现象？再向试管中滴入 $0.1mol \cdot L^{-1}$ KI 溶液，又有何现象？然后滴入 $0.1mol \cdot L^{-1}$ KCN 溶液[注2]，有什么现象？再向试管中滴入 $0.1mol \cdot L^{-1}$ H_2S 溶液，又出现什么现象？根据难溶电解质溶度积和配离子稳定常数解释上述一系列现象。

② 在试管中加入 5 滴 $0.1mol \cdot L^{-1}$ $HgCl_2$ 溶液，再逐滴加入 $0.1mol \cdot L^{-1}$ $SnCl_2$ 溶液，观察沉淀的生成及颜色变化；往另一支盛有 5 滴 $0.1mol \cdot L^{-1}$ $HgCl_2$ 溶液的试管中，逐滴加入 $0.1mol \cdot L^{-1}$ KI 溶液，至橘红色沉淀消失后再多滴几滴，然后再逐滴加入 $0.1mol \cdot L^{-1}$ $SnCl_2$ 溶液，与上述现象比较，有何不同？说明原因。

（3）螯合物的形成

① 向两支各盛有 10 滴硫氰酸铁溶液和 10 滴 $[Cu(NH_3)_4]^{2+}$ 溶液（自制）的试管中，分别滴加数滴 $0.1mol \cdot L^{-1}$ EDTA 溶液，各有何现象？

② 在白瓷板上滴 1 滴 $0.1mol \cdot L^{-1}$ $FeSO_4$ 溶液和 2～3 滴 0.25% 邻二氮杂菲溶液[注3]，观察现象。

③ 在白瓷板上滴 1 滴 $0.2\ mol \cdot L^{-1}$ $NiSO_4$ 溶液，1 滴 $0.1mol \cdot L^{-1}$ $NH_3 \cdot H_2O$ 和 1 滴 1% 二乙酰二肟溶液[注4]，观察现象。

注释

[1] $HgCl_2$ 剧毒！使用时注意安全，实验后的废液不可倒入下水道。

[2] KCN 极毒！注意事项同 [1]。

[3] Fe^{2+} 与邻二氮杂菲在微酸性溶液中生成橘红色的螯合离子：

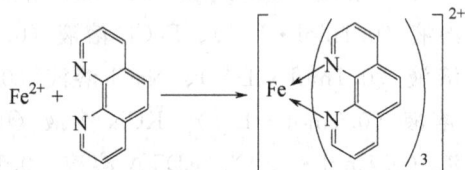

[4] Ni^{2+} 与二乙酰二肟作用，生成鲜红色的螯合物沉淀：

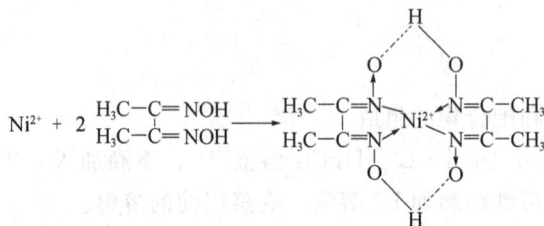

本反应适宜的 pH 值为 5～10。H^+ 浓度过大，不利于反应的发生；而 OH^- 浓度过高，将导致产生 $Ni(OH)_2$ 沉淀。

思 考 题

（1）如何根据实验结果推测铜氨配离子的生成、离解和组成？

（2）在印染行业的染浴中，常因某些离子（如 Fe^{3+}、Cu^{2+} 等）存在而使染料改变颜色。加入 EDTA 便可纠正此弊端，试说明原理。

（3）设计分离 Ag^+、Cu^{2+} 和 Al^{3+} 的方案。

实验 51　卤素及其重要化合物的性质

一、实验目的

（1）掌握卤素单质的性质及卤素离子的还原性；

（2）掌握次氯酸、氯酸及其盐的氧化性；

（3）掌握 Cl^-、Br^-、I^- 混合离子的分离、鉴定方法。

二、实验原理

卤素及其重要化合物性质概述

（1）X_2 与 X^- 的主要性质

168

X_2 与 X^- 的主要性质列于下表。

卤素	在非极性溶剂中的颜色	$X_2+H_2O \rightleftharpoons HX+HXO$	氧化还原性规律
Cl_2		$K^\ominus=4.2\times10^{-4}$	氧化性 $F_2>Cl_2>Br_2>I_2$
Br_2	橙红	$K^\ominus=7.2\times10^{-9}$	还原性 $I^->Br^->Cl^->F^-$
I_2	紫	$K^\ominus=2.0\times10^{-13}$	

(2) 含氧酸及其盐的性质

Cl、Br、I 的含氧酸及其盐在酸性介质中的氧化性远大于在碱性介质中的氧化性。一般来说,同一元素含氧酸的氧化性:$XO^->XO_3^->XO_4^-$。XO^- 无论在酸性、中性、碱性介质中,均有较强的氧化性;而 XO_3^- 只有在强酸性条件下具有氧化性。

(3) X^- 的分离与鉴定

Cl^- 可用 $AgNO_3$ 检出,但当溶液中同时存在 Br^-、I^- 时会干扰 Cl^- 的检出,故应分离后再分别鉴定。

三、仪器与试剂

仪器:试管、离心试管、离心机、水浴。

试剂:氯水、溴水、碘水、CCl_4、品红溶液(1%)、KI 溶液($0.1mol \cdot L^{-1}$)、KBr 溶液($0.1mol \cdot L^{-1}$)、$FeCl_3$ 溶液($0.1mol \cdot L^{-1}$)、NaClO 溶液(现配制)、浓 HCl、HCl 溶液($2mol \cdot L^{-1}$)、H_2SO_4 溶液($1mol \cdot L^{-1}$、$3mol \cdot L^{-1}$)、NaOH 溶液($2mol \cdot L^{-1}$、$6mol \cdot L^{-1}$)、$NiSO_4$ 溶液($0.1mol \cdot L^{-1}$)、$KClO_3$ 溶液(饱和)、HAc 溶液($6mol \cdot L^{-1}$)、$Al_2(SO_4)_3$ 溶液($0.1mol \cdot L^{-1}$)、KIO_3 溶液($0.1mol \cdot L^{-1}$)、$Na_2S_2O_3$ 溶液($0.1mol \cdot L^{-1}$)、NaCl 溶液($0.1mol \cdot L^{-1}$)、HNO_3 溶液($6mol \cdot L^{-1}$)、$(NH_4)_2CO_3$ 溶液(12%)、锌粉、淀粉溶液(0.4%)、淀粉 KI 试纸。

四、实验内容

(1) Br_2 和 I_2 的溶解性及颜色

观察单质 Br_2、I_2 的颜色和状态;观察它们在水和 CCl_4 中的溶解程度和颜色;观察 I_2 在 KI 溶液中的溶解程度和溶液的颜色。

(2) Cl_2、Br_2、I_2 的氧化性

在两支试管中各加入少量 $0.1mol \cdot L^{-1}$ KI 溶液,再分别滴加氯水和溴水,观察现象。设法检验是否有 I_2 产生(不用 CCl_4)。

在第一支试管中继续加入氯水,观察现象。

(3) X^- 的还原性

在两支试管中各加入 2~3 滴 $0.1mol \cdot L^{-1}$ KBr 和 $0.1mol \cdot L^{-1}$ KI 溶液,再分别加入 $0.1mol \cdot L^{-1}$ $FeCl_3$ 溶液,观察现象。

(4) 卤素含氧酸及其盐的氧化性

① ClO^- 的氧化性

a. 在 3 支试管中分别加入 3~5 滴 NaClO 溶液,依次进行以下实验。

在试管 1 中加入数滴 $2mol \cdot L^{-1}$ HCl 溶液,观察现象,设法检验所产生的气体。

在试管 2 中加入数滴 $1mol \cdot L^{-1}$ H_2SO_4 溶液,振荡,再逐滴加入 $0.1mol \cdot L^{-1}$ KI 溶液,检验有无 I_2 产生(注意:KI 应多加,为什么)。

在试管 3 中逐滴加入 $0.1mol \cdot L^{-1}$ KI 溶液,观察现象。然后加入 1 滴 $2mol \cdot L^{-1}$

NaOH 溶液，有何变化？

通过上述实验总结 NaClO 在不同介质中的氧化性。

b. 在试管中加入 2 滴 $0.1mol \cdot L^{-1}$ $NiSO_4$ 和 2 滴 $6mol \cdot L^{-1}$ NaOH 溶液，观察产生沉淀的颜色。在此沉淀中加入 NaClO 溶液，于水浴上微热，沉淀的颜色如何变化？

② ClO_3^- 的氧化性

a. 在试管中加入 5 滴饱和 $KClO_3$ 溶液，再加入 5 滴浓 HCl，检验所产生的气体。

b. 在两支试管中各加入 10 滴饱和 $KClO_3$ 溶液，并加入 1 滴 $0.1mol \cdot L^{-1}$ KI 溶液，有无变化？然后在一试管中加入 10 滴 $3mol \cdot L^{-1}$ H_2SO_4；在另一支试管中加入 $6mol \cdot L^{-1}$ HAc，振荡，在水浴上加热，观察现象（出现棕色后应继续加热）。

通过上述实验总结介质对 ClO_3^- 氧化性的影响，以及氧化剂、还原剂浓度对产物的影响。

c. 制备 $Ni(OH)_2$ 沉淀，在此沉淀中加入饱和 $KClO_3$ 溶液，观察现象。将此结果与（4）①b 对比。

③ 在 $0.1mol \cdot L^{-1}$ $Al_2(SO_4)_3$ 溶液中加入含相同浓度的 IO_3^- 和 I^- 的混合液，（IO_3^- 和 I^- 应以多大比例混合？）观察沉淀、溶液的颜色。再加入 $0.1mol \cdot L^{-1}$ NaS_2O_3 溶液，观察 $Al(OH)_3$ 白色沉淀[注1]。

（5）X^- 的分离与鉴定

① AgCl、AgBr、AgI 的生成

在离心试管中加入浓度均为 $0.1mol \cdot L^{-1}$ 的 Cl^-、Br^-、I^- 溶液各 0.5mL，用 2~3 滴 $6mol \cdot L^{-1}$ HNO_3 酸化，再滴加 $0.1mol \cdot L^{-1}$ $AgNO_3$ 溶液至沉淀完全。加热，使卤化银聚沉。离心分离，弃去溶液，用蒸馏水洗涤沉淀两次。

② Cl^- 的分离和鉴定

向卤化银沉淀上滴加 12% $(NH_4)_2CO_3$ 溶液，于水浴上加热，搅拌。离心分离（沉淀用于 Br^- 和 I^- 的鉴定）。清液中用 $6mol \cdot L^{-1}$ HNO_3 酸化清液，出现白色沉淀，说明有 Cl^- 存在。

③ Br^-、I^- 的鉴定

用蒸馏水洗涤以上离心分离后所得沉淀两次，弃去洗涤液。向沉淀上加 5 滴蒸馏水和少许锌粉，充分搅拌，加入 4 滴 $1mol \cdot L^{-1}$ H_2SO_4，离心分离，弃去残渣。在清液中加 10 滴 CCl_4，再逐滴加入氯水，振荡，观察 CCl_4 层颜色。CCl_4 层变成紫色，表示有 I^- 存在；继续滴加氯水，CCl_4 层出现橙黄色，表示有 Br^- 存在（在过量的氯水中 I_2 被氧化为无色的 HIO_3）。

注释

[1] 在 $Al_2(SO_4)_3$ 溶液中，Al^{3+} 发生水解：

$$Al^{3+} + H_2O \Longrightarrow Al(OH)^{2+} + H^+$$
$$Al(OH)^{2+} + H_2O \Longrightarrow Al(OH)_2^+ + H^+$$
$$Al(OH)_2^+ + H_2O \Longrightarrow Al(OH)_3 + H^+$$

但水解以第一步为主，所以溶液中并未出现 $Al(OH)_3$ 的白色沉淀。在 $Al_2(SO_4)_3$ 溶液中，按一定比例加入 IO_3^- 和 I^- 溶液，就会出现沉淀，再加入 $Na_2S_2O_3$ 溶液，则可观察到白色 $Al(OH)_3$ 沉淀。

上述现象是因为 Al^{3+} 水解产生的 H^+ 为 IO_3^- 与 I^- 的反应提供了酸性介质条件：

$$IO_3^- + 5I^- + 6H^+ \rightleftharpoons 3I_2 + 3H_2O$$

由于反应中消耗了溶液中的 H^+，促使 Al^{3+} 彻底水解，从而会产生 $Al(OH)_3$ 沉淀。但同时生成的 I_2 与 I^- 生成 I_3^-，溶液的棕黄色掩盖了白色沉淀。加入 $Na_2S_2O_3$，发生反应：

$$2S_2O_3^{2-} + I_2 \rightleftharpoons S_4O_6^{2-} + 2I^-$$

溶液变成无色，因而可观察到白色的 $Al(OH)_3$ 沉淀。

思 考 题

（1）总结单质 Cl_2、Br_2、I_2 的氧化性强弱次序。

（2）XO_3^- 与 X^- 发生歧化逆反应的介质条件是什么？

（3）为什么 Cl_2 可以从 KI 中置换出 I_2，而 I^- 又可以从 $KClO_3$ 中置换出 Cl_2？

（4）$KClO_3$ 在酸性介质中作氧化剂时，应选用何种酸？

（5）用 $AgNO_3$ 检出 Cl^- 时，为什么要同时加些 HNO_3？向一个未知溶液中加 $AgNO_3$，结果无沉淀产生，是否能判断溶液中不存在 Cl^-？

实验 52　氮、磷、氧、硫及其重要化合物的性质

一、实验目的

（1）熟悉 HNO_2、$H_2S_2O_3$ 及其盐的性质；

（2）熟悉 $S_2O_8^{2-}$ 的强氧化性及 SO_3^{2-} 的氧化性、还原性；

（3）熟悉 H_2O_2 的性质。

二、实验原理

氮、磷、氧、硫含氧酸及其盐的性质

硫、氮含氧酸及其盐和过氧化氢的主要性质列于下表。

物质	氧化值	主 要 性 质	反 应 实 例
亚硫酸及其盐	+4	1. 既具有氧化性又具有还原性，以还原性为主	$5H_2SO_3 + 2MnO_4^- = 5SO_4^{2-} + 2Mn^{2+} + 4H^+ + 3H_2O$ $H_2SO_3 + 2H_2S = 3S\downarrow + 3H_2O$
		2. 亚硫酸热稳定性差	$H_2SO_3 = SO_2\uparrow + H_2O$
硫代硫酸及其盐	+2	1. 具有中等强度还原性。遇较强氧化剂被氧化成硫酸盐，遇较弱氧化剂（如 I_2）被氧化为连四硫酸盐	$S_2O_3^{2-} + 4Cl_2 + 5H_2O = 2SO_4^{2-} + 8Cl^- + 10H^+$ $2S_2O_3^{2-} + I_2 = S_4O_6^{2-} + 2I^-$
		2. 硫代硫酸极不稳定，易分解	$S_2O_3^{2-} + 2H^+ = S\downarrow + SO_2\uparrow + H_2O$
		3. $S_2O_3^{2-}$ 可形成配合物	$Ag^+ + 2S_2O_3^{2-} = Ag(S_2O_3)_2^{3-}$
过二硫酸盐	+7	强氧化性	$2Cr^{3+} + 3S_2O_8^{2-} + 7H_2O = Cr_2O_7^{2-} + 6SO_4^{2-} + 14H^+$
亚硝酸及其盐	+3	1. 亚硝酸极不稳定，易分解	$2HNO_2 \rightleftharpoons N_2O_3 + H_2O（蓝色）$ $\updownarrow$ $NO\uparrow + NO_2\uparrow（棕色）$
		2. 既具有氧化性又具有还原性，以氧化性为主。亚硝酸盐在酸性介质中才显氧化性	$2NO_2^- + 2I^- + 4H^+ = 2NO\uparrow + I_2 + 2H_2O$ $2MnO_4^- + 5NO_2^- + 6H^+ = 2Mn^{2+} + 5NO_3^- + 3H_2O$
过氧化氢	−1	1. 不稳定，光照、MnO_2 及重金属离子可加速其分解	$2H_2O_2 = 2H_2O + O_2\uparrow$
		2. 既具有氧化性又具有还原性，介质条件可改变其反应方向	$Mn^{2+} + 2OH^- + H_2O_2 = MnO(OH)_2\downarrow + H_2O$ $MnO(OH)_2 + 2H^+ + H_2O_2 = Mn^{2+} + O_2\uparrow + 3H_2O$

三、仪器与试剂

仪器：试管、滴管、点滴板、离心机。

试剂：$KMnO_4$ 溶液（0.01mol·L^{-1}、0.1mol·L^{-1}）、KI 溶液（0.1mol·L^{-1}）、$MnSO_4$ 溶液（0.1mol·L^{-1}）、$Cr_2(SO_4)_3$ 溶液（0.1mol·L^{-1}）、$Na_2S_2O_3$ 溶液（0.1mol·L^{-1}）、NaH_2PO_4 溶液（0.1mol·L^{-1}）、Na_2HPO_4 溶液（0.1mol·L^{-1}）、Na_3PO_4 溶液（0.1mol·L^{-1}）、$Pb(NO_3)_2$ 溶液（0.1mol·L^{-1}）、$K_2Cr_2O_7$ 溶液（0.1mol·L^{-1}）、Na_2SO_3 溶液（0.5mol·L^{-1}）、$AgNO_3$ 溶液（0.1mol·L^{-1}）、$(NH_4)_2S_2O_8$ 溶液（0.5mol·L^{-1}）、$NaNO_2$ 溶液（饱和，0.1mol·L^{-1}）、氯水（饱和）、碘水（饱和）、H_2S 溶液（饱和）、H_2O_2 溶液（3%）、H_2SO_4 溶液（2mol·L^{-1}、1mol·L^{-1}）、HCl 溶液（2mol·L^{-1}）、NaOH 溶液（2mol·L^{-1}）、$NaNO_2$(s)、pH 试纸。

四、实验内容

（1）HNO_2 及其盐的性质

① HNO_2 的制备和不稳定性（均在通风橱中进行操作）

在试管中加入 5 滴饱和 $NaNO_2$ 溶液，在冰水中冷却 2～3min，然后加入 5 滴 2mol·L^{-1} H_2SO_4 溶液进行酸化，观察溶液的颜色；室温下放置一段时间后观察液面上方气体的颜色（若现象不明显，可在溶液中加少量 $NaNO_2$ 晶体）。将废液倒入通风橱中的废液杯中。

② 亚硝酸盐的氧化还原性

a. 在试管中加入 3 滴 0.1mol·L^{-1} $NaNO_2$ 溶液、再加入 1 滴 0.1mol·L^{-1} KI 溶液，观察溶液有无变化。若无变化，再加 1 滴 2mol·L^{-1} H_2SO_4，观察现象。

b. 在试管中加入 3 滴 0.1mol·L^{-1} $NaNO_2$ 溶液、再加入 1 滴 0.01mol·L^{-1} $KMnO_4$ 溶液，观察现象。若无变化，再加 1 滴 2mol·L^{-1} H_2SO_4。

（2）H_2O_2 的氧化还原性

① 向离心试管中加入少量 0.1mol·L^{-1} $Pb(NO_3)_2$ 溶液和饱和 H_2S 溶液，观察沉淀的颜色。离心分离，用少量蒸馏水洗涤沉淀 3 次，然后向沉淀中加入 3% H_2O_2 溶液，观察沉淀颜色的变化。

② 用 0.01mol·L^{-1} $KMnO_4$ 和 1mol·L^{-1} H_2SO_4 进行试验，验证 H_2O_2 在酸性介质中的还原性。

③ 介质对反应方向的影响：在试管中加 1～2 滴 0.1 mol·L^{-1} $MnSO_4$ 溶液，再滴加 2mol·L^{-1} NaOH 溶液，观察现象。在沉淀中加 1 滴 3% H_2O_2 有何变化？此反应中的 H_2O_2 是氧化剂还是还原剂？如再向试管中加入 5 滴 3% H_2O_2，并加入 5 滴 2mol·L^{-1} H_2SO_4，又有何现象？此过程中 H_2O_2 是氧化剂还是还原剂？用标准电极电势解释上述反应。

（3）硫的含氧酸及其盐的性质

① H_2SO_3 及其盐的性质

在试管中加入 1mL 0.5mol·L^{-1} Na_2SO_3 溶液，用 2mol·L^{-1} H_2SO_4 酸化，观察现象。用湿的 pH 试纸靠近管口，观察现象？然后将溶液分成两份，向一份中滴加 0.1mol·L^{-1} $K_2Cr_2O_7$ 溶液；另一份中滴加饱和 H_2S 溶液，观察现象。说明亚硫酸具有什么性质。

② $H_2S_2O_3$ 及其盐的性质

172

利用 pH 试纸、$2mol \cdot L^{-1}$ HCl、$0.1mol \cdot L^{-1}$ $Na_2S_2O_3$、饱和氯水和饱和碘水设计一组实验，验证 $H_2S_2O_3$ 的不稳定性、$S_2O_3^{2-}$ 的氧化还原性。

③ 过二硫酸盐的强氧化性

在试管中加入 5 滴 $0.1mol \cdot L^{-1}$ $Cr_2(SO_4)_3$ 和 5 滴 $0.5mol \cdot L^{-1}$ $(NH_4)_2S_2O_8$ 溶液，混匀，加热，观察现象。然后加入 1 滴 $0.1mol \cdot L^{-1}$ $AgNO_3$ 溶液，振荡并微热，观察现象。

（4）磷酸盐的溶解性

用 pH 试纸分别试验 $0.1mol \cdot L^{-1}$ Na_3PO_4、$0.1mol \cdot L^{-1}$ Na_2HPO_4、$0.1mol \cdot L^{-1}$ NaH_2PO_4 溶液的酸碱性。然后分别取这 3 种溶液 10 滴加入 3 支试管中，各加入 10 滴 $0.1mol \cdot L^{-1}$ $AgNO_3$ 溶液，观察沉淀生成。再分别用 pH 试纸检验溶液的酸碱性，前后对比有何变化？

思 考 题

（1）现有两瓶溶液分别为 $NaNO_3$ 和 $NaNO_2$，试设计 3 种方案来区别它们。

（2）为何亚硫酸盐中常含有硫酸盐，而硫酸盐中却很少含有亚硫酸盐？怎样检查亚硫酸盐中的 SO_4^{2-}？

实验53 P区重要金属化合物的性质

一、实验目的

（1）掌握锡、铅、锑、铋的氢氧化物酸、碱性及其变化规律；

（2）掌握 $Sn(II)$、$Sb(III)$、$Pb(IV)$、$Bi(V)$ 的氧化还原性；

（3）掌握 Sn^{2+}、Sb^{2+}、Pb^{2+}、Bi^{3+} 的分离、鉴定方法。

二、实验原理

锡、铅是 ⅣA 族元素，价电子层构型为 ns^2np^2，都能形成氧化值为 +2、+4 的化合物。根据"惰性电子对"效应，$Sn(II)$ 是强还原剂，$Pb(IV)$ 是强氧化剂。

锡和铅的氢氧化物都呈两性。

锑、铋为 ⅤA 族元素，价电子层构型为 ns^2np^3，都能形成氧化值 +3、+5 的化合物。根据"惰性电子对"效应，$Sb(III)$ 的还原性强于 $Bi(III)$，而 $Bi(V)$ 是强氧化剂。

$Sb(III)$ 的氢氧化物显两性，$Bi(III)$ 氢氧化物只呈碱性。锡、铅和锑、铋的氢氧化物酸、碱性的递变规律归纳如下：

	Sn、Pb 氢氧化物			Sb、Bi 氢氧化物	
碱性增强 ↓	$Sn(OH)_2$ 两性	$Sn(OH)_4$ 两性（偏酸）	碱性增强 ↓	$Sb(OH)_3$ 两性	H_3SbO_4 两性（偏酸）
	$Pb(OH)_2$ 两性（偏碱）	$Pb(OH)_4$ 两性（偏酸）		$Bi(OH)_3$ 弱碱	$Bi_2O_5 \cdot H_2O$ 不稳定,易分解
	酸性增强 →			酸性增强 →	

下表是对 $Sb(III)$、$Bi(III)$、$Sn(II)$ 的还原性和 $Pb(IV)$、$Bi(V)$ 的氧化性的总结。

氧化还原性递变规律	实　　例
Sn(Ⅱ)　　　　　　　　Pb(Ⅱ) 　　　　还原性减弱　→ $\varphi^{\ominus}_{Sn^{4+}/Sn^{2+}}=0.15V$　$\varphi^{\ominus}_{PbO_2/Pb^{2+}}=1.46V$ $\varphi^{\ominus}_{Sn^{2+}/Sn}=-0.14V$　$\varphi^{\ominus}_{Pb^{2+}/Pb}=-0.16V$ Sn(Ⅱ)　　　　　　　　Pb(Ⅱ) 　　　　氧化性增强　→	$2HgCl_2+Sn^{2+}(适量)+4Cl^-\!=\!=\!=\!Hg_2Cl_2\downarrow(白)+[SnCl_6]^{2-}$ $Hg_2Cl_2+Sn^{2+}(过量)+4Cl^-\!=\!=\!=\!2Hg\downarrow(黑)+[SnCl_6]^{2-}$ $3[Sn(OH)_4]^{2-}+2Bi^{3+}+6OH^-\!=\!=\!=\!2Bi+3[Sn(OH)_6]^{2-}$ $PbO_2+4HCl(浓)\!=\!=\!=\!PbCl_2+Cl_2\uparrow+2H_2O$
Sb(Ⅲ)　　　　　　　　Bi(Ⅲ) 　　　　还原性减弱　→ $\varphi^{\ominus}_{Sb^{3+}/Sb}=0.212V$　$\varphi^{\ominus}_{NaBiO_3/Bi^{3+}}=1.8V$ $\varphi^{\ominus}_{H_3SbO_4/H_3SbO_4}=0.59V$ Sb(Ⅴ)　　　　　　　　Bi(Ⅴ) 　　　　氧化性增强　→	$2Sb^{3+}+3Sn\!=\!=\!2Sb\downarrow+3Sn^{2+}$ $[Sb(OH)_4]^-+2[Ag(NH_3)_2]^++2OH^-\!=\!=\!=$ 　　　　　　　　　　$[Sb(OH)_6]^-+2Ag\downarrow+4NH_3$ $Bi(OH)_3+Cl_2+3OH^-+Na^+\!=\!=\!=\!NaBiO_3\downarrow+2Cl^-+3H_2O$ $5NaBiO_3+2Mn^{2+}+14H^+\!=\!=\!=\!2MnO_4^-+5Bi^{3+}+7H_2O+5Na^+$

三、仪器与试剂

仪器：试管、离心试管、离心机、水浴。

试剂：$SnCl_2$ 溶液（$0.1mol \cdot L^{-1}$）、$Pb(NO_3)_2$ 溶液（$0.1mol \cdot L^{-1}$）、$BiCl_3$ 溶液（$0.1mol \cdot L^{-1}$）、$SbCl_3$ 溶液（$0.1mol \cdot L^{-1}$）、$HgCl_2$ 溶液（$0.1mol \cdot L^{-1}$）、$AgNO_3$ 溶液（$0.1mol \cdot L^{-1}$）、$NH_3 \cdot H_2O$ 溶液（$6mol \cdot L^{-1}$）、$MnSO_4$ 溶液（$0.1 mol \cdot L^{-1}$）、$NaOH$ 溶液（$2mol \cdot L^{-1}$、$6mol \cdot L^{-1}$）、HNO_3 溶液（$2mol \cdot L^{-1}$、$6mol \cdot L^{-1}$）、HCl（$2mol \cdot L^{-1}$、$6mol \cdot L^{-1}$、浓）、氯水、$PbO_2(s)$、锡片。

四、实验内容

（1）$M(OH)_n$ 的形成及其酸碱性

制备少量 $Sn(OH)_2$、$Pb(OH)_2$、$Sb(OH)_3$、$Bi(OH)_3$ 沉淀。分别用 $2mol \cdot L^{-1}$、$6mol \cdot L^{-1}$ NaOH 溶液和 $2mol \cdot L^{-1}$ 的酸检验其酸碱性 [试验 $Pb(OH)_2$ 的碱性时，应该用什么酸？为什么]，根据实验结果分别比较 $Sn(OH)_2$ 和 $Pb(OH)_2$、$Sb(OH)_3$ 和 $Bi(OH)_3$ 酸碱性的强弱。将结果填入下表中。

$M(OH)_n$	$Sn(OH)_2$	$Pb(OH)_2$	$Sb(OH)_3$	$Bi(OH)_3$
颜色				
加过量 $2mol \cdot L^{-1}$ NaOH 的产物				
不溶于 $2 mol \cdot L^{-1}$ NaOH,加 $6 mol \cdot L^{-1}$ NaOH 的产物				
加 $2mol \cdot L^{-1}$ HCl 的产物				
离子反应式				
总结 $M(OH)_n$ 的酸碱性				

（2）氧化还原性

① Sn(Ⅱ) 的还原性和 Pb(Ⅳ) 的氧化性

a. 在试管中加入 5 滴 $0.1 mol \cdot L^{-1}$ $SnCl_2$ 溶液，加入 2 滴 $0.1 mol \cdot L^{-1}$ $BiCl_3$ 溶液，观察现象。再加入过量的 $6 mol \cdot L^{-1}$ NaOH 溶液，观察现象（此法可用于鉴定 Bi^{3+} 或 Sn^{2+}）。

b. 试验 $0.1mol \cdot L^{-1}$ $SnCl_2$ 与 $0.1mol \cdot L^{-1}$ $HgCl_2$ 的分步还原作用，观察现象（此法可用于鉴定 Hg^{2+} 或 Sn^{2+}）。

c. 在试管中加入极少量 PbO_2 固体，加入 1mL 浓 HCl，观察现象，检验气体产物。

② Sb(Ⅲ) 的氧化还原性

a. 将 1 滴 0.1mol·L^{-1} $SbCl_3$ 溶液滴加在光亮的 Sn 片上，观察现象。

b. 在试管中加入少量 0.1mol·L^{-1} $SbCl_3$ 溶液，滴加过量的 6mol·L^{-1} NaOH 溶液，至产生的沉淀又溶解。在另一试管中加入 0.1mol·L^{-1} $AgNO_3$ 溶液，加入过量的 6mol·L^{-1} NH_3·H_2O 溶液，至产生的沉淀溶解。将两支试管的溶液混合均匀，观察现象。

③ Bi(Ⅲ) 的还原性和 Bi(Ⅴ) 的氧化性

a. 在试管中加入 0.5mL 0.1mol·L^{-1} $BiCl_3$ 溶液，再加入数滴 6mol·L^{-1} NaOH 溶液及少许氯水，水浴加热，观察产生沉淀的颜色。离心分离，洗涤沉淀，此沉淀保留供下面实验 b 用。

b. 在试管中加入 1～2 滴 0.1mol·L^{-1} $MnSO_4$ 溶液，用 6mol·L^{-1} HNO_3 酸化（可否以 HCl 酸化？为什么），然后加入少量在实验 a 中制备的 $NaBiO_3$ 固体，观察现象。

<h2 style="text-align:center">思 考 题</h2>

(1) 根据沉淀-溶解平衡理论，结合本实验内容，总结将沉淀溶解的化学方法有哪些？为什么 Pb(Ⅱ) 的难溶盐可溶于浓 NaOH 溶液，而不能溶于 NH_3·H_2O 溶液？

(2) 用一种试剂鉴别下列各组物质：

① $BaSO_4$ 和 $PbSO_4$；② $BaCrO_4$ 和 $PbCrO_4$；③ $SnCl_2$ 和 $SnCl_4$；④ $Pb(NO_3)_2$ 和 $Bi(NO_3)_3$。

(3) 用一种试剂分离下列各组离子或难溶物：

① Ba^{2+} 和 Pb^{2+}；② Al^{3+} 和 Bi^{3+}；③ $PbSO_4$ 和 $PbCrO_4$。

(4) 为什么一般不选用 HNO_3 或 HCl 作为氧化还原反应介质？在什么情况下可以用 HNO_3 或 HCl 作为介质？

(5) 在 $NaBiO_3$ 氧化 Mn^{2+} 的实验中，若加入 Mn^{2+} 过多，将产生什么影响？

实验 54 d 区重要化合物的性质

一、实验目的

(1) 了解 Cr、Mn 重要化合物的性质，掌握各主要氧化值状态物质之间的相互转化；

(2) 了解 Fe、Co、Ni 重要化合物的性质，掌握它们的＋2 氧化值化合物的还原性、＋3 氧化值化合物的氧化性的递变规律。

二、d 区重要化合物性质概述

(1) Cr 和 Mn 的重要化合物

Cr 和 Mn 分别为第一过渡系ⅥB、ⅦB 族元素，它们都有可变的氧化值，Cr 有＋2、＋3、＋6，其中氧化值＋2 的化合物不稳定；Mn 有＋2、＋3、＋4、＋5、＋6、＋7，其中氧化值＋3、＋5 的化合物不稳定。

Cr(Ⅲ) 氢氧化物呈两性，盐易水解。在强碱性介质中，Cr(Ⅲ) 表现较强的还原性，易被中等强度的氧化剂（如 H_2O_2）氧化为 CrO_4^{2-}：

$$2[Cr(OH)_4]^- + 3H_2O_2 + 2OH^- \longrightarrow 2CrO_4^{2-} + 8H_2O$$

在酸性介质中，Cr^{3+} 具有明显的稳定性，既不易被氧化，也不易被还原，只有强氧化

剂（如 $KMnO_4$）才能将其氧化为 $Cr_2O_7^{2-}$，如：

$$10Cr^{3+}+6MnO_4^-+11H_2O=\!=\!=5Cr_2O_7^{2-}+6Mn^{2+}+22H^+$$

铬酸盐和重铬酸盐在水溶液中存在如下转化平衡：

$$2CrO_4^{2-}+2H^+\rightleftharpoons Cr_2O_7^{2-}+H_2O$$

$Cr(Ⅵ)$ 具有强氧化性，易被还原为 Cr^{3+}，如：

$$Cr_2O_7^{2-}+3SO_3^{2-}+8H^+=\!=\!=2\ Cr^{3+}+3SO_4^{2-}+4H_2O$$

在酸性介质中，$Cr_2O_7^{2-}$ 与 H_2O_2 作用生成蓝色过氧化铬 $CrO(O_2)_2$，这个反应用于鉴定 $Cr_2O_7^{2-}$ 或 Cr^{3+}：

$$Cr_2O_7^{2-}+4H_2O_2+8H^+=\!=\!=2CrO(O_2)_2+5H_2O$$

$Mn(Ⅱ)$ 氢氧化物显碱性，在空气中易被氧化，逐渐变成棕色的 MnO_2 水合物 $MnO(OH)_2$。

Mn^{3+} 和 MnO_4^{2-} 在酸性介质中易发生歧化反应，MnO_4^{2-} 只能存在于强碱性条件。

在酸性介质中，Mn^{2+} 很稳定，不易被还原、也不易被氧化，只有在较强的酸性条件下与强氧化剂作用〔如 $NaBiO_3$、PbO_2、$(NH_4)_2S_2O_8$ 等〕，才能被氧化为 MnO_4^-：

$$5NaBiO_3+2Mn^{2+}+14H^+=\!=\!=2MnO_4^-+5Bi^{3+}+5Na^++7H_2O$$
$$5PbO_2+2Mn^{2+}+4H^+=\!=\!=MnO_4^-+5Pb^{2+}+2H_2O$$

MnO_2 在酸性介质中具有强氧化性，还原产物为 Mn^{2+}：

$$MnO_2+4HCl（浓）=\!=\!=MnCl_2+Cl_2\uparrow+2H_2O$$

MnO_4^- 具有强氧化性，在酸性介质中氧化性更强。MnO_4^- 在不同介质中的还原产物不同，在酸性、中性和碱性介质中，还原产物分别为 Mn^{2+}、MnO_2 和 MnO_4^{2-}。

MnO_4^- 与 Mn^{2+} 易发生歧化反应的逆反应。

（2）Fe、Co、Ni 的重要化合物

Fe、Co、Ni 是第一过渡系第Ⅷ族元素，显示可变的氧化值。

$Fe(Ⅱ)$、$Co(Ⅱ)$、$Ni(Ⅱ)$ 氢氧化物显碱性。空气中的氧对它们的作用各不相同：$Fe(OH)_2$ 很快被氧化为红棕色的 $FeO(OH)$；$Co(OH)_2$ 缓慢地被氧化成褐色的 $CoO(OH)$；$Ni(OH)_2$ 与氧不发生反应。

Fe、Co、Ni 都生成不溶于水的氧化值为 +3 的氧化物及相应的氢氧化物。$FeO(OH)$ 与酸作用生成 Fe^{3+}，而 $CoO(OH)$、$NiO(OH)$ 与盐酸反应时，分别生成 Co^{2+}、Ni^{2+}。

Fe^{2+} 是常用的还原剂，Fe^{3+} 是弱氧化剂。它们易发生水解。

Fe、Co、Ni 的硫化物易溶于稀酸。

Fe、Co、Ni 离子都能生成配合物。$Co(Ⅱ)$ 配合物不稳定，易被氧化为 $Co(Ⅲ)$ 配合物；$Ni(Ⅱ)$ 的配合物稳定。

三、仪器与试剂

仪器：试管、离心试管、酒精灯、点滴板、水浴、离心机。

试剂：$CrCl_3$ 溶液（$0.1mol \cdot L^{-1}$）、$MnSO_4$ 溶液（$0.1mol \cdot L^{-1}$）、$FeCl_3$ 溶液（$0.1mol \cdot L^{-1}$）、$CoCl_2$ 溶液（$0.1mol \cdot L^{-1}$）、$NiSO_4$ 溶液（$0.1mol \cdot L^{-1}$）、$K_2Cr_2O_7$ 溶液（$0.1mol \cdot L^{-1}$）、$KMnO_4$ 溶液（$0.1mol \cdot L^{-1}$）、H_2O_2 溶液（3%）、Na_2SO_4 溶液（$0.1mol \cdot L^{-1}$）、KSCN（$0.1mol \cdot L^{-1}$）、NaF 溶液（$0.mol \cdot L^{-1}$）、$Pb（Ac）_2$ 溶液（$0.1mol \cdot L^{-1}$）、NaOH 溶液（$6\ mol \cdot L^{-1}$、$2mol \cdot L^{-1}$）、$NH_3 \cdot H_2O$ 溶液（$6mol \cdot L^{-1}$、

$2mol \cdot L^{-1}$）、H_2SO_4 溶液（$3mol \cdot L^{-1}$）、浓 HCl、HNO_3 溶液（$6mol \cdot L^{-1}$）、HAc 溶液（$6mol \cdot L^{-1}$）、$(NH_4)_2S_2O_8(s)$、$NaBiO_3(s)$、$FeSO_4 \cdot 7H_2O(s)$、KSCN(s)、乙醚、丙酮、丁二肟溶液（1%）、淀粉 KI 试纸。

四、实验内容

（1）Cr(Ⅲ) 的还原性和 Cr(Ⅵ) 的氧化性

① 在试管中加入少量 $0.1mol \cdot L^{-1}CrCl_3$，滴加 $6mol \cdot L^{-1}NaOH$ 溶液，至生成沉淀又溶解。然后加入适量的 $3\%H_2O_2$ 溶液，微热，观察现象。产物保留，供实验⑤用。

② 在试管中加入 3 滴 $0.1mol \cdot L^{-1}CrCl_3$ 溶液，用 $3mol \cdot L^{-1}H_2SO_4$ 酸化，再滴加数滴 $3\%H_2O_2$ 溶液，微热，观察现象。

③ 在试管中加入 3 滴 $0.1mol \cdot L^{-1}CrCl_3$ 溶液，加几滴水稀释，加入少量固体 $(NH_4)_2S_2O_8$，微热，观察现象。

④ 选择两种还原剂，验证 $K_2Cr_2O_7$ 在酸性介质中才具有强氧化性。

⑤ 取实验①制得的 CrO_4^{2-} 溶液，加入 0.5mL 乙醚，用 $3mol \cdot L^{-1}H_2SO_4$ 酸化后滴加 $3\%H_2O_2$ 溶液，摇荡试管，观察乙醚层颜色变化。

（2）Mn(Ⅱ) 的还原性和 Mn(Ⅳ)、Mn(Ⅶ) 的氧化性

① 在试管中加入 5 滴 $0.1mol \cdot L^{-1}MnSO_4$ 和 3 滴 $6mol \cdot L^{-1}HNO_3$ 溶液，然后加入少量 $NaBiO_3$ 固体，摇荡，观察溶液的颜色变化。

② 在试管中加入少量 MnO_2，加 3～4 滴浓 HCl，微热，检验氯气的产生。

③ 设计实验，以证明在酸性、中性和碱性溶液中 $KMnO_4$ 与 Na_2SO_3 作用的还原产物不同。

（3）M(Ⅱ)(M＝Fe、Co、Ni) 的还原性

① 在试管中加入 2mL 蒸馏水，用 1～2 滴 $2mol \cdot L^{-1}H_2SO_4$ 酸化，煮沸片刻（为什么），在其中溶解少许 $FeSO_4 \cdot 7H_2O$ 晶体。同时，在另一试管中煮沸 1mL $2mol \cdot L^{-1}$ NaOH 溶液，迅速加到 $FeSO_4$ 溶液中（不要摇匀），观察现象；然后摇匀，静置片刻，观察颜色变化。

② 在试管中加入少量 $0.1mol \cdot L^{-1}CoCl_2$ 溶液，滴加 $2mol \cdot L^{-1}NaOH$ 溶液，立即观察沉淀的颜色。然后将沉淀分成两份，一份静置一段时间，观察变化；另一份加入数滴 3% H_2O_2 溶液，观察现象。后者的沉淀保留，供实验（4）①用。

③ 在试管中加入少量 $0.1mol \cdot L^{-1}NiSO_4$ 溶液，滴加 2 $mol \cdot L^{-1}$ NaOH 溶液，产生沉淀。摇匀后静置一段时间，观察沉淀颜色有无变化。然后，将此沉淀分成两份，一份加入 $3\%H_2O_2$ 溶液，另一份加溴水，观察现象。前者的沉淀保留，供实验（4）②用。

（4）M(Ⅲ)(M＝Fe、Co、Ni) 的氧化性

① 将实验（3）②中加 H_2O_2 得到的 $CoO(OH)$ 沉淀离心沉降，用蒸馏水洗涤沉淀 1～2 次。然后，在沉淀中加入少量浓 HCl，用湿润的淀粉 KI 试纸检验逸出的气体。

② 以同样方法对实验（3）②制得的 $NiO(OH)$ 沉淀进行操作，检验产生的气体。

通过以上实验，总结 Fe(Ⅱ)、Co(Ⅱ)、Ni(Ⅱ) 还原性和 Fe(Ⅲ)、Co(Ⅲ)、Ni(Ⅲ) 氧化性的递变规律。

（5）硫的含氧酸及其盐的性质

① 在 3 支试管中分别加入 5 滴 0.1 $mol \cdot L^{-1}FeCl_3$、$CoCl_2$ 和 $NiSO_4$ 溶液，各加入 1 滴 6 $mol \cdot L^{-1}$ $NH_3 \cdot H_2O$ 溶液。产生沉淀后，再加入过量 $6mol \cdot L^{-1}$ $NH_3 \cdot H_2O$ 溶液，若沉

淀不溶解，再加 1～2 滴饱和 NH_4Cl 溶液，有何变化？放置，再观察现象。

② 在两支试管中分别加入 1 滴 $0.1mol \cdot L^{-1}FeCl_3$ 和 $NiSO_4$ 溶液，然后各加入 1 滴 $1mol \cdot L^{-1}KSCN$ 溶液；在一支试管中加入 1 滴 $0.1mol \cdot L^{-1}CoCl_2$ 溶液、2 滴丙酮和少许 KSCN 固体，观察现象。

③ 将 1 滴 $0.1mol \cdot L^{-1}NiSO_4$ 溶液加在点滴板上，再加 1 滴 $2mol \cdot L^{-1}NH_3 \cdot H_2O$ 和 1 滴 1‰丁二肟溶液，观察现象（此实验用于 Ni^{2+} 的鉴定）。

思　考　题

(1) 如何实现 $Cr(Ⅲ) \longrightarrow Cr(Ⅵ) \longrightarrow Cr(Ⅲ)$ 的转化？

(2) 验证 $K_2Cr_2O_7$ 和 PbO_2 的氧化性时，应选用何种酸作介质？

(3) 用最简便的方法，区别下列 3 组溶液：

①$SnCl_2$ 和 $MnSO_4$；②K_2CrO_4 和 $FeCl_3$；③$MnSO_4$ 和 $MgSO_4$。

(4) 在制备 $Mn(OH)_2$、$Fe(OH)_2$ 和 $Co(OH)_2$ 时，为什么要将相应溶液先煮沸？

(5) 设计分离、鉴定下列各组离子的方案：

①Co^{2+}、Mn^{2+}、Pb^{2+}、Ba^{2+}；②Cr^{3+}、Mn^{2+}、Fe^{3+}、Fe^{2+}、Co^{2+}、Ni^{2+}。

实验 55　ds 区重要化合物的性质

一、实验目的

(1) 了解 Cu、Ag、Zn、Cd、Hg 氢氧化物的性质；

(2) 熟悉 Cu、Ag、Zn、Cd、Hg 常见配合物的性质；

(3) 掌握 Cu(Ⅰ) 和 Cu(Ⅱ) 之间相互转化的条件。

二、实验原理

(1) Cu、Ag、Zn、Cd、Hg 的氢氧化物

$Cu(OH)_2$ 具有两性，加热易脱水而分解成 CuO(黑)；AgOH 在常温下极易脱水而分解为 Ag_2O(棕色)；$Zn(OH)_2$ 显两性；$Cd(OH)_2$ 呈碱性；Hg(Ⅱ)、Hg(Ⅰ) 的氢氧化物极易脱水而分别转变成 HgO(黄色)、Hg_2O(黑色)。

(2) Cu、Ag、Zn、Cd、Hg 的配合物

形成配合物是 Cu^{2+}、Cu^+、Ag^+ 的显著特征。Zn^{2+}、Cd^{2+} 易与过量氨水反应，生成氨配离子。Hg^{2+}、Hg_2^{2+} 与过量氨水作用，在没有大量 NH_4^+ 存在时，不生成氨配离子。

(3) Cu(Ⅰ) 与 Cu(Ⅱ) 的相互转化

Cu^+ 在水溶液中极不稳定，易发生歧化反应（$\varphi^{\ominus}_{Cu^+/Cu} > \varphi^{\ominus}_{Cu^{2+}/Cu^+}$）：

$$2Cu^+ = Cu^{2+} + Cu \qquad K^{\ominus} = 1.48 \times 10^6$$

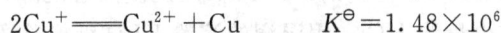

根据平衡移动的原理，只有形成难溶电解质或配合物，才能得到稳定的 Cu(Ⅰ) 化合物，例如：

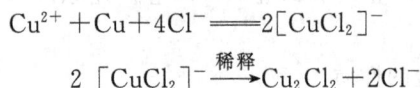

$$Cu^{2+} + Cu + 4Cl^- = 2[CuCl_2]^-$$

$$2\,[CuCl_2]^- \xrightarrow{\text{稀释}} Cu_2Cl_2 + 2Cl^-$$

三、仪器与试剂

仪器：试管、离心试管、离心机、烧杯（100mL）、酒精灯。

试剂：$CuSO_4$ 溶液（$0.1mol \cdot L^{-1}$）、$CuCl_2$ 溶液（$1mol \cdot L^{-1}$）、$AgNO_3$ 溶液（$0.1mol \cdot L^{-1}$）、$Zn(NO_3)_2$ 溶液（$0.1mol \cdot L^{-1}$）、$Cd(NO_3)_2$ 溶液（$0.1mol \cdot L^{-1}$）、$Hg(NO_3)_2$ 溶液（$0.1mol \cdot L^{-1}$）、$HgCl_2$ 溶液（$0.1mol \cdot L^{-1}$）、$Hg_2(NO_3)_2$ 溶液（$0.1mol \cdot L^{-1}$）、KI 溶液（$0.1mol \cdot L^{-1}$）、Na_2SO_3 溶液（$0.2mol \cdot L^{-1}$）、NaOH 溶液（$2mol \cdot L^{-1}$、$6mol \cdot L^{-1}$）、$NH_3 \cdot H_2O$ 溶液（$2mol \cdot L^{-1}$、$6mol \cdot L^{-1}$）、HCl 溶液（$2mol \cdot L^{-1}$、浓）。

四、实验内容

（1）氢氧化物的生成和性质

① 在试管中加入 4mL $0.1mol \cdot L^{-1}CuSO_4$ 溶液，滴加 $2mol \cdot L^{-1}$NaOH 溶液，观察沉淀的颜色。将沉淀分别置于 3 支试管中，在其中两支试管中各加 $2mol \cdot L^{-1}$HCl、$6mol \cdot L^{-1}$NaOH 溶液；将第 3 支试管加热，观察现象。

② 在试管中加入 0.5mL $0.1mol \cdot L^{-1}AgNO_3$ 溶液，滴加 $2mol \cdot L^{-1}$NaOH 溶液，观察产生沉淀的颜色。离心沉降，洗涤沉淀，将沉淀分成两份：一份加入 $2mol \cdot L^{-1}$ HNO$_3$ 溶液，另一份加入 $2mol \cdot L^{-1}$ $NH_3 \cdot H_2O$ 溶液，观察现象。

③ 在试管中加入 4mL $0.1mol \cdot L^{-1}$ $Zn(NO_3)_2$ 溶液，重复实验（1）的操作，验证 $Zn(OH)_2$ 的两性。

④ 在试管中加入 4mL $0.1mol \cdot L^{-1}$ $Cd(NO_3)_2$ 溶液，重复实验（1）的操作，试验 $Cd(OH)_2$ 是否显两性。

⑤ 在试管中加入少许 $0.1mol \cdot L^{-1}$ $Hg(NO_3)_2$ 溶液，滴加少量 $2mol \cdot L^{-1}$ NaOH 溶液，观察现象。

（2）配合物的生成和性质

① 用 $0.1mol \cdot L^{-1}$ $CuSO_4$ 溶液制取少量 $Cu(OH)_2$ 沉淀，离心分离，试验沉淀可否溶于 $2mol \cdot L^{-1}NH_3 \cdot H_2O$ 溶液。

② 用 $0.1mol \cdot L^{-1}$ $AgNO_3$ 溶液制取少量 AgCl 沉淀，离心分离，试验沉淀能否溶于 $2mol \cdot L^{-1}$ $NH_3 \cdot H_2O$ 溶液。

③ 在试管中加入 10 滴 $0.1mol \cdot L^{-1}$ $Zn(NO_3)_2$ 溶液，滴加 $2mol \cdot L^{-1}$ $NH_3 \cdot H_2O$ 溶液，观察沉淀的生成。然后加入过量的 $2mol \cdot L^{-1}$ $NH_3 \cdot H_2O$ 溶液，沉淀是否溶解？

④ 在试管中加入 10 滴 $0.1mol \cdot L^{-1}$ $Cd(NO_3)_2$ 溶液，按实验③进行操作，观察现象。

⑤ 在试管中加入 10 滴 $0.1mol \cdot L^{-1}$ $HgCl_2$ 溶液，加入 $2mol \cdot L^{-1}NH_3 \cdot H_2O$ 溶液，观察沉淀的生成。加入过量 $2mol \cdot L^{-1}NH_3 \cdot H_2O$，沉淀可否溶解？

⑥ 在试管中加入 10 滴 $0.1mol \cdot L^{-1}$ $Hg(NO_3)_2$ 溶液中，加入数滴 $6mol \cdot L^{-1}$ $NH_3 \cdot H_2O$。生成沉淀后，加入过量 $6mol \cdot L^{-1}NH_3 \cdot H_2O$ 溶液，沉淀是否溶解？

⑦ 在 5 滴 $Hg(NO_3)_2$ 溶液中，先加入少量 $0.1mol \cdot L^{-1}$ KI 溶液，观察沉淀的颜色。再加过量 KI 溶液，出现什么现象？

⑧ 用 5 滴 $0.1mol \cdot L^{-1}$ $Hg_2(NO_3)_2$ 溶液，进行与实验⑦同样的操作，观察现象。

（3）Cu（Ⅰ）与 Cu（Ⅱ）的相互转化

① 在 0.5mL $0.1mol \cdot L^{-1}CuSO_4$ 溶液中，边滴加 $0.1mol \cdot L^{-1}$KI 溶液边振荡，产生沉淀。再滴加适量 $0.2mol \cdot L^{-1}Na_2SO_3$ 溶液，以除去反应中生成的 I_2，再观察沉淀的颜色。

② 取 10 滴 $1mol \cdot L^{-1}CuCl_2$ 溶液，加 10 滴浓 HCl，再加入少许铜屑，加热至沸。待溶液呈泥黄色时，停止加热。用滴管吸出少量溶液，加入盛有 50 mL 水的烧杯中，观察白色

沉淀的生成。静置，用小滴管插入烧杯底部吸取少许 CuCl 沉淀，分别与 $2mol \cdot L^{-1} NH_3 \cdot H_2O$ 溶液和浓 HCl 反应，观察现象。

<h1 style="text-align:center">思 考 题</h1>

(1) Cu(Ⅰ) 和 Cu(Ⅱ) 各自稳定存在和相互转化的条件是什么？

(2) 将 KI 加到 $CuSO_4$ 溶液中能否得到 CuI_2？Cu_2I_2 沉淀是否可溶于浓 KI 溶液、浓 KCNS 溶液或浓 HCl？

(3) 为什么向 $Cu(NO_3)_2$ 溶液中加 KI 产生 Cu_2I_2 沉淀，而加 KCl 却得不到 Cu_2Cl_2 沉淀？

(4) 在 $Hg(NO_3)_2$ 和 $Hg_2(NO_3)_2$ 溶液中，各加入少量 KI 和过量 KI 溶液，将分别产生什么现象？

实验 56 胶体的制备与性质

一、实验目的

(1) 掌握胶体的制备方法，了解胶体性质和聚沉规律。

(2) 观察电泳现象。

二、实验原理

(1) 胶体制备的方法

胶体制备有两种方法，一种是将大块物质分散，使其变成极小的分散相颗粒，这种方法叫分散法；另一种是将分子或离子聚集成胶体离子，此法称为凝聚法。

(2) 电泳

任何一种胶粒都带有一定电荷，在外加电场的作用下，带电的胶体粒子在分散介质中定向移动的现象叫做电泳。本实验观察碘化银正、负溶胶的电泳现象。

(3) 聚沉

溶胶属于热力学不稳定体系，胶粒从小变大是热力学自发过程。溶胶中的分散相微粒互相聚结，颗粒变大，进而发生沉淀的现象称为聚沉。在溶胶中加入电解质，尤其是含高价反离子的电解质，或将等电荷异电胶体混合，都会使溶胶发生聚沉。其原因是电解质的反离子压迫扩散双电层，使其变薄，降低动电电势，胶体离子间失去排斥力，相互聚结进而聚沉。使溶胶发生明显的聚沉所需电解质的最小浓度称为该电解质的聚沉值，聚沉值的倒数为聚沉能力。反离子的价数越高，聚沉能力越大，这种关系称为价数规则。

三、仪器与试剂

仪器：量筒 (5mL)、烧杯 (150mL)、试管、锥形瓶 (50mL)、试纸。

试剂：2% 松香酒精溶液、$Al_2(SO_4)_3$ 溶液 ($0.5mol \cdot L^{-1}$)、$AgNO_3$ 溶液 ($0.02 mol \cdot L^{-1}$)、KI 溶液 ($0.02mol \cdot L^{-1}$)。

四、实验步骤

(1) 变换溶剂法制备松香胶

量取 100mL 去离子水于 150mL 烧杯中，用滤纸将 5mL 量筒擦干，量取 5mL 2% 松香酒精溶液，逐滴滴入 100mL 去离子水中，同时剧烈搅拌分散，形成白色松香胶；通过滤纸过滤，去除大颗粒松香凝聚物，溶胶留做下面实验用。

（2）$Al_2(SO_4)_3$对松香胶的聚沉作用

松香胶是一种施胶剂，在造纸中广泛应用。$Al_2(SO_4)_3$是矾土的主要成分，被用于造纸施胶的沉淀剂，因此，纸张的施胶过程即胶体的形成与破坏过程。

在20支干净试管中分别加入4mL松香胶，然后在第一支试管中加入2mL 0.5mol·L^{-1} $Al_2(SO_4)_3$溶液，振荡使其混合均匀；另取2mL 0.5mol·L^{-1} $Al_2(SO_4)_3$溶液，用去离子水稀释至4mL，混合均匀后取2mL加入到第二支试管中；剩下的2mL稀释$Al_2(SO_4)_3$溶液再用去离子水稀释至4mL，混合均匀后取2mL加入到第三支试管中……；如法依次炮制到第十九支试管，使相邻两支试管的$Al_2(SO_4)_3$溶液浓度相差一倍；第二十支试管中加入2mL去离子水以作比较用。注意：每一次$Al_2(SO_4)_3$溶液和松香胶混合时都必须充分摇匀。

静置到实验结束前观察结果，记录聚沉现象，有聚沉的用"＋"表示，并用"＋"的个数定性描述聚沉的程度，无聚沉的用"－"表示。

（3）AgI溶胶的制备与破坏

取4个锥形瓶，用滴定管准确地放入如下比例的各种溶液。

① 加入10.0mL 0.02mol·L^{-1} KI溶液，然后在不断摇匀的情况下慢慢滴入8.0mL 0.02mol·L^{-1} $AgNO_3$溶液。

② 加入10.0mL 0.02mol·L^{-1} KI溶液。

③ 加入10.0mL 0.02mol·L^{-1} $AgNO_3$溶液，然后在不断摇匀的情况下慢慢滴入8.0mL 0.02mol·L^{-1} KI溶液。

④ 加入10.0mL 0.02mol·L^{-1} $AgNO_3$溶液，然后在不断摇匀的情况下慢慢滴入8.0mL 0.02mol·L^{-1} KI溶液。

将①、③两瓶混合，②、④两瓶混合，充分摇动，观察体系产生了何种变化。

五、结果与数据处理

（1）记录实验现象。

（2）用胶体理论讨论实验结果。

思 考 题

（1）胶体稳定的主要原因是什么？

（2）电解质为什么会使溶胶聚沉？

9 综合性实验

实验 57 *trans*-[Co(en)₂Cl₂]₃[Fe(ox)₃]·4.5H₂O 的制备及其组成测定

一、实验目的

(1) 学习双配合物 *trans*-[Co(en)₂Cl₂]₃[Fe(ox)₃]·4.5H₂O 的制备方法；

(2) 学习用离子交换法分离双配合物；

(3) 通过制备、组成测定的全过程，使学生掌握化合物组成测试的物理化学方法。

二、实验原理

双配合物 *trans*-[Co(en)₂Cl₂]₃[Fe(ox)₃]·4.5H₂O 是由配合物 K₃[Fe(ox)₃]·3H₂O 和 *trans*-[Co(en)₂Cl₂]Cl 在一定条件下直接反应得到，其反应式为

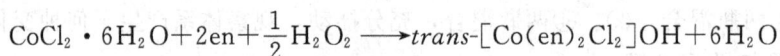

$$CoCl_2 \cdot 6H_2O + 2en + \frac{1}{2}H_2O_2 \longrightarrow trans\text{-}[Co(en)_2Cl_2]OH + 6H_2O$$

$$trans\text{-}[Co(en)_2Cl_2]OH + HCl \longrightarrow trans\text{-}[Co(en)_2Cl_2]Cl + H_2O$$

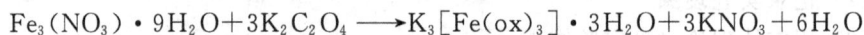

$$Fe_3(NO_3) \cdot 9H_2O + 3K_2C_2O_4 \longrightarrow K_3[Fe(ox)_3] \cdot 3H_2O + 3KNO_3 + 6H_2O$$

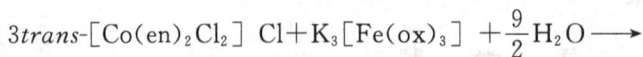

$$3trans\text{-}[Co(en)_2Cl_2]Cl + K_3[Fe(ox)_3] + \frac{9}{2}H_2O \longrightarrow$$

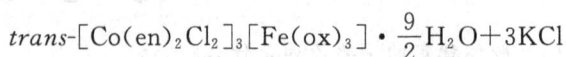

$$trans\text{-}[Co(en)_2Cl_2]_3[Fe(ox)_3] \cdot \frac{9}{2}H_2O + 3KCl$$

双配合物 *trans*-[Co(en)₂Cl₂]₃[Fe(ox)₃]·4.5H₂O 在弱光下较稳定，而在强光下有光敏作用，逐渐变成浅褐色，需保存在棕色瓶中，避免光照。

双配合物是由配阳离子和配阴离子组成，利用离子交换树脂可将两配离子分离，可以简便地分别测定其组分。化学分析可以确定各种组分的百分含量，从而确定该配合物的化学式。综合应用各种方法，还能进一步了解双配合物的性质。

三、仪器与试剂

仪器：热分析仪，古埃磁天平，电导率仪(附 DJS-1 型铅黑电极)，阳、阴离子交换柱各 1 支。

试剂：CoCl₂·6H₂O(s,C.P.)、乙二胺(en,1,C.P)、H₂O₂(30%)、Fe(NO₃)₃·9H₂O (s,C.P.)、K₂C₂O₄·H₂O(s,C.P.)、717 型阴离子交换树脂（氯型）、732 型阳离子交换树脂（钠型）、Na₂S·9H₂O(s,C.P.)。

四、操作步骤

(1) *trans*-[Co(en)₂Cl₂]₃[Fe(ox)₃]·4.5H₂O 的制备

① *trans*-[Co(en)$_2$Cl$_2$]Cl 的合成[1]

将 17g CoCl$_2$·6H$_2$O(0.07mol) 和 6mL en(0.089mol) 混合均匀，用蒸馏水调节体积为 125mL，使其完全溶解。在溶液中加入 3mL 浓盐酸，搅拌。在水浴中加热到 40～60℃，缓慢滴加 5mL 30% H$_2$O$_2$，搅拌使之反应完全。放置 10～20min，稍加热除去过剩的 H$_2$O$_2$。冷至室温，逐渐加入 30mL 浓盐酸，将溶液浓缩至体积为 60mL。溶液冷至 60～70℃，加入 10mL 95% 的乙醇，放置暗室，冷却（如室温较高，可用冰浴冷却），析出暗绿色晶体，过滤，产物用乙醇洗至滤液无色（无 Co^{2+}）。晶体在空气中干燥，称量，计算产率。

② K$_3$[Fe(ox)$_3$]·3H$_2$O 的合成[2]

将 16.2g（约 0.04mol）Fe(NO$_3$)$_3$·9H$_2$O 溶于 20mL 水中，缓慢加到摇动中的热 K$_2$C$_2$O$_4$·H$_2$O 的水溶液中（24.0g 溶于 40mL 水中，约 0.13mol），在冰浴中冷却后，析出淡绿色固体，过滤，用少量冰水、乙醇、丙酮洗涤，空气中干燥、称量，计算产率。

③ *trans*-[Co(en)$_2$Cl$_2$]$_3$[Fe(ox)$_3$]·4.5H$_2$O 的合成

将 10g（约 0.035mol）*trans*-[Co(en)$_2$Cl$_2$]Cl 溶于 40mL 冰水中，再将 4.9g（约 0.01mol）K$_3$[Fe(ox)$_3$]·3H$_2$O 溶于 35mL 温水中，若溶液中无不溶性物质，迅速过滤这两种溶液。将 K$_3$[Fe(ox)$_3$] 溶液加到搅拌的 *trans*-[Co(en)$_2$Cl$_2$]Cl 溶液中，在冰浴中冷却 10min 左右，待绿色结晶析出后，过滤，用少量冰水（冷却的蒸馏水）洗涤产品，至滤出液稍呈绿色，然后用乙醇、丙酮洗涤，产品放在空气中干燥，称量，计算产率。

（2）双配合物组成分析

① 用离子交换法分离配阴离子和配阳离子

用浓 HNO$_3$ 再生 717 型阴离子交换树脂（氯型），然后洗涤至流出液为中性，至检验无 Cl$^-$。准确称量双配合物约 0.95g 配成溶液，经过 20cm 长的阴离子交换柱（控制液滴速度 2mL·min^{-1}），流出液用 250mL 容量瓶接收，得到深草绿色的 *trans*-[Co(en)$_2$Cl$_2$]NO$_3$。用蒸馏水淋洗至流出液无色，将接收容量瓶稀释到刻度，摇匀溶液，待用。

用 1mol·L^{-1}NaOH 再生 732 型阳离子交换树脂（钠型），用蒸馏水洗涤至流出液为中性。准确称量双配合物约 0.95g 配成溶液，经过 20cm 长的阳离子交换柱（控制液滴流速 2mL·min^{-1}）。流出液用 250mL 容量瓶接收，得到淡黄绿色 Na$_3$[Fe(ox)$_3$] 溶液，用蒸馏水淋洗至流出液无色，在容量瓶中加入几滴稀 H$_2$SO$_4$，用蒸馏水稀释至刻度。摇匀溶液，待分析用。

② 配阳离子的化学分析

查阅有关资料及参见文献［2］和文献［3］，拟定测定配阳离子的钴、氯和乙二胺含量的方法，自行测定。

③ 配阴离子的化学分析

查阅有关资料及参见文献［2］，拟定测定配阴离子的铁和草酸根含量的方法，自行测定。

④ 结晶水含量的测定

在瓷坩埚中，准确称取一定量磨细的双配合物样品，按照热分析仪器的操作步骤进行热分解测定，升温到 500℃，记录其 TG 和 DTA 图。从图上确定样品中结晶水含量和失重率最大的温度范围。

（3）配离子电导率的测定

查阅有关资料及参见文献［2］，用电导率仪测定一系列不同浓度水溶液的电导率，可推出配离子的单位电荷数。

（4）双配合物的磁性测定

用古埃磁天平测定双配合物的磁化率，计算出 Fe^{3+} 的有效磁矩 μ_{eff} 和配合物中中心离子的未成对电子数。

五、实验结果和处理

（1）双配合物的组成测定

根据组成测定和热重分析的实验结果，计算试样中的 Co^{3+}、en、Cl^-、Fe^{3+}、$C_2O_4{}^{2-}$ 和 H_2O 的百分含量，确定样品的化学式。

（2）配离子的电荷测定

由配合物的电导率，计算其摩尔电导，由摩尔电导的数值范围可确定配合物的电离类型。

（3）中心离子的未成对电子数的测定

根据配合物的磁化率，计算出配合物中心离子的未成对电子数，说明配位场的强弱。

综合上述实验结果，确定配合物的正确分子式。

思 考 题

（1）在合成 trans-$[Co(en)_2Cl_2]Cl$ 时，如何保证其纯度？

（2）分析乙二胺的原理是什么？

（3）用离子交换分离法分离配阴离子和配阳离子时，为什么要控制液滴速度？

参 考 文 献

[1] Sharrock P. , *J. Chem. Edu.* , 1980，57(11)，778

[2] Euil G. S. and Searle G. H. , *J. Chem. Edu.* , 1986，63(10)，902

[3] Searle G. H. , *J. Chem. Edu.* , 1985，62(10)，892

实验 58　新鲜蔬菜中胡萝卜素的提取、分离及含量的测定

一、实验目的

（1）利用化学手段提取和纯化新鲜蔬菜中的胡萝卜素，应用光谱技术进行表征和含量测定；

（2）通过新鲜蔬菜中胡萝卜素的测定，使学生初步掌握天然产物的分离、提取、鉴定和含量测定等实验技术，提高学生进行综合实验的能力。

二、实验原理

许多绿色植物如蔬菜、瓜果中含有丰富的胡萝卜素（$C_{40}H_{56}$），它是维生素 A 的前体，具有类似维生素 A 的活性。胡萝卜素有 α-异构体、β-异构体、γ-异构体，其中以 β-胡萝卜素生理活性最强，含量最多。β-胡萝卜素的结构式如下：

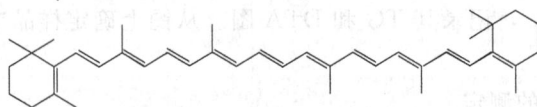

β-胡萝卜素

β-胡萝卜素是含有 11 个共轭双键的长链多烯化合物,它的 π→π* 跃迁吸收带处于可见光区,因此纯的 β-胡萝卜素是橘红色晶体。

胡萝卜素不溶于水,可溶于有机溶剂,因此植物中胡萝卜素可以用溶剂提取。但叶黄素、叶绿素等成分也会同时被提取出来,对测定产生干扰,需要用适当的方法加以分离。本实验采用柱色谱法将提取液中的胡萝卜素分离出来,经分离提纯的胡萝卜素可以直接用分光光度法测定。

三、仪器与试剂

仪器:紫外可见分光光度计、分析天平、色谱柱、研钵、分液漏斗(150mL、250mL)、容量瓶(10mL、50mL)、吸液管(1mL)。

试剂:β-胡萝卜素、活性 MgO、硅藻土助滤剂、丙酮、正己烷、无水 Na_2SO_4。

待测样品:新鲜胡萝卜。

四、操作步骤

(1) β-胡萝卜素的提取

将新鲜胡萝卜粉碎混匀,称取 1~2g,加 10mL 1:1 丙酮-正己烷混合溶剂,于研钵中研磨 5min,将混合溶剂滤入预先盛有 50mL 蒸馏水的 150mL 分液漏斗中,残渣继续用 10mL 1:1 丙酮-正己烷混合溶剂研磨、过滤,如此反复浸提几次,直到浸提液无色为止,浸提液滤入分液漏斗中,水洗后将水相放入另一个 250mL 分液漏斗中。继续用 3 份 30mL 蒸馏水洗涤浸提液,将洗涤后的水溶液合并于 250mL 分液漏斗中,加入 20mL 正己烷萃取水溶液,然后将正己烷萃取液与 150mL 分液漏斗中浸提液合并供柱色谱分离,弃去萃取后的水溶液。

(2) β-胡萝卜素的柱色谱分离

① 吸附剂的处理。将活性 MgO 在 600℃ 下灼烧 4h,冷却,与硅藻土助滤剂按质量比 1:1 均匀混合。

② 柱色谱分离。色谱柱为外径 22mm、长 175mm 的玻璃管,下端接有外径 10mm、长 50mm 的细玻璃管。在色谱柱细径处填入少许玻璃毛或脱脂棉。将吸附剂疏松地装入色谱柱中,装入高度约 150mm,然后用水泵抽气使吸附剂逐渐密实。装填密实后吸附剂高度约为 100mm,再在吸附剂顶面盖上一层约 1cm 的无水 Na_2SO_4。

将样品浸提液逐渐倾入色谱柱中,在连续抽气条件下,使浸提液通过色谱柱。用正己烷冲洗色谱柱,使 β-胡萝卜素谱带与其他色素谱带分开,当 β-胡萝卜素谱带移过色谱柱中部,用 1:9 丙酮-正己烷混合溶剂洗脱并收集流出液,β-胡萝卜素将首先从色谱柱流出,而其他色素仍保持在色谱柱中。将洗脱的 β-胡萝卜素流出液收集在 50mL 容量瓶中,用 1:9 丙酮-正己烷混合溶剂定容;在整个柱色谱过程中,柱的顶端应始终保持有溶剂。

(3) 绘制工作曲线

① 配制 β-胡萝卜素标准溶液。用逐级稀释法准确配制 $25\mu g \cdot mL^{-1}$ β-胡萝卜素正己烷标准溶液。分别吸取该溶液 0.2mL、0.4mL、0.6mL、0.8mL 和 1.0mL 于 5 个 10mL 容量瓶中,用正己烷定容。

② 测定吸收光谱。用 1cm 比色皿,以正己烷为参比,分别测定 5 个 β-胡萝卜素标准溶液的吸收光谱(测定的波长范围为 380~600nm)。

(4) 样品浸提液中胡萝卜素的含量的测定

以 1:9 丙酮-正己烷溶剂为参比,在分光光度计上测定柱色谱分离后的 β-胡萝卜素溶液的吸收光谱。

五、数据处理

（1）绘制 β-胡萝卜素工作曲线

① 根据吸收光谱确定标准溶液最大吸收波长 λ_{max} 和吸光度 A。

② 以 β-胡萝卜素标准溶液浓度为横坐标，吸光度为纵坐标，绘制工作曲线。

③ 根据工作曲线的斜率计算摩尔吸光系数 ε。

（2）确定样品溶液 λ_{max} 处的吸光度，计算胡萝卜中胡萝卜素的含量

$$胡萝卜素含量 = \frac{50c_x}{1000m_{样品}} \ (mg/g)$$

式中　　c_x——工作曲线上查到的胡萝卜素浓度，$\mu g \cdot mL^{-1}$；

$m_{样品}$——胡萝卜样品的质量，g。

（3）依照共轭多烯 $\pi \rightarrow \pi^*$ 跃迁吸收波长及摩尔吸光系数的计算公式，计算 β-胡萝卜素的吸收波长 λ_{max} 和摩尔吸光系数 ε_{max}。将实验测定的吸收波长和摩尔吸光系数与计算值进行比较。

思 考 题

（1）天然产物的提取方式通常有哪些？

（2）应用柱色谱法将胡萝卜素与其他色素分离的原理是什么？

（3）如何制备性能良好的色谱柱？

（4）影响胡萝卜素含量测定的准确性有哪些因素？

实验59　二茂铁及其衍生物的合成、分离和鉴定

一、实验目的

通过合成二茂铁，掌握合成中惰性气氛的操作技术；学习用薄层色谱法确定柱色谱的淋洗剂，用柱色谱法提纯二茂铁衍生物，用熔点法、红外光谱和核磁共振法鉴定产物。

二、实验原理

双环戊二烯铁 $(C_5H_5)_2Fe$，又名二茂铁，是亚铁与环戊二烯的配合物，是目前已知的最稳定的金属有机化合物。此类化合物的出现，不仅在理论和结构研究上有重要意义，而且二茂铁及其衍生物可用做紫外吸收剂、火箭燃料的添加剂、汽油抗震剂和橡胶熟化剂。

制备二茂铁的方法很多，但基本路线是首先生成环戊二烯负离子，然后与 Fe^{2+} 反应。在已报道的制备方法中，常用的较为直接和经济的有两种。

第一种方法是首先用细铁粉还原无水三氯化铁制得无水氯化亚铁，然后在乙二胺存在下，使环戊二烯与无水氯化亚铁在四氢呋喃溶剂中作用生成二茂铁；其中环戊二烯在常温下为二聚体，使用前应裂解为单体，全部实验操作都必须在严格无水、无氧条件下进行。

第二种方法是采用二甲亚砜为溶剂，用 NaOH 作环戊二烯的脱质子剂，使它变成环戊二烯负离子，然后与 $FeCl_2$ 反应生成二茂铁。此法有一定的优越性，因为 NaOH 不仅用作环戊二烯的脱质子剂，而且也是一个脱水剂，所以可以使用普通的水合氯化亚铁。本实验采

用第二种方法制备二茂铁。

二茂铁为橙色针状晶体，有樟脑气味，基本上不溶于水，能溶于苯、乙醚、石油醚等大多数有机溶剂，熔点为 $173\sim174℃$，沸点 $249℃$，高于 $100℃$ 时升华，加热到 $400℃$ 不分解，对碱和非氧化性酸稳定。二茂铁在乙醇中的紫外光谱在 $225nm(\varepsilon=5250)$、$325nm(\varepsilon=50)$、和 $440nm(\varepsilon=87)$ 处有吸收峰。二茂铁的红外吸收峰的频率分别为（cm^{-1}，KBr 压片）：478（强）、492（强）、782（弱）、811（强）、834（弱）、1002（强）、1051（弱）、1108（强）、1188（弱）、1411（强）、1620（中强）、1650（中强）、1684（中强）、1720（中强）、1758（中强）、3085（强）。

由于二茂铁的茂基具有芳香性，在戊环上能进行一系列的取代反应，如磺化、酰基化等，形成多种取代基的衍生物。本实验在磷酸的催化下，由乙酸酐与二茂铁发生亲电取代反应制取乙酰二茂铁。用柱色谱法进行提纯。

三、仪器与试剂

仪器：托盘天平、研钵、烧瓶（100mL）、三颈圆底烧瓶（250mL）、滴液漏斗、T 形管、布氏漏斗、N_2 钢瓶、量筒（100mL、50mL、10mL）、干燥管、烧杯（400mL）、载玻片（2.5cm×7.5cm）、毛细管、广口瓶、锥形瓶、色谱柱（内径 1.5cm，高 30cm）、温度计、直管冷凝管、接引管、蒸馏头、分馏柱、磁力搅拌器、红外光谱仪、NMR 波谱仪、熔点测定仪。

试剂：NaOH(s, C. P.)、$FeCl_2 \cdot 4H_2O(s)$、环戊二烯、二甲亚砜、HCl 溶液（6mol·L^{-1}）、冰、乙酸酐、H_3PO_4（85％）、无水 $CaCl_2$、$NaHCO_3$(s)、硅胶 G、二氯甲烷、甲苯、石油醚（60~90℃）、乙醚、乙酸乙酯、KBr(s)、CCl_4。

四、操作步骤

(1) 二茂铁的合成

① 环戊二烯的解聚。在 100mL 烧瓶内加入 30mL 环戊二烯，用分馏装置（参见 3.1.4）进行分馏，收集低于 44℃ 的馏分。新蒸出的环戊二烯必须在 2~3h 内使用。

② 二茂铁的合成。将磁搅拌棒、100mL 二甲亚砜和 27.2g 已研细的 NaOH 粉末放入 250mL 的三颈圆底烧瓶内，按图 59-1 所示装置安装仪器。搅拌同时通入 N_2，10min 后将 14mL 环戊二烯逐滴加入烧瓶，反应液呈红色。反应 15min 后分批从三颈瓶的左口加入 17g 已研细的 $FeCl_2 \cdot 4H_2O$ 粉末，再剧烈搅拌 100min，反应结束，停止通 N_2。将反应物注入到 150 mL 6 mol·L^{-1} HCl 溶液和 100g 冰的混合物中，搅拌 30min，析出黄色固体，吸滤，用水充分洗涤，风干，称量，计算产率。

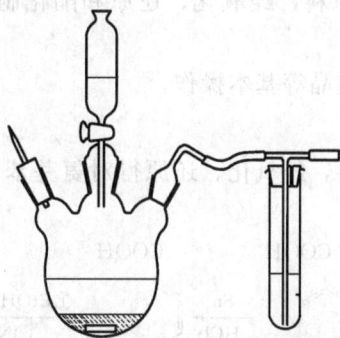

图 59-1 二茂铁的合成装置

（2）合成乙酰二茂铁　将 3g 二茂铁和 10mL 醋酸酐加入 50mL 锥形瓶中，在磁力搅拌下逐滴加入 2mL 85％的磷酸，用无水 $CaCl_2$ 干燥管保护混合物，在沸水浴上加热 10min。然后将其倒入盛有 60g 碎冰的 400mL 烧杯中，不断搅拌，待冰融化后，小心加入固体 $NaHCO_3$ 中和反应物至无 CO_2 逸出。在冰浴上冷却 30min。吸滤，用水充分洗涤至滤出液呈浅橙色，风干。该产品含杂质，需进一步分离提纯。

（3）薄层色谱　为确定柱色谱所用的淋洗剂，先进行薄层色谱实验。

① 制备薄层色谱板。操作参见 4.12.1。

② 点样。将少量的纯二茂铁和乙酰二茂铁粗产品分别溶于 2mL 甲苯中，配成溶液；分别用毛细管浸入纯二茂铁和乙酰二茂铁溶液，在色谱板上轻轻点触。注意纯二茂铁和乙酰二茂铁样点应在一条线上。

③ 展开。选择不同的展开剂，进行展开，计算两化合物的 R_f 值。据此为柱色谱选择合适的淋洗剂。

（4）柱色谱　按照柱色谱的操作过程和用上述选定的淋洗剂进行过柱。根据二茂铁和乙酰二茂铁的颜色差别，分别收集之。

（5）产品收集　蒸发掉柱色谱中收集的两份溶液中的溶剂，得到二茂铁和乙酰二茂铁固体，称量，计算产率。

（6）产品鉴定

① 测定二茂铁和乙酰二茂铁的熔点，与文献值（二茂铁 173～174℃，乙酰二茂铁 85～86℃）比较。

② 测定二茂铁和乙酰二茂铁的红外光谱，与文献的标准谱图比较，归属特征吸收峰。

③ 测定二茂铁和乙酰二茂铁的 ^1H NMR 谱，指出各峰的化学位移及其归属。

思　考　题

（1）合成二茂铁为什么要在惰性气氛中进行？

（2）在提纯乙酰二茂铁时，如何选用淋洗剂才能加快提纯过程？

实验 60　对氨基苯甲酸乙酯的微量合成和鉴定

一、实验目的

（1）学习以对硝基甲苯为原料，经氧化、还原和酯化制备对氨基苯甲酸乙酯的原理和方法；

（2）巩固回流、过滤和重结晶等基本操作。

二、实验原理

本实验以对硝基甲苯为原料，经氧化、还原得对氨基苯甲酸，再经酯化后得苯佐卡因。反应式如下：

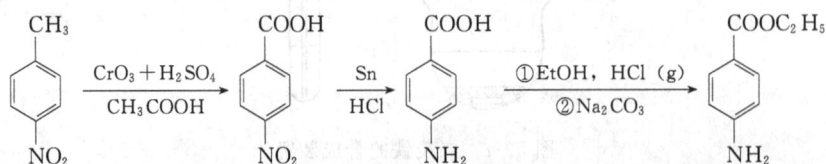

第一步反应采用铬酸酐-冰乙酸为氧化剂，产物分离简便。第二步用 Sn-HCl 作为硝基的还原剂，这是实验室中硝基还原成氨基的常用方法，其反应速度较快，收率也好。第三步氨基酸进行醋化时，不能按常法用浓硫酸作催化剂，因为氨基酸与浓硫酸形成的硫酸盐会使过量的硫酸不易分离。本实验采用 Fischer-Spier 酯化法，即以 HCl 气体作为催化剂，虽然在反应中同样会生成氨基酸酯盐酸盐，但过量的 HCl 较硫酸易于除去。

三、仪器和试剂

仪器：锥形瓶、圆底烧瓶（10mL）、电磁加热搅拌器、玻璃漏斗、冷凝管、具塞离心试管。

试剂：对硝基苯甲酸、冰醋酸、铬酸酐、浓 H_2SO_4、甲醇、锡、浓 HCl、氨水、氯化氢乙醇饱和溶液、饱和 Na_2CO_3 溶液。

四、实验步骤

（1）在锥形瓶中加入 1.5g 铬酸酐和 3mL 水，小心滴入 1.5mL 浓硫酸使其混合均匀。把 0.5g 对硝基甲苯和 2.7mL 冰醋酸加入到 10mL 圆底烧瓶中，装上冷凝管，温热，回流搅拌，使反应物溶解成一均匀的液体。用毛细滴管将配好的铬酸酐-硫酸液从冷凝管顶端逐滴加入，当全部加入后，温热搅拌回流半小时。加入约 7mL 水，即有对硝基苯甲酸析出。抽滤，再用水洗涤，所得的粗制物用适量的甲醇溶解，滤去不溶物。在滤液中滴加适量的水，直到析出晶体为止。再温热使之溶解，放冷后有晶体析出，过滤，在 100～110℃下烘干，得浅黄色对硝基苯甲酸针状晶体，产率约 74.5%，测其熔点（纯对硝基苯甲酸熔点为 242℃）。

（2）在 5mL 圆底烧瓶中加入 0.25g 对硝基苯甲酸，0.9g 锡（粉状）及 2.5mL 浓盐酸，装上回流冷凝管。搅拌并缓和加热至微沸。若反应太剧烈，则暂移去热浴。待溶液澄清后（加入的锡不一定完全溶解），放置冷却，把液体倾泻入烧杯中，剩余的锡用少量水洗涤，洗涤液与烧杯中液体合并在一起。

在不断搅拌下滴加浓氨水于烧杯中至石蕊试纸呈碱性反应。放置片刻滤去生成的二氧化锡，滤渣用少量水洗涤。收集滤液于一个适当大小的蒸发皿中，滴加冰醋酸于滤液中使呈微酸性，在水浴上浓缩到开始有晶体析出。放置冷却过滤。干燥后得粗品 164mg。用乙醇或乙醇-乙醚混合溶剂重结晶，得黄色对氨基苯甲酸晶体，产率约 76%，熔点 184～186℃。

（3）在锥形瓶中加入 5mL 无水乙醇，在冰浴中冷却，通入经浓硫酸干燥的氯化氢气体到饱和状态，得到氯化氢-乙醇溶液。

在一个 3mL 圆底烧瓶中，加入 150mg 对氨基苯甲酸及 1.5mL 上述的氯化氢-乙醇溶液，装上冷凝管，加热回流 1h 左右，有对氨基苯甲酸乙酯的盐酸盐生成。同时将 25mL 蒸馏水煮沸，把制得的酯的盐酸盐趁热倾入沸水中，加入饱和的碳酸钠水溶液至溶液呈中性，即有白色沉淀生成。抽滤，用水洗涤沉淀，抽干后晾干，得白色粉状的对氨基苯甲酸乙酯固体。用乙醇-水混合溶剂重结晶，得对氨基苯甲酸乙酯针状晶体，产率 56%。其熔点的文献值为 90℃。

将所得的对氨基苯甲酸乙酯用 KBr 压片法测定红外光谱，与标准谱图对照。

思 考 题

写出其他制备对氨基苯甲酸乙酯的合成路线，并比较各种方法的优缺点。

实验 61　2-甲基-2-亚硝基丙烷的制备、表征及动力学性质的测定

一、实验目的

(1) 学习 2-甲基-2-亚硝基丙烷的制备及表征方法；

(2) 利用分光光度法测定产物二聚体在溶液中的离解-聚合反应的平衡常数、反应焓变及熵变；

(3) 测定产物在溶液中离解-聚合反应的速率常数及活化能。

二、实验原理

叔丁胺在钨酸钠的催化下，可被过氧化氢氧化为 2-甲基-2-亚硝基丙烷，控制好氧化剂的浓度、滴入速度及反应温度，可以提高产物的产率。

2-甲基-2-亚硝基丙烷的二聚体 $(t\text{-BuNO})_2$ 是无色针状晶体，二聚体在有机溶剂中解离，单体 (M) 与二聚体 (D) 之间存在下面平衡：

$$D \rightleftharpoons 2M$$

二聚体在 300nm 处有最大吸收峰，而单体在 700nm 处有最大吸收峰。单体溶液呈亮蓝色，稀释溶液或升高温度，将使平衡向右移动，可用式 (61-1) 来描述平衡：

$$K = \frac{c_M^2}{c_D} \tag{61-1}$$

式中　c_M 和 c_D——表示平衡时单体和二聚体的浓度；

$\qquad K$——平衡常数。

若以 $c_{0,M}$ 和 $c_{0,D}$ 分别表示溶液仅为单体和二聚体时的浓度，则 $c_{0,D} = \frac{1}{2}c_{0,M}$。因此，二聚体的解离度 α 可表示为

$$\alpha = \frac{c_{0,D} - c_D}{c_{0,D}} = \frac{c_M}{c_{0,M}}$$

则

$$c_D = c_{0,D}(1 - \alpha) \tag{61-2}$$

又因为

$$c_{0,D} - c_D = \frac{1}{2}c_M \tag{61-3}$$

则将式 (61-2) 和式 (61-3) 代入式 (61-1) 得

$$K = \frac{4\alpha^2 c_{0,D}}{1-\alpha} = \frac{2\alpha^2 c_{0,M}}{1-\alpha} \tag{61-4}$$

根据 Lambert-Beer 定律，测定溶液中单体的浓度为

$$A_M = \kappa_M c_M l \tag{61-5}$$

式中，A_M 为单体的吸光度。由于溶液中单体的平衡浓度是未知的，因此，不可能从上式计算 κ_M，但如果引入"有效"摩尔吸收系数 κ_{eff}，并忽略单体的局部聚合，则可以表示为

$$A_M = \kappa_{eff} c_{0,M} l \tag{61-6}$$

式中，κ_{eff} 是一个与 $c_{0,M}$ 有关的物理量，因此上式不是线性关系，但是，当式 (61-6) 除以式 (61-5) 可得

$$\frac{c_M}{c_{0,M}} = \frac{\kappa_{eff}}{\kappa_M} = \alpha \tag{61-7}$$

将式（61-7）代入式（61-4），得

$$K = \frac{2c_{0,\mathrm{M}}(\kappa_{\mathrm{eff}})^2}{\kappa_{\mathrm{M}}(\kappa_{\mathrm{M}} - \kappa_{\mathrm{eff}})}$$

或

$$\kappa_{\mathrm{eff}} = \frac{-2(\kappa_{\mathrm{eff}})^2 c_{0,\mathrm{M}}}{K\kappa_{\mathrm{M}}} + \kappa_{\mathrm{M}} \qquad (61\text{-}8)$$

由（61-8）式可知，用 κ_{eff} 对 $(\kappa_{\mathrm{eff}})^2 c_{0,\mathrm{M}}$ 作图，得一直线，其截距为 κ_{M}，斜率为 $\dfrac{-2}{K\kappa_{\mathrm{M}}}$，从而可求得 K。

用上述方法测定几个温度下的平衡常数，则可从 Van't-Hoff's 方程式计算反应焓变 ΔH。

$$\frac{\mathrm{d}\ln K}{\mathrm{d}T} = \frac{\Delta H}{RT^2} \qquad (61\text{-}9)$$

从不同温度下单体及二聚体的 $\lambda \sim A$ 关系图可看出，温度升高时，单体的吸光值变化很小，而二聚体的吸光值变化很大。当离解度 α 从 0.98 变为 0.99 时，c_{M} 变化 1%，而 c_{D} 的值改变 100%。因此，利用二聚体的吸收谱带来测定反应焓变 ΔH，将是很方便的，假设 $c_{\mathrm{M}} \approx$ 常数，从方程式 $A_{\mathrm{D}} = \kappa_{\mathrm{D}} c_{\mathrm{D}} l$（$A_{\mathrm{D}}$ 为 294nm 时二聚体的吸光值）及式（61-1）和式（61-9）得

$$\frac{\mathrm{d}\lg A_{\mathrm{D}}}{\mathrm{d}T} = \frac{\Delta H}{2.303RT^2}$$

或

$$\lg A_{\mathrm{D}} = \frac{-\Delta H}{2.303RT} + 常数 \qquad (61\text{-}10)$$

由上式可知，$\lg A_{\mathrm{D}}$ 对 $1/T$ 作图得一直线，从直线的斜率可计算解离反应的焓变，从 ΔH 和 K 可以按下式计算这个反应的熵变。

$$\Delta S = \frac{\Delta H}{T} + 2.303R\lg K \qquad (61\text{-}11)$$

由于二聚体的吸收谱带对解离度呈现高的灵敏度，因此也可以用来研究动力学过程，通常采用弛豫法使体系恢复到平衡。

本实验采用浓度弛豫法，即把少量二聚体溶液注入到装有溶剂的带恒温夹套的比色皿中，这样稀释的结果，使单体（M）与二聚体（D）之间的平衡向着单体方向移动，A_{D} 从某一个起始值（A）减少到平均值（$\overline{A}_{\mathrm{D}}$）。此反应的速率可用下式表示：

$$\frac{\mathrm{d}c_{\mathrm{D}}}{\mathrm{d}t} = -k_1 c_{\mathrm{D}} + k_2 c_{\mathrm{M}}^2 \qquad (61\text{-}12)$$

式中，$k_1 c_{\mathrm{D}} > k_2 c_{\mathrm{M}}^2$。

实验条件假设为平衡几乎完全向着单体的方向移动，且单体的浓度不随时间而变化，即反向反应的速率是常数 $[k_2 c_{\mathrm{M}}^2 \approx k_2 c_{0,\mathrm{M}}^2]$。在此条件下，积分式（61-12），并使 $t=0$ 时，$c_{\mathrm{D}} = c_{\mathrm{init,D}}$，$k_1/k_2 = K$ 和 $c_{0,\mathrm{M}}^2/K = \bar{c}_{\mathrm{D}}$。这样可得

$$\ln[\bar{c}_{\mathrm{D}} - c_{\mathrm{D}}] = k_1 t + \ln[\bar{c}_{\mathrm{D}} - c_{\mathrm{init,D}}]$$

以吸光值代替浓度可得

$$\ln(A_{\mathrm{D}} - \overline{A}_{\mathrm{D}}) = 0.434 k_1 t + \lg(A_{\mathrm{init}} - \overline{A}_{\mathrm{D}}) \qquad (61\text{-}13)$$

式中，$A_{\mathrm{init}} > \overline{A}_{\mathrm{D}}$、$A_{\mathrm{D}} > \overline{A}_{\mathrm{D}}$。由此可见，此可逆反应属于一级动力学反应，即 $\lg(A_{\mathrm{D}} - \overline{A}_{\mathrm{D}})$-$t$ 作图为直线，从斜率可求得 k_1。在不同温度下进行测定，则根据 Arrhenius 关系式

$k_1 = A_1 \exp(-E_1/RT)$，可测定二聚体解离反应的活化能 E_1。

三、仪器和试剂

仪器：锥形瓶、量筒、分液漏斗、蒸馏装置、搅拌器、干燥器、容量瓶、紫外-可见分光光度计、低温恒温槽、熔点测定仪、红外光谱仪。

试剂：叔丁胺（C.P.），$Na_2WO_4(s)$，$NaCl(s, A.R.)$，H_2O_2 溶液（21%）、浓 HCl、无水 $MgSO_4$、乙醇、庚烷。

四、实验步骤

(1) 二聚体（t-BuNO)$_2$ 的制备[1,2]

称取 36.6g 叔丁胺和 4.0g Na_2WO_4 于 300mL 带恒温夹套的锥形瓶中，加入 50mL 蒸馏水，夹套通入 0℃水，置于搅拌器上搅拌。再在夹套中通入 15～20℃水时，在 1.5h 内逐滴滴加 21%过氧化氢溶液 170g，然后使夹套温度升至 20～25℃时，再搅拌 0.5h。

在反应中加入 3g NaCl 固体，并不断搅拌，以破坏胶体。分离出蓝色有机层贮于分液漏斗中，并用稀 HCl 溶液洗涤 2 次，弃去水相，有机层用无水 $MgSO_4$ 干燥。蒸馏有机层，接收 50～55℃间的馏分，用冰冻结，得无色（或略带蓝色）的针状晶体。晶体用 5%乙醇的饱和 NaCl 溶液洗至无色，然后贮于干燥器中备用。

(2) 二聚体（t-BuNO)$_2$ 的表征

测定二聚体（t-BuNO)$_2$ 的熔点，并用溴化钾压片测定产物的红外光谱。

(3) 产物在溶液中平衡时的热力学参数的测定

① 电子光谱测定　配制浓度为 4.0×10^{-2} mol·L^{-1}（t-BuNO)$_2$ 的庚烷溶液，分别在恒温 20.0℃和 40.0℃下，在 250～720nm 范围测定其电子光谱，每间隔 10nm 测定 1 次。

② 摩尔吸光系数及平衡常数的测定

a. 贮备液的配制。取 0.355g 结晶二聚体用庚烷配制于 10mL 的容量瓶中 [$c_{0,M} = 0.816$ mol·L^{-1}]。

b. 依下表的体积比配制 6 个测定液，配制后放在暗处 40min(20℃) 以上（随温度升高而缩短放置时间），然后注入比色皿中，恒温 10min，在 678nm 处测定吸光值。

c. 反应熔变的测定。取 31.8mg 结晶二聚体用庚烷配制于 10mL 容量瓶中，在暗处 (20℃) 放 40min，然后注入石英比色皿中，恒温 10min，在 294nm 处测定吸光值 A_D。温度升高 10℃再测吸光值。

(4) 解离-聚合反应的动力学测定

① 称取 81mg 结晶二聚体溶解在 10mL 庚烷中 [$c_{0,M} = 9.31 \times 10^{-2}$ mol·L^{-1}]，并贮于暗处 40min。

② 在 1cm 比色皿中注入 2.2mL 庚烷，在设定温度下恒温 10min 以上，然后吸取上述贮备液 0.35mL 快速注入比色皿中，用针筒鼓气混匀，在 294nm 处每分钟测定一次吸光值，直至吸光值变化很少为止。

③ 改变 5 个不同恒温温度，重复进行以上实验。

五、实验结果和数据处理

(1) 二聚体（t-BuNO)$_2$ 的质量：＿＿＿＿＿＿；产率：＿＿＿＿＿＿。

(2) 产物的表征

① 产物的熔点：＿＿＿＿＿＿＿＿＿。

② 在红外光谱图上标出亚硝基和叔丁基的谱峰，并由红外光谱图确定二聚体是顺式还是反式。

（3）热力学参数的确定

① 由电子光谱图确定最大吸收波长 $\lambda_{\max}$。

② 摩尔吸光系数及平衡常数的计算。

a. 不同浓度溶液的吸光值记录于下表，并计算相应的 κ_{eff} 值。

编号	V(贮备液)/mL	V(庚烷)/mL	$c_{0,\text{M}}$/mol·L^{-1}	A_{M}	κ_{eff}	$\kappa_{\text{eff}}^2 c_{0,\text{M}}$
1	2	0				
2	4	8				
3	6	6				
4	8	4				
5	0	2				
6	1.2	0				

b. 用 κ_{eff} 对 $\kappa_{\text{eff}}^2 c_{0,\text{M}}$ 作图，得一直线，其截距为 κ_{M}，斜率为 $-2/K\kappa_{\text{M}}$，从而可求得 K。

③ 反应焓变和反应熵变的计算。由 $\lg A_{\text{D}}$ 对 $1/T$ 作图得一直线，从直线斜率可计算解离反应的焓变，从 ΔH 和 K 可以计算这个反应的熵变。

（4）动力学参数的计算

① 反应速率常数 k_1 的计算。在温度 T ℃时不同时间 t 的吸光值 A_{D}；

t/min						
A_{D}						

以 $\lg (A_{\text{D}} - \overline{A}_{\text{D}}) \sim t$ 作图得一直线，由直线的斜率可求得 k_1。

② 活化能 E_1 的计算。

③ 以 $\lg k_1$ 对 $1/T$ 作图，由直线的斜率可求得反应活化能 E_1。

思 考 题

（1）浓度弛豫法测定动力学参数的特点及注意事项是什么？

（2）测定反应焓变的影响因素是什么？怎么克服？

参 考 文 献

[1] Leenson I. A., *J. Chm. Educ.*, 1986, 63(5), 437
[2] Stowell J. C., *J. Org. Chem.*, 1971, 36, 3055

实验 62　铕(Ⅲ)-乙酰丙酮-邻二氮杂菲配合物荧光粉的制备

一、实验目的

（1）学习稀土有机配合物的制备方法；

（2）了解稀土有机配合物的发光原理。

二、实验原理

稀土元素的原子具有未充满的受到外层屏蔽的 4f5d 电子组态，因此具有丰富的电子能级和长寿命激发态，能级跃迁通道多达 20 余万个，可以产生多种多样的辐射吸收和发射，构成广泛的发光和激光材料。

Eu^{3+}、Tb^{3+}、Sm^{3+} 和 Dy^{3+} 等稀土离子受激发后，可能发生 f—f 跃迁，从而导致发生荧光。但是稀土离子在近紫外区的吸光系数很小，因而发光效率较低。而某些有机化合物可以发生 π-π^* 跃迁，激发能量较低，且吸光系数较高。它们作为配体与稀土离子配位后，若三重态能级与稀土离子激发态能级相匹配，当配体在近紫外区吸收能量激发后，由三重态以非辐射方式将激发能量传递给稀土离子，稀土离子再以辐射方式跃迁到低能级而发射特征荧光。发光强度通常比配合前的稀土离子有显著增加，弥补了稀土离子吸光系数小的缺陷，敏化了稀土离子的发光。这个"光吸收—能量转移—发射"过程，称为稀土配合物的 Antenna 效应。

对于某些二元的稀土配合物，已经可以比较明显地观察到有机配体敏化稀土离子发光的作用，观察到荧光现象。而大量的研究又发现，加入第二配体，使其形成三元稀土配合物，往往会显著提高发光强度，这是第二配体的"协同效应"。对此，可作如下解释。

① 第二配体的加入，扩大了配合物共轭 π 键的范围，有利于能量转移。

② 二元配合物中含有配位水，它的存在会明显猝灭配合物的荧光，在三元配合物中第二配体的引入全部或部分取代了水分子的位置。

本实验以稀土离子 Eu^{3+}[注1] 与乙酰丙酮（ACAC）及邻二氮杂菲（phen）合成三元配合物，产物在紫外灯下可以显现醒目的红色荧光。反应式如下[注2]：

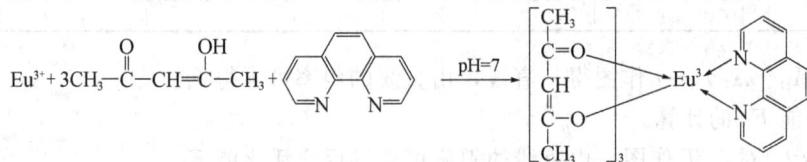

三、仪器与试剂

仪器：紫外灯（365nm）、电磁搅拌器、循环水泵、吸滤瓶、布氏漏斗、烧杯（100mL）。

试剂：$EuCl_3$ 溶液（0.5mol·L^{-1}）、ACAC（A.R.）、Phen（A.R.）、乙醇（95%）、NaOH 溶液（2.0mol·L^{-1}）、HCl 溶液（2.0mol·L^{-1}）、pH 试纸。

四、操作步骤

（1）分别取少许 $EuCl_3$ 溶液、ACAC（用玻璃棒蘸取于滤纸上，待稍干）和 Phen，在紫外灯下观察有否荧光。

（2）在 100mL 烧杯中将 6mmol ACAC 溶于 30mL 95% 乙醇，调节 pH≈8[注3]。

（3）在电磁搅拌下，将 2mmol $EuCl_3$（pH≈4）缓慢地逐滴加入上述 ACAC 乙醇溶液，随时注意保持 pH≈7[注4]，出现白色沉淀。滴加完毕，继续反应 0.5h。用滤纸蘸取反应混合物，待稍干，置于紫外灯下观察。与步骤（1）的现象对比，并进行解释。

（4）取 2mmol Phen 溶于 20mL 95% 乙醇，在不断搅拌下，缓慢地逐滴加入上述反应混合物中。加完后，再反应 0.5h，反应过程中保持 pH≈7。用滤纸蘸取反应混合物，待稍干，置于紫外灯下观察。与步骤（2）产物的发光强度对比，解释现象。

（5）将步骤（4）中的反应液蒸发掉 1/2 体积的溶剂乙醇，待反应混合物冷至室温，抽

194

滤。将固体用滤纸吸干，于 50℃烘箱中干燥 0.5h 后称重，计算产率。并再次在紫外灯下观察所得到的产物。

注释

[1] 本实验也可用 Tb^{3+} 作为中心离子，产物 Tb^{3+}-ACAC-Phen 配合物具有明亮的绿色荧光。实验步骤同本实验。

[2] ACAC 具有下列互变异构现象，ACAC 以烯醇式参加配位反应。

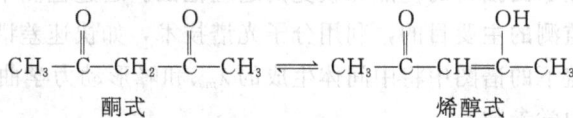

$$CH_3-\overset{O}{\overset{\|}{C}}-CH_2-\overset{O}{\overset{\|}{C}}-CH_3 \rightleftharpoons CH_3-\overset{O}{\overset{\|}{C}}-CH=\overset{OH}{\overset{\|}{C}}-CH_3$$

酮式　　　　　　　　　　　烯醇式

[3] 稍高的 pH，有利于 ACAC 烯醇负离子的形成，从而有利于配位反应。

[4] pH 不宜超过 7，否则 Eu^{3+} 会形成 $Eu(OH)_3$ 絮状沉淀，从而得不到产物。

思　考　题

(1) pH 过高或过低，对实验结果有何影响？

(2) 对比实验步骤（1）、（3）和（3）、（4）在紫外灯下观察到的现象，加以解释。

实验 63　纳米 TiO_2 的制备、表征及在降解环境污染物中的应用

一、实验目的

(1) 采用溶胶-凝胶法制备纳米半导体材料 TiO_2；

(2) 了解纳米材料粒性和物性的表征；

(3) 了解 UV/Vis 吸收光谱和荧光光谱在示踪光催化降解反应过程中的应用。

二、实验原理

纳米材料是高新技术的重要研究领域。纳米结构的特殊性导致了 4 种效应：① 小尺寸效应；② 表面与界面效应；③ 量子尺寸效应；④ 宏观量子隧道效应。这 4 种效应使纳米材料在电学、光学、磁学、力学以及生物学等方面表现出许多优良性能。在环境治理和生态保护方面，在半导体材料表面进行光催化降解污染物是一个新的研究课题，TiO_2 是一种优良的半导体光催化剂。纳米半导体材料的进步，使光催化降解在降解速度及太阳能利用率等方面得到很大改善，使这一方法具有 21 世纪环境科学的特点。

溶胶-凝胶法是一种将无机物经还原析出或水解，以纳米尺度的金属离子分散在有机聚合物中制备纳米材料的方法，是目前合成纳米材料的可行方法。应用溶胶-凝胶法制备纳米 TiO_2 超微粒子的基本原理，实际上是利用 $TiCl_4$ 或钛酸四丁酯的可控水解和在阻聚剂存在下的低温热处理。一般制备过程中超微粒子尺寸大小用以下方法控制：① 扩散控制法。通过选择合适的反应物浓度、$TiCl_4$ 水解反应的 pH 值、水解温度等控制颗粒的成核速度和晶粒的生长速度。② 表面修饰法。通过调节 Ti^{4+} 与表面修饰剂浓度之比，控制表面修饰剂分子与 OH^- 同 Ti^{4+} 之间的竞争反应速度，使 Ti^{4+} 水解速度下降。③ 加入热稳定剂。改善溶胶的分散性，以降低成核速度。

纳米材料的上述 4 种效应使纳米粒子具有独特的光学特性、光电催化特性、光电转换特

性、电学特性和谱学特性，据此，可为纳米材料的表征提供许多方法，如 X 射线衍射、透射电镜、傅里叶变换拉曼光谱和荧光光谱等。

检测光降解反应的方法很多，仪器分析方法被广泛应用于这一领域。对于大多数有机污染物降解体系来说，一般都经过一系列的中间转换步骤，最终生成 CO_2、H_2O 和无机盐。这些中间产物大都在 UV/Vis 区域具有电子吸收光谱，或者具有荧光发射功能基，故分子光谱在研究这一过程时显示出独特的优点和较宽的适应范围。通过检测中间体来揭示光降解机理和反应程度是过程监测的主要目的，利用分子光谱技术，如快速差谱扫描技术能够从反应物和产物吸收光谱掩盖下的谱图中将中间体生成的 λ_{max} 和峰形动力学曲线表征出来，结果可给出连串多步反应动力学参数。

三、仪器与试剂

仪器：冰浴、电动搅拌器、三口瓶（250mL）、滴液漏斗（50mL）、量筒（50mL）、旋转蒸发器、抽滤装置、马弗炉、研钵、烧杯（250mL）、瓷坩埚（30mL）、紫外可见分光光度计、荧光光谱仪、X 射线衍射仪、激光拉曼光谱仪、透射电镜、六通道进样阀、酸度计、玻璃电极、250W 紫外灯。

试剂：钛酸四丁酯（A. R.）或 $TiCl_4$（99.99%，A. R.）、聚乙烯醇 PVA、十六烷基三甲基溴化铵 CTMAB 溶液（1.0×10^{-2} mol·L^{-1}）、六偏磷酸钠 HMP、NH_3·H_2O 溶液（12.5%、10%、1%）、$K_2Cr_2O_7$(s)、苯酚、2,6-二甲基苯酚、偶氮胩酸。其他试剂均为分析纯，水为二次蒸馏水。

四、操作步骤

（1）溶胶-凝胶法制备纳米 TiO_2 微粉

将 50mL $TiCl_4$ 或钛酸四丁酯与同体积无水乙醇小心地混合均匀。在冰浴和剧烈搅拌下，将加有一定量阻聚剂和稳定剂（PVA、HMP、CTMAB）的 50mL 水滴入上述 $TiCl_4$ 溶液。水解 2h，然后用 12.5% NH_3·H_2O 溶液调节 pH 值至 9.0。减压低温旋转蒸发至大部分凝胶析出，过滤，洗涤。湿凝胶在 105℃烘干 3h，冷却，加水反复研细，再过滤，洗涤至检不出 Cl^- 为止。然后于 250℃、300℃、400℃、500℃、600℃和 900℃分别煅烧 1h，研细成微粉。

（2）纳米材料性质的表征

① 纳米 TiO_2 微粉 X 射线衍射分析。将适量 TiO_2 微粉置于样品池，设定 X 射线衍射仪的工作参数，进行扫描。以相同条件作锐钛型和金红石型（TiO_2）的粉末衍射图，进行对照。将处理后的结果与文献 [1] 比较。

② 纳米 TiO_2 微粉透射电镜分析。对适量 TiO_2 微粉样品进行预处理，置于铜网（直径 2mm）上，用碳补强火棉胶作支持膜，超声振荡分散样品。然后放入样品池，在 100kV 电压下扫描拍摄，将计算结果与文献 [1] 比较。

（3）纳米 TiO_2 粒子对苯酚、2,6-二甲基苯酚、偶氮染料和 Cr(Ⅵ) 的表面光催化降解

分别将被降解物引入恒温石英池中，搅拌下进行 UV 光降解。用玻璃电极检测溶液的酸度变化，每隔一定时间（一般为 5min）取样 2mL，高速离心（或氯仿萃取）后进行紫外快速波长扫描和荧光光谱的测定。记录 A-λ 曲线，并进行差谱扫描，记录 ΔA-λ 曲线，同时进行 Cr(Ⅵ) 存在下酚类、偶氮类化合物的协同降解反应实验。

五、结果与数据处理

(1) 纳米材料的表征。

(2) 异相光催化降解反应的实验结果。

参 考 文 献

[1] 武汉大学化学与分子科学学院实验中心编. 综合化学实验. 武汉：武汉大学出版社，2003，99

实验 64　洗衣粉中活性组分与碱度的测定

一、实验目的

(1) 培养独立解决实物分析的能力；

(2) 提高灵活运用定量化学分析知识的水平。

二、实验原理

洗衣粉的组成比较复杂，其中由于烷基苯磺酸钠具有良好的去污力、发泡力、乳化力以及在酸性、碱性和硬水中都很稳定，因而是目前市场上绝大多数洗衣粉的主要活性物。此外，在洗衣粉中还要添加许多助剂，如加入一定量的碳酸钠等碱性物质，可以使洗衣粉遇到酸性污物时，仍有较高的去污能力。因此，分析洗衣粉中烷基苯磺酸钠的含量以及碱性物质，是控制产品质量的重要步骤。

烷基苯磺酸钠的分析主要用甲苯胺法：使其与盐酸对甲苯胺溶液混合，生成的复盐能溶于 CCl_4 中，再用 NaOH 标准溶液滴定。其反应如下：

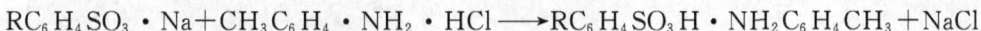

$$RC_6H_4SO_3 \cdot Na + CH_3C_6H_4 \cdot NH_2 \cdot HCl \longrightarrow RC_6H_4SO_3H \cdot NH_2C_6H_4CH_3 + NaCl$$

$$RC_6H_4SO_3H \cdot NH_2C_6H_4CH_3 + NaOH \longrightarrow RC_6H_4SO_3Na + CH_3C_6H_4NH_2 + H_2O$$

根据消耗标准碱液的体积和浓度，即可求得烷基苯磺酸钠的含量。在本实验中，要求以十二烷基苯磺酸钠来表示其含量。

在对洗衣粉中碱性物质的分析中，常用活性碱度和总碱度两个指标来表示碱性物质的含量。活性碱度仅指由于 NaOH（或 KOH）产生的碱度；总碱度包括由碳酸盐、碳酸氢盐、氢氧化钠及有机碱等所产生的碱度。这两个指标可通过酸碱滴定进行测定。

三、仪器与试剂

仪器：分析天平、酸式及碱式滴定管、容量瓶、锥形瓶、移液管、烧杯、玻璃棒、分液漏斗、电炉、滴管、量筒。

试剂：盐酸对甲苯胺溶液、CCl_4、HCl 溶液 (1∶1)、NaOH(s)、乙醇 (95%)、间甲酚紫指示剂 (0.04%钠盐)、pH 试纸、酚酞指示剂 (0.1%)、甲基橙指示剂 (0.1%)、邻苯二甲酸氢钾 (基准物)。

四、操作步骤

(1) 配制溶液

① 配制并标定 $0.1 mol \cdot L^{-1}$ 的 HCl 和 $0.1 mol \cdot L^{-1}$ 的 NaOH 溶液。

② 配制盐酸对甲苯胺溶液　粗称 10g 对甲苯胺，溶于 20mL1∶1 盐酸溶液中，加水至 100mL，使 pH<2。若不易溶解，可适当加热。

（2）测定烷基苯磺酸钠的含量

准确称取洗衣粉样品 1.5～2g（准确至 0.0001g），分批加入 80mL 水中，温热搅拌促其溶解。转移至 250mL 容量瓶中，稀释至刻度，摇匀。因液体表面有泡沫，读数应以液面为准。

移取 25.00mL 洗衣粉样品溶液于 250mL 分液漏斗中，用 1∶1 盐酸调 pH≤3。加 25mL CCl_4 和 15mL 盐酸对甲苯胺溶液，剧烈震荡 2min（注意时常放气），静置 5min 使之分层。放出 CCl_4 层，注意切勿使水层放入。再以 15mL CCl_4 和 5mL 盐酸对甲苯胺溶液重复萃取两次。合并 3 次提取液于 250mL 锥形瓶中，加入 10mL 95% 乙醇增溶，再加入 0.04% 间甲酚紫指示剂 5 滴，以 0.01 mol·L^{-1} 的碱标准溶液滴定至溶液黄色突变为紫蓝色，且 3s 内不变即为终点。重复两次，计算活性物的质量分数。

（3）活性碱度和总碱度的测定

吸取洗衣粉样液 25.00mL，加入 2 滴酚酞指示剂，用 0.1mol·L^{-1} HCl 标准溶液滴定至浅粉色（15s 内不褪色），计算以 Na_2O 形式表示的活性碱度。平行测定两次。

于测定过活性碱度的溶液中再加入 2 滴甲基橙指示剂，继续滴定至橙色。平行测定两次，计算以 Na_2O 形式表示的总碱度。

思 考 题

试比较实物分析与以前教学实验的异同点。

10 设计性实验

实验65 酒质量的分析

一、实验目的

应用气相色谱分析方法对酒的质量进行分析，确定分析方案；从而达到掌握气相色谱的基本操作，熟悉气相色谱的定性方法。

二、实验内容和要求

（1）文献查阅

通过查阅有关文献资料，确定分析方案以及色谱的操作条件。

（2）酒质量的分析

根据所拟定的方案，在实验室内由学生自己准备所需的仪器和试剂等，经教师同意后方可进行实验，确定酒中各组分的含量。

实验66 草酸根合铁（Ⅲ）酸钾的合成、组成和性质测定

一、实验目的

通过草酸根合铁（Ⅲ）酸钾的制备、化学分析、热重分析、电荷测定、磁化率测定、红外光谱等方法了解配合物的制备、分析和确定组成的全过程，掌握化合物性质与结构测试的物理方法。

二、实验内容和要求

（1）文献查阅

通过查阅有关文献资料，拟定出合适的合成方法以及测定其组成和性质研究的方法和步骤。

（2）样品合成

根据所拟定的合成方法，在实验室内由学生自己准备所需的仪器和试剂等，经教师同意后方可进行实验。

（3）组成和性质测定

对所合成的样品，根据拟定的组成和性质测定方法，在实验室内由学生自己准备所需的仪器和试剂等，独立开展各项测试工作。测试工作包括配合物中心离子含量、配体含量的测定、配体含有哪些特征基团、配离子所带的电荷数、配合物的磁性以及其他特性的测定。

（4）结构推断

通过磁化率、电子光谱等测定，推断该配合物可能的构型。

实验 67　蔬菜中叶绿素的提取、分离和含量测定

一、实验目的

通过独立完成文献查阅，使学生掌握天然产物的分离提取、鉴定和含量测定等实验技术，提高综合实验能力。

二、实验内容和要求

（1）文献查阅

通过查阅有关文献资料，对蔬菜中叶绿素的提取、分离和含量测定拟定出实验方案。

（2）叶绿素的提取

根据所拟定的提取方案，在实验室内由学生自己准备所需的仪器和试剂等，经教师同意后方可进行实验。

（3）分离

对所提取的样品，根据拟定的分离方法，在实验室内由学生自己准备所需的仪器和试剂等，独立开展各项工作。分离工作主要包括装柱、洗脱剂的选择等。

（4）含量测定

应用分光光度法测定蔬菜中叶绿素的含量。

实验 68　亮菌甲素的合成

一、实验目的

通过独立完成文献查阅，学生自行设计亮菌甲素（3-乙醇基-5-羧甲基-7-羟基香豆素，$C_{12}H_{10}O_5$）的合成路线；通过亮菌甲素的合成，使学生进一步熟悉有机合成中官能团的保护、络合金属还原及催化氢解等合成方法的应用。

二、实验内容和要求

（1）文献查阅

通过查阅有关文献资料，拟定出合成实验方案。

（2）合成

根据拟定出合成实验方案，在实验室内由学生自己准备所需的仪器和试剂等，经教师同意后方可进行实验。

（3）产物鉴定

实验 69　工业漂粉精中有效氯和固体总钙量的测定

一、实验目的

通过独立查阅文献，学生自行设计测量漂白粉中有效氯和固体总钙含量，进一步熟悉有

效氯和固体总钙含量的分析方法。

二、实验内容和要求

（1）文献查阅

通过查阅有关文献资料，写出用碘量法测定有效氯，络合滴定法测定固体总钙的原理和注意事项；列出所需的仪器及试剂、操作步骤（包括样品的处理，各种试剂的配制方法）、结果的计算公式。

（2）测定有效氯的含量

（3）测定固体总钙量

（4）分析误差来源

实验 70　亚硫酸根·五氨合钴（Ⅲ）亚硫酸盐的制备及取代反应的速率常数的测定

一、实验目的

通过独立查阅文献，学生自行设计亚硫酸根·五氨合钴（Ⅲ）亚硫酸盐的合成方案，综合练习无机化合物制备的有关操作，用分光光度法测定 $[Co(NH_3)_5SO_3]_2SO_3$ 与 NO_2^- 的取代反应的速率常数。

二、实验内容和要求

（1）文献查阅

通过查阅有关文献资料，拟定出合成方案，确定对所合成的产品进行表征的手段以及用分光光度法测定 $[Co(NH_3)_5SO_3]_2SO_3$ 与 NO_2^- 的取代反应的速率常数的步骤。

（2）合成

根据拟定出的合成方案，在实验室内由学生自己准备所需的仪器和试剂等，经教师同意后方可进行实验。

（3）产物鉴定

（4）速率常数的测定

用分光光度法测定 $[Co(NH_3)_5SO_3]_2SO_3$ 与 NO_2^- 的取代反应的速率常数。

实验 71　纳米材料 TiO_2 的制备、表面电性质及其悬浮体的稳定性研究

一、实验目的

通过独立查阅文献，学生自行设计用溶胶-凝胶法制备纳米材料 TiO_2，用电泳法测定 TiO_2 粒子的等电点和吸附阳离子表面活性剂时电动势的变化。用光度法研究 TiO_2 在水中悬浮体的稳定性。

二、实验内容和要求

（1）文献查阅

通过查阅有关文献资料，拟定出合成方案，确定电泳法测定 TiO_2 粒子的等电点和吸附阳离子表面活性剂时电动电势的变化以及用光度法研究 TiO_2 在水中悬浮体的稳定性的实验步骤。

（2）合成

根据拟定出的合成实验方案，在实验室内由学生自己准备所需的仪器和试剂等，经教师同意后方可进行实验。

（3）等电点的测定

用电泳法测定 TiO_2 粒子的等电点。

（4）吸附对 TiO_2 粒子电动电势的影响

研究十四烷基溴化吡啶吸附对 TiO_2 粒子电动电势的影响。

（5）吸附对 TiO_2 水悬浮体稳定性的影响

研究十四烷基溴化吡啶吸附对 TiO_2 水悬浮体稳定性的影响。

实验 72　　$H_4SiW_{12}O_{40}$ 催化合成乙酸正丁酯的研究

一、实验目的

学生通过独立查阅文献，了解杂多酸催化剂的一般制备方法和在有机合成中的应用；自行设计 $H_4SiW_{12}O_{40}$ 的合成方案，将所合成的 $H_4SiW_{12}O_{40}$ 催化剂用于催化合成乙酸正丁酯的反应中，研究转化率和选择性；加强环保意识，认识绿色化学合成手段在化工生产中应用的重要性与必要性。

二、实验内容和要求

（1）文献查阅

通过查阅有关文献资料，拟定出 $H_4SiW_{12}O_{40}$ 的合成方案，以及催化合成乙酸正丁酯的反应步骤。

（2）合成及表征

合成 $H_4SiW_{12}O_{40}$，并通过 IR 光谱进行表征。

（3）催化研究

将 $H_4SiW_{12}O_{40}$ 用于催化合成乙酸正丁酯的反应中，研究转化率和选择性。

第三部分　附　录

附录1 元素的相对原子质量

原子序数	名称	符号	相对原子质量	原子序数	名称	符号	相对原子质量
1	氢	H	1.008	49	铟	In	114.8
2	氦	He	4.003	50	锡	Sn	118.7
3	锂	Li	6.941	51	锑	Sb	121.8
4	铍	Be	9.012	52	碲	Te	127.6
5	硼	B	10.81	53	碘	I	126.9
6	碳	C	12.01	54	氙	Xe	131.3
7	氮	N	14.01	55	铯	Cs	132.9
8	氧	O	16.00	56	钡	Ba	137.3
9	氟	F	19.00	57	镧	La	138.9
10	氖	Ne	20.18	58	铈	Ce	140.1
11	钠	Na	22.99	59	镨	Pr	140.9
12	镁	Mg	24.31	60	钕	Nd	144.2
13	铝	Al	26.98	61	钷	Pm	[144.9]
14	硅	Si	28.09	62	钐	Sm	150.4
15	磷	P	30.97	63	铕	Eu	152.0
16	硫	S	32.07	64	钆	Gd	157.3
17	氯	Cl	35.45	65	铽	Tb	158.9
18	氩	Ar	39.95	66	镝	Dy	162.5
19	钾	K	39.10	67	钬	Ho	164.9
20	钙	Ca	40.08	68	铒	Er	167.3
21	钪	Sc	44.96	69	铥	Tm	168.9
22	钛	Ti	47.88	70	镱	Yb	173.0
23	钒	V	50.94	71	镥	Lu	175.0
24	铬	Cr	52.00	72	铪	Hf	178.5
25	锰	Mn	54.94	73	钽	Ta	180.9
26	铁	Fe	55.85	74	钨	W	183.8
27	钴	Co	58.93	75	铼	Re	186.2
28	镍	Ni	58.69	76	锇	Os	190.2
29	铜	Cu	63.55	77	铱	Ir	192.2
30	锌	Zn	65.39	78	铂	Pt	195.1
31	镓	Ga	69.72	79	金	Au	197.0
32	锗	Ge	72.61	80	汞	Hg	200.6
33	砷	As	74.92	81	铊	Tl	204.4
34	硒	Se	78.96	82	铅	Pb	207.2
35	溴	Br	79.90	83	铋	Bi	209.9
36	氪	Kr	83.80	84	钋	Po	[209.0]
37	铷	Rb	85.47	85	砹	At	[210.0]
38	锶	Sr	87.62	86	氡	Rn	[222.0]
39	钇	Y	88.91	87	钫	Fr	[223.0]
40	锆	Zr	91.22	88	镭	Ra	[226.0]
41	铌	Nb	92.91	89	锕	Ac	[227.0]
42	钼	Mo	95.94	90	钍	Th	[232.0]
43	锝	Te	[97.97]	91	镤	Pa	[231.0]
44	钌	Ru	101.1	92	铀	U	[238.0]
45	铑	Rh	102.9	93	镎	Np	[237.1]
46	钯	Pd	106.4	94	钚	Pu	[244.1]
47	银	Ag	107.9	95	镅*	Am	[243.1]
48	镉	Cd	112.4	96	锔*	Cm	[247.1]

205

原子序数	名称	符号	相对原子质量	原子序数	名称	符号	相对原子质量
97	锫*	Bk	[247.1]	104	Ung*	Rf	[261.1]
98	锎*	Cf	[251.1]	105	Unp*	Db	[262.1]
99	锿*	Es	[252.1]	106	Unh*	Sg	[263.1]
100	镄*	Fm	[257.1]	107	Uns*	Bh	[264.1]
101	钔*	Md	[258.1]	108	Uno*	Hs	[265.1]
102	锘*	No	[259.1]	109	Une*	Mt	[268]
103	铹*	Lr	[262.1]				

注：1. 根据 IUPAC 1995 年提供的五位有效数字相对原子质量数据截取。

2. 相对原子质量加 [ ] 为放射性元素半衰期最长同位素的质量数。

3. 元素名称注有 * 的为人造元素。

附录 2　常用化合物的相对分子质量

化 合 物	相对分子质量	化 合 物	相对分子质量	化 合 物	相对分子质量
Ag_3AsO_4	462.52	$CaCl_2 \cdot 6H_2O$	219.08	$CuSO_4 \cdot 5H_2O$	249.68
AgBr	187.77	$Ca(NO_3)_2 \cdot 4H_2O$	236.15		
AgCl	143.32	$Ca(OH)_2$	74.09	$FeCl_2$	126.75
AgCN	133.89	$Ca_3(PO_4)_2$	310.18	$FeCl_2 \cdot 4H_2O$	198.81
AgSCN	165.95	$CaSO_4$	136.14	$FeCl_3$	162.21
Ag_2CrO_4	331.73	$CdCO_3$	172.42	$FeCl_3 \cdot 6H_2O$	270.30
AgI	234.77	$CdCl_2$	183.32	$FeNH_4(SO_4)_2 \cdot 12H_2O$	482.18
$AgNO_3$	169.87	CdS	144.47	$Fe(NO_3)_3$	241.86
$AlCl_3$	133.34	$Ce(SO_4)_2$	332.24	$Fe(NO_3)_3 \cdot 9H_2O$	404.00
$AlCl_3 \cdot 6H_2O$	241.43	$Ce(SO_4)_2 \cdot 4H_2O$	404.30	FeO	71.846
$Al(NO_3)_3$	213.00	CH_3COOH	60.052	Fe_2O_3	159.69
$Al(NO_3)_3 \cdot 9H_2O$	375.13	CO_2	44.01	Fe_3O_4	231.54
Al_2O_3	101.96	$CoCl_2$	129.84	$Fe(OH)_2$	106.87
$Al(OH)_3$	78.00	$CoCl_2 \cdot 6H_2O$	237.93	FeS	87.91
$Al_2(SO_4)_3$	342.14	$Co(NO_3)_2$	182.94	Fe_2S_3	207.87
$Al_2(SO_4)_3 \cdot 18H_2O$	666.41	$Co(NO_3)_2 \cdot 6H_2O$	291.03	$FeSO_4$	151.90
As_2O_3	197.84	CoS	90.99	$FeSO_4 \cdot 7H_2O$	278.01
As_2O_5	229.84	$CoSO_4$	154.99	$FeSO_4 \cdot (NH_4)_2SO_4 \cdot 6H_2O$	392.125
As_2S_3	246.02	$CoSO_4 \cdot 7H_2O$	281.10		
		$CO(NH_2)_2$	60.06	H_3AsO_3	125.94
$BaCO_3$	197.34	$CrCl_3$	158.35	H_3AsO_4	141.94
BaC_2O_4	225.35	$CrCl_3 \cdot 6H_2O$	266.45	H_3BO_3	61.88
$BaCl_2$	208.24	$Cr(NO_3)_3$	238.01	HBr	80.912
$BaCl_2 \cdot 2H_2O$	244.27	Cr_2O_3	151.99	HCN	27.026
$BaCrO_4$	253.32	CuCl	98.999	HCOOH	46.026
BaO	153.33	$CuCl_2$	134.45	H_2CO_3	62.025
$Ba(OH)_2$	171.34	$CuCl_2 \cdot 2H_2O$	170.48	$H_2C_2O_4$	90.035
$BaSO_4$	233.39	CuSCN	121.62	$H_2C_2O_4 \cdot 2H_2O$	126.07
$BiCl_3$	315.34	CuI	190.45	HCl	36.461
BiOCl	260.43	$Cu(NO_3)_2$	187.56	HF	20.006
		$Cu(NO_3)_2 \cdot 3H_2O$	241.60	HI	127.91
CaO	56.08	CuO	79.545	HIO_3	175.91
$CaCO_3$	100.09	Cu_2O	143.09	HNO_3	63.013
CaC_2O_4	128.10	CuS	95.61	HNO_2	47.013
$CaCl_2$	110.99	$CuSO_4$	159.60	H_2O	18.015

化 合 物	相对分子质量	化 合 物	相对分子质量	化 合 物	相对分子质量
H_2O_2	34.015	$MgNH_4PO_4$	137.32	Na_3PO_4	163.94
H_3PO_4	97.995	MgO	40.304	Na_2S	78.04
H_2S	34.08	$Mg(OH)_2$	58.32	$Na_2S \cdot 9H_2O$	240.18
H_2SO_3	82.07	$Mg_2P_2O_7$	222.55	Na_2SO_3	126.04
H_2SO_4	98.07	$MgSO_4 \cdot 7H_2O$	246.47	Na_2SO_4	142.04
$Hg(CN)_2$	252.63	$MnCO_3$	114.95	$Na_2S_2O_3$	158.10
$HgCl_2$	271.50	$MnCl_2 \cdot 4H_2O$	197.91	$Na_2S_2O_3 \cdot 5H_2O$	248.17
Hg_2Cl_2	472.09	$Mn(NO_3)_2 \cdot 6H_2O$	287.04	$NiCl_2 \cdot 6H_2O$	237.69
HgI_2	454.40	MnO	70.937	NiO	74.69
$Hg_2(NO_3)_2$	525.19	MnO_2	86.937	$Ni(NO_3)_2 \cdot 6H_2O$	290.79
$Hg_2(NO_3)_2 \cdot 2H_2O$	561.22	MnS	87.00	NiS	90.75
$Hg(NO_3)_2$	324.60	$MnSO_4$	151.00	$NiSO_4 \cdot 7H_2O$	280.85
HgO	216.59	$MnSO_4 \cdot 4H_2O$	223.06		
HgS	232.65			P_2O_5	141.94
$HgSO_4$	296.65	NO	30.006	$PbCO_3$	267.20
Hg_2SO_4	497.24	NO_2	46.006	PbC_2O_4	295.22
		NH_3	17.03	$PbCl_2$	278.10
$KAl(SO_4)_2 \cdot 12H_2O$	474.38	NH_3COONH_4	77.083	$PbCrO_4$	323.20
KBr	119.00	NH_4Cl	53.491	$Pb(CH_3COO)_2$	325.30
$KBrO_3$	167.00	$(NH_4)_2CO_3$	96.086	$Pb(CH_3COO)_2 \cdot 3H_2O$	379.30
KCl	74.551	$(NH_4)_2C_2O_4$	124.10	PbI_2	461.00
$KClO_3$	122.55	$(NH_4)_2C_2O_4 \cdot H_2O$	142.11	$Pb(NO_3)_2$	331.20
$KClO_4$	138.55	NH_4SCN	76.12	PbO	223.20
KCN	65.116	NH_4HCO_3	79.055	PbO_2	239.20
$KSCN$	97.18	$(NH_4)_2MoO_4$	196.01	$Pb_3(PO_4)_2$	811.54
K_2CO_3	138.21	NH_4NO_3	80.043	PbS	239.30
K_2CrO_4	194.19	$(NH_4)_2HPO_4$	132.06	$PbSO_4$	303.30
$K_2Cr_2O_7$	294.18	$(NH_4)_2S$	68.14		
$K_3Fe(CN)_6$	329.25	$(NH_4)_2SO_4$	132.13	SO_3	80.06
$K_4Fe(CN)_6$	368.35	NH_4VO_3	116.98	SO_2	64.06
$KFe(SO_4)_2 \cdot 12H_2O$	503.24	Na_3AsO_3	191.89	$SbCl_3$	228.11
$KHC_2O_4 \cdot H_2O$	146.14	$Na_2B_4O_7$	201.22	$SbCl_5$	299.02
$KHC_2O_4 \cdot H_2C_2O_4 \cdot 2H_2O$	254.19	$Na_2B_4O_7 \cdot 10H_2O$	381.37	Sb_2O_3	291.50
$KHC_4H_4O_6$	188.18	$NaBiO_3$	279.97	Sb_2S_3	339.68
$KHSO_4$	136.16	$NaCN$	49.007	SiF_4	104.08
KI	166.00	$NaSCN$	81.07	SiO_2	60.084
KIO_3	214.00	Na_2CO_3	105.99	$SnCl_2$	189.60
$KIO_3 \cdot HIO_3$	389.91	$Na_2CO_3 \cdot 10H_2O$	286.14	$SnCl_2 \cdot 2H_2O$	225.63
$KMnO_4$	158.03	$Na_2C_2O_4$	134.00	$SnCl_4$	260.50
$KNaC_4H_4O_6 \cdot 4H_2O$	282.22	CH_3COONa	82.034	$SnCl_4 \cdot 5H_2O$	350.58
KNO_3	101.10	$CH_3COONa \cdot 3H_2O$	136.08	SnO_2	150.69
KNO_2	85.104	$NaCl$	58.443	SnS	150.75
K_2O	94.196	$NaClO$	74.442	$SrCO_3$	147.63
KOH	56.106	$NaHCO_3$	84.007	SrC_2O_4	175.64
K_2SO_4	172.25	$Na_2HPO_4 \cdot 12H_2O$	358.14	$SrCrO_4$	203.61
		$Na_2H_2Y \cdot 2H_2O$	372.24	$Sr(NO_3)_2$	211.63
$MgCO_3$	84.314	$NaNO_2$	68.995	$Sr(NO_3)_2 \cdot 4H_2O$	283.69
$MgCl_2$	95.211	$NaNO_3$	84.995	$SrSO_4$	183.69
$MgCl_2 \cdot 6H_2O$	203.30	Na_2O	61.979		
MgC_2O_4	112.33	Na_2O_2	77.978	$UO_2(CH_3COO)_2 \cdot 2H_2O$	424.15
$Mg(NO_3)_2 \cdot 6H_2O$	256.41	$NaOH$	39.997		

化 合 物	相对分子质量	化 合 物	相对分子质量	化 合 物	相对分子质量
$ZnCO_3$	125.39	$Zn(CH_3COO)_2 \cdot 2H_2O$	219.50	ZnO	81.38
ZnC_2O_4	153.40	$Zn(NO_3)_2$	189.39	ZnS	97.44
$ZnCl_2$	136.29	$Zn(NO_3)_2 \cdot 6H_2O$	297.48	$ZnSO_4 \cdot 7H_2O$	287.54
$Zn(CH_3COO)_2$	183.47				

附录3 国际单位制基本单位

量的名称	单位名称	符 号	量的名称	单位名称	符 号
长度	米	m	热力学温度	开[尔文]	K
质量	千克(公斤)	kg	物质的量	摩[尔]	mol
时间	秒	s	光强度	坎[德拉]	cd
电流	安[培]	A			

附录4 有专用名称的国际单位制导出单位

物理量名称	单位名称	符 号	备 注
频率	赫[兹]	Hz	$1Hz=1/s$
力	牛[顿]	N	$1N=1kg \cdot m/s^2$
压力,应力	帕[斯卡]	Pa	$1Pa=1N/m^2$
能,功,热量	焦[耳]	J	$1J=1N \cdot m$
能量,电荷	库[仑]	C	$1C=1A \cdot s$
功率	瓦[特]	W	$1W=1J/s$
电位,电压,电动势	伏[特]	V	$1V=1W/A$
电容	法[拉第]	F	$1F=1C/V$
电阻	欧[姆]	Ω	$1\Omega=1V/A$
电导	西[门子]	S	$1S=1A/V$
磁通量	韦[伯]	Wb	$1Wb=1V \cdot s$
磁感应强度	特[斯拉]	T	$1T=1Wb/m^2$

附录5 力单位换算

牛顿(N)	千克力(kgf)	达因(dyn)
1	0.102	10^5
9.80665	1	9.80665×10^5
10^{-5}	1.02×10^{-6}	1

附录6 压力单位换算

帕斯卡(Pa)	工程大气压(at)	毫米水柱(mmH₂O)	标准大气压(atm)	毫米汞柱(mmg)
1	1.02×10^{-5}	0.102	0.99×10^{-5}	0.0075
98067	1	10^4	0.9678	735.6
9.807	0.0001	1	0.9678×10^{-4}	0.0736
101325	1.033	10332	1	760
133.32	0.00036	13.6	0.00132	1

注: 1. 1牛顿/米²(N/m^2)=1帕 (Pa),1工程大气压 (at) =1千克力/厘米²(kgf/cm^2)。

2. 1毫米汞柱 (mmg) =1托 (Torr),标准大气压即物理大气压。

3. 1巴 (bar) =10^5 牛顿/米²(N/m^2)。

4. 在实验计算中必须使用第一栏法定计量单位 (SI单位)。

附录7 能量单位换算

尔格(erg)	焦耳(J)	千克力·米(kgf·m)	千瓦·时(kW·h)	千卡(kcal)
1	10^{-7}	0.102×10^{-7}	27.78×10^{-15}	23.9×10^{-12}
10^7	1	0.102	277.8×10^{-9}	239×10^{-6}
9.807×10^7	9.087	1	2.724×10^{-6}	2.342×10^{-3}
36×10^{12}	3.6×10^6	367.1×10^3	1	859.845
41.87×10^9	4186.8	426.935	1.163×10^{-3}	1

注：1. 1尔格（erg）=1达因·厘米（dyn·cm），1焦（J）=1牛·米（N·m）=1瓦·秒（W·s）。

2. 1电子伏特（eV）=1.602×10^{-19}焦（J）。

3. 在实验计算中必须使用第二栏或第四栏的法定计量单位（SI单位）。

附录8 常用物理常数

常　　　数	符　　　号	数　　值	SI单位
标准重力加速度	g	9.80665	m/s^2
光速	c	2.9979×10^8	m/s
普朗克常量	h	6.6262×10^{-34}	$J \cdot s$
玻耳兹曼常数	k	1.3806×10^{-23}	J/K
阿伏伽德罗常数	N_A, L	6.0222×10^{23}	$1/mol$
法拉第常数	F	9.64867×10^4	C/mol
电子电荷	e	1.60219×10^{-19}	C
电子静质量	m_e	9.1095×10^{-31}	kg
质子静质量	m_p	1.6726×10^{-27}	kg
玻尔半径	a_0	5.2918×10^{-11}	M
玻尔磁子	μ_B	9.2741×10^{-24}	$A \cdot m^2$
核磁子	μ_N	5.0508×10^{-27}	$A \cdot m^2$
理想气体标准态体积	V_0	22.413	$m^3/kmol$
气体常数	R	8.31434	$J/(mol \cdot K)$
水的冰点		273.15	K
水的三相点		273.16	K

附录9 SI词头

因数	词头名称 英文	词头名称 中文	符号	因数	词头名称 英文	词头名称 中文	符号
10^{24}	yotta	尧[它]	Y	10^{-1}	deci	分	d
10^{21}	zetta	泽[它]	Z	10^{-2}	centi	厘	c
10^{18}	exa	艾[可萨]	E				
10^{15}	peta	拍[它]	P	10^{-3}	milli	毫	m
				10^{-6}	micro	微	μ
10^{12}	tera	太[拉]	T	10^{-9}	nano	纳[诺]	n
10^9	giga	吉[咖]	G	10^{-12}	pico	皮[可]	p
10^6	mega	兆	M				
10^3	kilo	千	k	10^{-15}	femto	飞[母托]	f
				10^{-18}	atto	阿[托]	a
10^2	hecto	百	h	10^{-21}	zepto	仄[普托]	z
10^1	deca	十	da	10^{-24}	yocto	幺[科托]	y

附录 10　298.2K 时各种酸的酸常数

化学式	$K_a^\ominus$	$pK_a^\ominus$	化学式	$K_a^\ominus$	$pK_a^\ominus$
无机酸			HSO_4^-	1.02×10^{-2}	1.99
H_3AsO_4	5.50×10^{-3}	2.26	H_2SO_3	1.41×10^{-2}	1.85
$H_2AsO_4^-$	1.73×10^{-7}	6.76	HSO_3^-	6.31×10^{-8}	7.20
$HAsO_4^{2-}$	5.13×10^{-12}	11.29	$H_2S_2O_3$	2.50×10^{-1}	0.60
H_2BO_3	5.75×10^{-10}	9.24	$HS_2O_3^-$	1.90×10^{-2}	1.72
H_2CO_3	4.46×10^{-7}	6.35	两性氢氧化物		
HCO_3^-	4.68×10^{-11}	10.33	$Al(OH)_3$	4×10^{-13}	12.40
$HClO_3$	5×10^2		$SbO(OH)_2$	1×10^{-11}	11.00
$HClO_2$	1.15×10^{-2}	1.94	$Cr(OH)_2$	9×10^{-17}	16.05
H_2CrO_4	1.82×10^{-1}	0.74	$Cu(OH)_2$	1×10^{-19}	19.00
$HCrO_4^-$	3.2×10^{-7}	6.49	$HCuO_2^-$	7.0×10^{-14}	13.15
HF	6.31×10^{-4}	3.20	$Pb(OH)_2$	4.6×10^{-16}	15.34
H_2O_2	2.40×10^{-12}	11.62	$Sn(OH)_4$	1×10^{-32}	32.00
HI	3×10^9		$Sn(OH)_2$	3.8×10^{-15}	14.42
H_2S	8.90×10^{-8}	7.05	$Zn(OH)_2$	1.0×10^{-29}	29.00
HS^-	1.20×10^{-13}	12.92	金属离子		
$HBrO$	2.82×10^{-9}	8.55	Al^{3+}	1.4×10^{-5}	4.85
$HClO$	3.98×10^{-8}	7.40	NH_4^+	5.60×10^{-10}	9.25
HIO	2.29×10^{-11}	10.64	Bi^{3+}	1×10^{-2}	2.00
HIO_3	1.69×10^{-1}	0.77	Cr^{3+}	1×10^{-4}	4.00
HNO_3	2×10^2		Cu^{2+}	1×10^{-8}	8.00
$H_2C_2O_4$	5.90×10^{-2}	1.25	Fe^{3+}	4.0×10^{-3}	2.40
$HC_2O_4^-$	6.46×10^{-5}	4.19	Fe^{2+}	1.2×10^{-6}	5.92
HNO_2	5.62×10^{-4}	3.25	Mg^{2+}	2×10^{-12}	11.70
$HClO_4$	3.5×10^2		Hg^{2+}	2×10^{-3}	2.70
HIO_4	5.6×10^3		Zn^{2+}	2.5×10^{-10}	9.60
$HMnO_4$	2.0×10^2		有机酸		
H_3PO_4	7.5×10^{-3}	2.12	CH_3COOH	1.75×10^{-5}	4.76
$H_2PO_4^-$	6.23×10^{-8}	7.21	C_6H_5COOH	6.2×10	4.21
HPO_4^{2-}	2.20×10^{-12}	12.67	$HCOOH$	1.772×10^{-4}	3.77
H_2SiO_3	1.70×10^{-10}	9.77	HCN	6.16×10^{-10}	9.21
$HSiO_3^-$	1.52×10^{-12}	11.80			

附录 11　298.2K 时各种碱的碱常数

化学式	$K_b^\ominus$	$pK_b^\ominus$	化学式	$K_b^\ominus$	$pK_b^\ominus$
CH_3COO^-	5.71×10^{-10}	9.24	Cl^-	3.02×10^{-23}	22.52
NH_3	1.8×10^{-4}	3.90	CN^-	2.03×10^{-5}	4.69
$C_6H_5NH_2$	4.17×10^{-10}	9.38	$(C_2H_5)_2NH$	8.51×10^{-4}	3.07
AsO_4^{3-}	3.3×10^{-12}		$(CH_3)_2NH$	5.9×10^{-4}	3.23
$HAsO_4^{2-}$	9.1×10^{-8}		$C_2H_5NH_2$	4.3×10^{-4}	3.37
$H_2AsO_4^-$	1.5×10^{-12}		F^-	2.83×10^{-11}	10.55
$H_2BO_3^-$	1.6×10^{-5}		$HCOO^-$	5.64×10^{-11}	10.25
Br^-	1×10^{-23}	23.0	I^-	3×10^{-24}	23.52
CO_3^{2-}	1.78×10^{-4}	3.75	CH_3NH_2	4.2×10^{-4}	3.38
HCO_3^-	2.33×10^{-8}	7.63	NO_3^-	5×10^{-17}	16.30

化学式	$K_b^{\ominus}$	$pK_b^{\ominus}$	化学式	$K_b^{\ominus}$	$pK_b^{\ominus}$
NO_2^-	1.92×10^{-11}	10.71	SO_4^{2-}	1.0×10^{-12}	12.00
$C_2O_4^{2-}$	1.6×10^{-10}	9.80	SO_3^{2-}	2.0×10^{-7}	6.70
$HC_2O_4^-$	1.79×10^{-13}	12.75	HSO_3^-	6.92×10^{-13}	12.16
MnO_4^-	5.0×10^{-17}	16.30	S^{2-}	8.33×10^{-2}	1.08
PO_4^{3-}	4.55×10^{-2}	1.34	HS^-	1.12×10^{-7}	6.95
HPO_4^{2-}	1.61×10^{-7}	6.79	SCN^-	7.09×10^{-14}	13.15
$H_2PO_4^-$	1.33×10^{-12}	11.88	$S_2O_3^{2-}$	4.00×10^{-14}	13.40
SiO_3^{2-}	6.76×10^{-3}	2.17	$(C_2H_5)_3N$	5.2×10^{-4}	3.28
$HSiO_3^-$	3.1×10^{-5}	4.51	$(CH_3)_3N$	6.3×10^{-5}	4.20

附录 12　一些常见配位化合物的稳定常数

配离子	$K_{稳}^{\ominus}$	$\lg K_{稳}^{\ominus}$	配离子	$K_{稳}^{\ominus}$	$\lg K_{稳}^{\ominus}$
1:1			1:3		
NaY^{3-}	4.57×10^1	1.66	$[Fe(CNS)_3]$	2.0×10^3	3.30
AgY^{3-}	2.0×10^7	7.30	$[Al(C_2O_4)_3]^{3-}$	2.0×10^{16}	16.30
CaY^{2-}	4.90×10^{10}	10.69	$[Ni(en)_3]^{2+}$	3.9×10^{18}	18.59
MgY^{2-}	4.90×10^8	8.69	$[Fe(C_2O_4)_2]^{3-}$	1.6×10^{20}	20.20
FeY^{2-}	2.14×10^{14}	14.33	1:4		
CdY^{2-}	3.16×10^{16}	16.50	$[CdCl_4]^{2-}$	3.1×10^2	2.49
NiY^{3-}	4.68×10^{18}	18.67	$[Cd(CNS)_4]^{2-}$	3.8×10^2	2.58
CuY^{2-}	6.3×10^{18}	18.80	$[Co(CNS)_4]^{2-}$	1.0×10^3	3.00
HgY^{2-}	6.3×10^{21}	21.80	$[CdI_4]^{2-}$	3.0×10^6	6.48
FeY^-	1.26×10^{25}	25.10	$[Cd(NH_3)_4]^{2+}$	1.29×10^7	7.11
CoY^-	1.0×10^{36}	36.00	$[Zn(NH_3)_4]^{2+}$	2.9×10^9	9.46
1:2			$[Cu(NH_3)_4]^{2+}$	1.7×10^{13}	13.23
$[Ag(NH_3)_2]^+$	1.6×10^7	7.23	$[HgCl_4]^{2-}$	1.26×10^{15}	15.10
$[Ag(en)_2]^+$	6.31×10^7	7.80	$[Zn(CN)_4]^{2-}$	1.0×10^{16}	16.00
$[Ag(CNS)_2]^-$	3.71×10^8	8.60	$[Cu(CN)_4]^{2-}$	2.0×10^{27}	27.30
$[Cu(NH_3)_2]^+$	7.4×10^{10}	10.87	$[HgI_4]^{2-}$	6.8×10^{29}	29.83
$[Cu(en)_2]^+$	4.0×10^{19}	19.60	$[Hg(CN)_4]^{2-}$	1.0×10^{41}	41.00
$[Ag(CN)_2]^-$	1.0×10^{21}	21.00	1:6		
$[Cu(CN)_2]^-$	1.0×10^{24}	24.00	$[Co(NH_3)_6]^{2+}$	1.3×10^5	5.11
$[Au(CN)_2]^-$	2.0×10^{38}	38.30	$[Cd(NH_3)_6]^{2+}$	1.29×10^7	7.11

附录 13　常用酸碱指示剂

名　称	变色(pH值)范围	颜色变化	配　制　方　法
0.1%百里酚蓝	1.2～2.8	红～黄	0.1g 百里酚蓝溶于 20mL 乙醇中,加水至 100mL
0.1%甲基橙	3.1～4.4	红～黄	0.1g 甲基橙溶于 100mL 热水中
0.1%溴酚蓝	3.0～1.6	黄～紫蓝	0.1g 溴酚蓝溶于 20mL 乙醇中,加水至 100mL
0.1%溴甲酚绿	4.0～5.4	黄～蓝	0.1g 溴甲酚绿溶于 20mL 乙醇中,加水至 100mL
0.1%甲基红	4.8～6.2	红～黄	0.1g 甲基红溶于 60mL 乙醇中,加水至 100mL
0.1%溴百里酚蓝	6.0～7.6	黄～蓝	0.1g 溴百里酚蓝溶于 20mL 乙醇中,加水至 100mL
0.1%中性红	6.8～8.0	红～黄橙	0.1g 中性红溶于 60mL 乙醇中,加水至 100mL
0.2%酚酞	8.0～9.6	无～红	0.2g 酚酞溶于 90mL 乙醇中,加水至 100mL
0.1%百里酚蓝	8.0～9.6	黄～蓝	0.1g 百里酚蓝溶于 20mL 乙醇中,加水至 100mL
0.1%百里酚酞	9.4～10.6	无～蓝	0.1g 百里酚酞溶于 90mL 乙醇中,加水至 100mL
0.1%茜素黄	10.1～12.1	黄～紫	0.1g 茜素黄溶于 100mL 水中

附录 14 酸碱混合指示剂

指示剂溶液的组成	变色时 pH 值	颜色		备 注
		酸色	碱色	
一份 0.1%甲基黄乙醇溶液 一份 0.1%亚甲基蓝乙醇溶液	3.25	蓝紫	绿	pH＝3.2 蓝紫色 pH＝3.4 绿色
一份 0.1%甲基橙水溶液 一份 0.25%靛蓝二磺酸水溶液	4.1	紫	黄绿	
一份 0.1%溴甲酚绿钠盐水溶液 一份 0.2%甲基橙水溶液	4.3	橙	蓝绿	pH＝3.5 黄色, pH＝4.05 绿色 pH＝4.3 浅绿色
三份 0.1%溴甲酚绿乙醇溶液 一份 0.2%甲基红乙醇溶液	5.1	酒红	绿	
一份 0.1%溴甲酚绿钠盐水溶液 一份 0.1%氯酚钠盐水溶液	6.1	黄绿	蓝紫	pH＝5.4 蓝绿色, pH＝5.8 蓝色 pH＝6.0 蓝带紫, pH＝6.2 蓝紫色
一份 0.1%中性红乙醇溶液 一份 0.1%亚甲基蓝乙醇溶液	7.0	蓝紫	绿	pH＝7.0 紫蓝
一份 0.1%甲酚红钠盐水溶液 三份 0.1%百里酚蓝钠盐水溶液	8.3	黄	紫	pH＝8.2 玫瑰红 pH＝8.4 清晰的紫色
一份 0.1%百里酚蓝 50%乙醇溶液 三份 0.1%酚酞 50%乙醇溶液	9.0	黄	紫	从黄到绿,再到紫
一份 0.1%酚酞乙醇溶液 一份 0.1%百里酚酞乙醇溶液	9.9	无	紫	pH＝9.6 玫瑰红 pH＝10 紫红
二份 0.1%百里酚酞乙醇溶液 一份 0.1%茜素黄乙醇溶液	10.2	黄	紫	

附录 15 沉淀及金属指示剂

名 称	颜色		配 制 方 法
	游离	化合物	
铬酸钾	黄	砖红	5%水溶液
硫酸铁铵(40%)	无色	血红	$NH_4Fe(SO_4)_2 \cdot 12H_2O$ 饱和水溶液,加数滴浓 H_2SO_4
荧光黄(0.5%)	绿色荧光	玫瑰红	0.50g 荧光黄溶于乙醇,并用乙醇稀释至 100mL
铬黑 T	蓝	酒红	① 0.2g 铬黑 T 溶于 15mL 三乙醇胺及 5mL 甲醇中 ② 1g 铬黑 T 与 100 g NaCl 研细、混匀(1：100)
钙指示剂	蓝	红	0.5g 钙指示剂与 100g NaCl 研细、混匀
二甲酚橙(0.5%)	黄	红	0.5g 二甲酚橙溶于 100mL 去离子水中
K-B 指示剂	蓝	红	0.5g 酸性铬蓝 K 加 1.25g 萘酚绿 B,再加 25g K_2SO_4 研细,混匀
GA XL、混匀磺基水杨酸	无	红	10%水溶液
PAN 指示剂(0.2%)	黄	红	0.2g PAN 溶于 100mL 乙醇中
邻苯二酚紫(0.1%)	紫	蓝	0.1g 邻苯二酚紫溶于 100mL 去离子水中

附录 16 氧化还原法指示剂

名　　称	变色电势 φ/V	颜色 氧化态	颜色 还原态	配　制　方　法
二苯胺(1%)	0.76	紫	无色	1g 二苯胺在搅拌下溶于 100mL 浓硫酸和 100mL 浓磷酸，贮于棕色瓶中
二苯胺磺酸钠(0.5%)	0.85	紫	无色	0.5g 二苯胺磺酸钠溶于 100mL 水中，必要时过滤
邻菲咯啉硫酸亚铁(0.5%)	1.06	淡蓝	红	0.5g $FeSO_4 \cdot 7H_2O$ 溶于 100mL 水中，加 2 滴硫酸，加 0.5g 邻菲咯啉
邻苯氨基苯甲酸(0.2%)	1.08	红	无色	0.2g 邻苯氨基苯甲酸加热溶解在 100mL 0.2% Na_2CO_3 溶液中，必要时过滤
淀粉(0.2%)				2g 可溶性淀粉，加少许水调成浆状，在搅拌下注入 1000mL 沸水中，微沸 2min，放置，取上层溶液使用(若要保持稳定，可在研磨淀粉时加入 10mg HgI_2)

附录 17 常用基准物质

基　准　物	干燥后的组成	干燥温度/℃,干燥时间
$NaHCO_3$	Na_2CO_3	260~270,至恒重
$Na_2B_4O_7 \cdot 10H_2O$	$Na_2B_4O_7 \cdot 10H_2O$	NaCl-蔗糖饱和溶液干燥器中室温保存
$KHC_6H_4(COO)_2$	$KHC_6H_4(COO)_2$	105~110
$Na_2C_2O_4$	$Na_2C_2O_4$	105~110,2h
$K_2Cr_2O_7$	$K_2Cr_2O_7$	130~140,0.5~1h
$KBrO_3$	$KBrO_3$	120,1~2h
KIO_3	KIO_3	105~120
As_2O_3	As_2O_3	硫酸干燥器中,至恒重
$(NH_4)_2Fe(SO_4)_2 \cdot 6H_2O$	$(NH_4)_2Fe(SO_4)_2 \cdot 6H_2O$	室温空气
$NaCl$	$NaCl$	250~350,1~2h
$AgNO_3$	$AgNO_3$	120,2h
$CuSO_4 \cdot 5H_2O$	$CuSO_4 \cdot 5H_2O$	室温空气
$KHSO_4$	K_2SO_4	750℃ 以上灼烧
ZnO	ZnO	约800,灼烧至恒重
无水 Na_2CO_3	Na_2CO_3	260~270,0.5h
$CaCO_3$	$CaCO_3$	105~110

附录 18 实验室常用酸、碱溶液的浓度

溶液名称	密度/g·mL^{-1}(20℃)	质量分数/%	物质的量浓度/mol·L^{-1}
浓 H_2SO_4	1.84	98	18
稀 H_2SO_4	1.18	25	3
	1.06	9	1
浓 HNO_3	1.42	69	16
稀 HNO_3	1.20	33	6
	1.07	12	2
浓 HCl	1.19	28	12
稀 HCl	1.10	20	6
	1.03	7	2
H_3PO_4	1.7	85	15

溶液名称	密度/g·mL^{-1}(20℃)	质量分数/%	物质的量浓度/mol·L^{-1}
浓高氯酸(HClO$_4$)	1.7~1.75	70~72	12
稀 HClO$_4$	1.12	19	2
冰醋酸(HAc)	1.05	99	17
稀 HAc	1.02	12	2
氢氟酸(HF)	1.13	40	23
浓氨水(NH$_3$·H$_2$O)	0.88	28	15
稀氨水	0.98	4	2
浓 NaOH	1.43	40	14
	1.33	30	13
稀 NaOH	1.09	8	2
Ba(OH)$_2$(饱和)	—	2	0.1
Ca(OH)$_2$(饱和)	—	0.15	—

附录 19　常用缓冲溶液的 pH 范围

缓冲溶液	pK	pH 有效范围
盐酸-邻苯二甲酸氢钾[HCl-C$_6$H$_4$(COO)$_2$HK]	3.1	2.2~4.0
柠檬酸-氢氧化钠[C$_3$H$_5$(COOH)$_3$-NaOH]	2.9,4.1,5.8	2.2~6.5
甲酸-氢氧化钠(HCOOH-NaOH)	3.8	2.8~4.6
乙酸-乙酸钠(CH$_3$COOH-CH$_3$COONa)	4.8	3.6~5.6
邻苯二甲酸氢钾-氢氧化钾[C$_6$H$_4$(COO)$_2$HK-KOH]	5.4	4.0~6.2
琥珀酸氢钠-琥珀酸钠	5.5	4.8~6.3
柠檬酸氢二钠-氢氧化钠[C$_3$H$_4$(COO)$_3$HNa$_2$-NaOH]	5.8	5.0~6.3
磷酸二氢钾-氢氧化钠(KH$_2$PO$_4$-NaOH)	7.2	5.8~8.0
磷酸二氢钾-硼砂(KH$_2$PO$_4$-NaB$_4$O$_7$)	7.2	5.8~9.2
磷酸二氢钾-磷酸氢二钾(KH$_2$PO$_4$-K$_2$HPO$_4$)	7.2	5.9~8.0
硼酸-硼砂(H$_3$BO$_3$-Na$_2$B$_4$O$_7$)	9.2	7.2~9.2
硼酸-氢氧化钠(H$_3$BO$_3$-NaOH)	9.2	8.0~10.0
氯化铵-氨水(NH$_4$Cl-NH$_3$·H$_2$O)	9.3	8.3~10.3
碳酸氢钠-碳酸钠(NaHCO$_3$-Na$_2$CO$_3$)	10.3	9.2~11.0
磷酸氢二钠-氢氧化钠(Na$_2$HPO$_4$-NaOH)	12.4	11.0~12.0

附录 20　常用缓冲溶液的配制

pH	配制方法
0	1mol·L^{-1}HCl 溶液①
1	0.1mol·L^{-1}HCl 溶液
2	0.01mol·L^{-1}HCl 溶液
3.6	NaAc·3H$_2$O 8g,溶于适量水中,加 6mol·L^{-1}HAc 溶液 134mL,稀释至 500mL
4.0	将 60mL 冰醋酸和 16g 无水醋酸钠溶于 100mL 水中,稀释至 500mL
4.5	将 30mL 冰醋酸和 30g 无水醋酸钠溶于 100mL 水中,稀释至 500mL
5.0	将 30mL 冰醋酸和 60g 无水醋酸钠溶于 100mL 水中,稀释至 500mL
5.4	将 40g 六亚甲基四胺溶于 90mL 水中,加入 20mL 6mol·L^{-1} HCl 溶液
5.7	100gNaAc·3H$_2$O 溶于适量水中,加 6mol·L^{-1}HAc 溶液 13mL,稀释至 500mL
7.0	77g NH$_4$Ac 溶于适量水中,稀释至 500mL

pH 值	配　制　方　法
7.5	NH₄Cl 60g 溶于适量水中,加浓氨水 1.4mL,稀释至 500mL
8.0	NH₄Cl 50g 溶于适量水中,加浓氨水 3.5mL,稀释至 500mL
8.5	NH₄Cl 40g 溶于适量水中,加浓氨水 8.8mL,稀释至 500mL
9.0	NH₄Cl 35g 溶于适量水中,加浓氨水 24mL,稀释至 500mL
9.5	NH₄Cl 30g 溶于适量水中,加浓氨水 65mL,稀释至 500mL
10	NH₄Cl 27g 溶于适量水中,加浓氨水 175mL,稀释至 500mL
11	NH₄Cl 3g 溶于适量水中,加浓氨水 207mL,稀释至 500mL
12	0.01mol·L⁻¹ NaOH 溶液②
13	1mol·L⁻¹ NaOH 溶液

① 不能有 Cl⁻ 存在时,可用硝酸。

② 不能有 Na⁺ 存在时,可用 KOH 溶液。

附录 21　实验室中一些试剂的配制方法

试剂名称	浓度/mol·L⁻¹	配　制　方　法
硫化钠 Na₂S	1	称取 240g Na₂S·9H₂O、40g NaOH 溶于适量水中,稀释至 1L,混匀
硫化铵 (NH₄)₂S	3	通 H₂S 于 200mL 浓 NH₃·H₂O 中直至饱和,然后再加 200mL 浓 NH₃·H₂O,最后加水稀释至 1L,混匀
氯化亚锡 SnCl₂	0.25	称取 56.4g SnCl₂·2H₂O 溶于 100mL 浓 HCl 中,加水稀释至 1L,在溶液中放几颗纯锡粒
氯化铁 FeCl₃	0.5	称取 135.2g FeCl₃·6H₂O 溶于 100mL 6mol·L⁻¹ HCl 中,加水稀释至 1L
三氯化铬 CrCl₃	0.1	称取 26.7g CrCl₃·6H₂O 溶于 30mL 6mol·L⁻¹ HCl 中,加水稀释至 1L
硝酸亚汞 Hg₂(NO₃)₂	0.1	称取 56g Hg₂(NO₃)₂·2H₂O 溶于 250mL 6mol·L⁻¹ HNO₃ 中,加水稀释至 1L,并加入少许金属汞
硝酸铅 Pb(NO₃)₂	0.25	称取 83g Pb(NO₃)₂ 溶于少量水中,加入 15mL 6mol·L⁻¹ HNO₃,用水稀释至 1L
硝酸铋 Bi(NO₃)₃	0.1	称取 48.5g Bi(NO₃)₃·5H₂O 溶于 250mL 1mol·L⁻¹ HNO₃ 中,加水稀释至 1L
硫酸亚铁 FeSO₄	0.25	称取 69.5g FeSO₄·7H₂O 溶于适量水中,加入 5mL 18mol·L⁻¹ H₂SO₄,再加水稀释至 1L,并置入小铁钉数枚
Cl₂ 水	Cl₂ 的饱和水溶液	将 Cl₂ 通入水中至饱和为止(用时临时配制)
Br₂ 水	Br₂ 的饱和水溶液	在带有良好磨口塞的玻璃瓶内,将市售的 Br₂ 约 50g(16mL)注入 1L 水中,在 2h 内经常剧烈振荡,每次振荡之后微开塞子,使积聚的 Br₂ 蒸气放出。在贮存瓶底总有过量的溴。将 Br₂ 倒入试剂瓶时,剩余的 Br₂ 应留于贮存瓶中,而不倒入试剂瓶(倾倒 Br₂ 和 Br₂ 水时,应在通风橱中进行,将凡士林涂在手上或带橡皮手套操作,以防 Br₂ 蒸气灼伤)
I₂ 水	约 0.005	将 1.3g I₂ 和 5g KI 溶解在尽可能少量的水中,待 I₂ 完全溶解后(充分搅动),再加水稀释至 1L
亚硝酰铁氰化钠	3	称取 3g Na₂[Fe(CN)₅NO]·2H₂O 溶于 100mL 水中
淀粉溶液	0.5	称取易溶淀粉 1g 和 HgCl₂ 5mg(作防腐剂)置于烧杯中,加水少许调成薄浆,然后倾入 200mL 沸水中
奈斯勒试剂		称取 115g HgI₂ 和 80g KI 溶于足量的水中,稀释至 500mL,然后加入 500mL 6mol·L⁻¹ NaOH 溶液,静置后取其清液保存于棕色瓶中
对氨基苯磺酸	0.34	0.5g 对氨基苯磺酸溶于 150mL 2mol·L⁻¹ HAc 溶液中

试剂名称	浓度/mol·L^{-1}	配 制 方 法
α-萘胺	0.12	0.3g α-萘胺加 20mL 水,加热煮沸,在所得溶液中加入 150mL 2 mol·L^{-1}HAc
钼酸铵		5g 钼酸铵溶于 100mL 水中,加入 35mL HNO$_3$(密度 1.2g·mL^{-1})
硫代乙酰胺	5	5g 硫代乙酰胺溶于 100mL 水中
钙指示剂	0.2	0.2g 钙指示剂溶于 100mL 水中
镁试剂	0.007	0.001g 对硝基偶氮苯二酚溶于 100mL 2mol·L^{-1}NaOH 中
铝试剂	1	1g 铝试剂溶于 1L 水中
双硫腙	0.01	10mg 双硫腙溶于 100mL CCl$_4$ 中
丁二酮肟	1	1g 丁二酮肟溶于 100mL 95%乙醇中
乙酸铀酰锌		① 10g UO$_2$(Ac)$_2$·2H$_2$O 和 6mL 6mol·L^{-1}HAc 溶于 50mL 水中 ② 30g Zn(Ac)$_2$·2H$_2$O 和 3mL 6mol·L^{-1}HCl 溶于 50mL 水中 将①、②两种溶液混合,24h 后取清液使用
二苯碳酰二肼(二苯偕肼)	0.04	0.04g 二苯碳酰二肼溶于 20mL 95%乙醇中,边搅拌,边加入 80mL (1:9)H$_2$SO$_4$(存于冰箱中可用一个月)
六亚硝酸合钴(Ⅲ)钠盐		Na$_3$[Co(NO$_2$)$_6$]和 NaAc 各 20g,溶解于 20mL 冰醋酸和 80mL 水的混合溶液中,贮于棕色瓶中备用(久置溶液,颜色由棕变红即失效)

附录 22 式量电位

半 反 应	φ'/V	介 质
Ag(Ⅱ)+e $\Longleftrightarrow$ Ag$^+$	1.927	4mol·L^{-1}HNO$_3$
Ce(Ⅳ)+e $\Longleftrightarrow$ Ce(Ⅲ)	1.70	1mol·L^{-1}HClO$_4$
	1.60	1mol·L^{-4}HNO$_3$
	1.45	0.5mol·L^{-1}H$_2$SO$_4$
	1.28	0.5mol·L^{-1}HCl
Co^{3+}+e $\Longleftrightarrow$ Co^{2+}	1.80	1mol·L^{-1}HCO$_3$
Co(en)$_3^{3+}$+3 $\Longleftrightarrow$ Co(en)$_3^{2+}$	−0.2	0.1mol·L^{-1}KNO$_3$+0.1mol·L^{-1}en
Cr(Ⅲ)+e $\Longleftrightarrow$ Cr(Ⅱ)	−0.40	5mol·L^{-1}HCl
Cr$_2$O$_7^{2-}$+14H$^+$+6e $\Longleftrightarrow$ 2Cr^{3+}+7H$_2$O	1.00	1mol·L^{-1}HCl
	1.030	1mol·L^{-1}HClO$_4$
	1.08	3mol·L^{-1}HCl
	1.05	2mol·L^{-1}HCl
	1.15	2mol·L^{-1}H$_2$SO$_4$
CrO$_4^{2-}$+2H$_2$O+3e $\Longleftrightarrow$ CrO$_2^-$+4OH$^-$	−0.12	1mol·L^{-1}NaOH
Fe(Ⅲ)+e $\Longleftrightarrow$ Fe(Ⅱ)	0.75	1mol·L^{-1}HClO$_4$
	0.71	0.5mol·L^{-1}HCl
	0.68	1mol·L^{-1}H$_2$SO$_4$
	0.70	1mol·L^{-1}HCl
	0.46	2mol·L^{-1}H$_3$PO$_4$
	0.51	1mol·L^{-1}HCl,0.5mol·L^{-1}H$_3$PO$_4$
H$_3$AsO$_4$+2H$^+$+2e $\Longleftrightarrow$ H$_3$AsO$_3$+H$_2$O	0.557	1mol·L^{-1}HCl
	0.557	1mol·L^{-1}HClO$_4$
Fe(EDTA)$^-$+e $\Longleftrightarrow$ Fe(EDTA)$^{2-}$	0.12	0.1mol·L^{-1}EDTA,pH4~6
Fe(CN)$_6^{3-}$+e $\Longleftrightarrow$ Fe(CN)$_6^{4-}$	0.48	0.01mol·L^{-1}HCl
	0.56	0.1mol·L^{-1}HCl
	0.71	1mol·L^{-1}HCl
	0.72	1mol·L^{-1}HClO$_4$
I$_2$(水)+2e $\Longleftrightarrow$ 2I$^-$	0.6276	1mol·L^{-1}H$^+$
I$_3^-$+2e $\Longleftrightarrow$ 3I$^-$	0.545	1mol·L^{-1}H$^+$

附录 23 标准电极电位 (298.2K)

电 极 反 应	$\varphi^{\ominus}/V$	电 极 反 应	$\varphi^{\ominus}/V$
$Li^+ + e \rightleftharpoons Li$	-3.045	$Cu^{2+} + 2e \rightleftharpoons Cu$	0.3402
$Ca(OH)_2 + 2e \rightleftharpoons Ca + 2OH^-$	-3.02	$Ag_2O + 2H_2O + 2e \rightleftharpoons 2Ag + 2OH^-$	0.342
$Rb^+ + e \rightleftharpoons Rb$	-2.925	$ClO_2^- + H_2O + 2e \rightleftharpoons ClO_2^- + 2OH^-$	0.35
$K^+ + e \rightleftharpoons K$	-2.924	$O_2 + 2H_2O + 4e \rightleftharpoons 4OH^-$	0.401
$Cs^+ + e \rightleftharpoons Cs$	-2.923	$Fe(CN)_6^{3-} + e \rightleftharpoons Fe(CN)_6^{4-}$ (0.01M NaOH)	0.46
$Ba^{2+} + 2e \rightleftharpoons Ba$	-2.912	$Cu^+ + e \rightleftharpoons Cu$	0.522
$Sr^{2+} + 2e \rightleftharpoons Sr$	-2.89	$I_2 + 2e \rightleftharpoons 2I^-$	0.535
$Ca^{2+} + 2e \rightleftharpoons Ca$	-2.870	$IO_3^- + 2H_2O + 4e \rightleftharpoons IO^- + 4OH^-$	0.56
$Na^+ + e \rightleftharpoons Na$	-2.713	$MnO_4^- + 2H_2O + 3e \rightleftharpoons MnO_2 + 4OH^-$	0.58
$Mg^{2+} + 2e \rightleftharpoons Mg$	-2.375	$O_2 + 2H^+ + 2e \rightleftharpoons H_2O_2$	0.682
$\frac{1}{2}H_2 + e \rightleftharpoons H^-$	-2.230	$Fe(CN)_6^{3-} + e \rightleftharpoons Fe(CN)_6^{4-}$ (1M H_2SO_4)	0.69
$Al^{3+} + e \rightleftharpoons Al$ (0.1M NaOH)	-1.706	$Fe^{3+} + e \rightleftharpoons Fe^{2+}$	0.771
$Be^{2+} + 2e \rightleftharpoons Be$	-1.847	$Hg_2^{2+} + 2e \rightleftharpoons 2Hg$	0.792
$Mn(OH)_2 + 2e \rightleftharpoons Mn + 2OH^-$	-1.47	$Ag^+ + e \rightleftharpoons Ag$	0.7996
$ZnO_2^- + 2H_2O + 2e \rightleftharpoons Zn + 4OH^-$	-1.216	$2NO_3^- + 4H^+ + 2e \rightleftharpoons N_2O_4 + 2H_2O$	0.81
$Mn^{2+} + 2e \rightleftharpoons Mn$	-1.170	$\frac{1}{2}O_2 + 2H^+ (10^{-7}M) + 2e \rightleftharpoons H_2O$	0.815
$Sn(OH)_6^{2-} + 2e \rightleftharpoons HSnO_2^- + 3OH^- + H_2O$	-0.96	$Hg^{2+} + 2e \rightleftharpoons Hg$	0.851
$2H_2O + 2e \rightleftharpoons H_2 + 2OH^-$	-0.8277	$ClO^- + H_2O + 2e \rightleftharpoons Cl^- + 2OH^-$	0.90
$Zn^{2+} + 2e \rightleftharpoons Zn$	-0.763	$2Hg^{2+} + 2e \rightleftharpoons Hg_2^{2+}$	0.907
$Cr^{3+} + 3e \rightleftharpoons Cr$	-0.74	$NO_3^- + 3H^+ + 2e \rightleftharpoons HNO_2 + H_2O$	0.940
$Ni(OH)_2 + 2e \rightleftharpoons Ni + 2OH^-$	-0.720	$NO_3^- + 4H^+ + 3e \rightleftharpoons NO + 2H_2O$	0.960
$Fe(OH)_3 + e \rightleftharpoons Fe(OH)_2 + OH^-$	-0.56	$Br_2(l) + 2e \rightleftharpoons 2Br^-$	1.065
$2CO_2 + 2H^+ + 2e \rightleftharpoons H_2C_2O_4$	-0.49	$Br_2(aq) + 2e \rightleftharpoons 2Br^-$	1.087
$NO_2^- + H_2O + e \rightleftharpoons NO + 2OH^-$	-0.46	$MnO_2 + 4H^+ + 2e \rightleftharpoons Mn^{2+} + 2H_2O$	1.208
$Cr^{3+} + e \rightleftharpoons Cr^{2+}$	-0.440	$O_2 + 4H^+ + 4e \rightleftharpoons 2H_2O$	1.229
$Fe^{2+} + 2e \rightleftharpoons Fe$	-0.409	$Cr_2O_7^{2-} + 14H^+ + 6e \rightleftharpoons 2Cr^{3+} + 7H_2O$	1.33
$Ni^{2+} + 2e \rightleftharpoons Ni$	-0.250	$Cl_2(g) + 2e \rightleftharpoons 2Cl^-$	1.3583
$2SO_4^{2-} + 4H^+ + 2e \rightleftharpoons S_4O_6^{2-} + 2H_2O$	-0.2	$ClO_4^- + 8H^+ + 8e \rightleftharpoons Cl^- + 4H_2O$	1.37
$Sn^{2+} + 2e \rightleftharpoons Sn$	-0.1364	$ClO_3^- + 6H^+ + 6e \rightleftharpoons Cl^- + 3H_2O$	1.45
$Pb^{2+} + 2e \rightleftharpoons Pb$	-0.1263	$ClO_3^- + 6H^+ + 5e \rightleftharpoons \frac{1}{2}Cl_2 + 3H_2O$	1.47
$Fe^{3+} + 3e \rightleftharpoons Fe$	-0.036	$MnO_4^- + 8H^+ + 5e \rightleftharpoons Mn^{2+} + 4H_2O$	1.491
$AgCN + e \rightleftharpoons Ag + CN^-$	-0.017	$Mn^{3+} + e \rightleftharpoons Mn^{2+}$	1.51
$2H^+ + 2e \rightleftharpoons H_2$	0.0000	$MnO_4^- + 4H^+ + 3e \rightleftharpoons MnO_2 + 2H_2O$	1.679
$AgBr + e \rightleftharpoons Ag + Br^-$	0.0713	$Au^+ + e \rightleftharpoons Au$	1.692
$Sn^{4+} + 2e \rightleftharpoons Sn^{2+}$	0.15	$H_2O_2 + 2H^+ + 2e \rightleftharpoons 2H_2O$	1.776
$Cu^{2+} + e \rightleftharpoons Cu^+$	0.158	$S_2O_8^{2-} + 2e \rightleftharpoons 2SO_4^{2-}$	2.01
$ClO_4^- + H_2O + 2e \rightleftharpoons ClO_3^- + 2OH^-$	0.170	$O_3 + 2H^+ + 2e \rightleftharpoons O_2 + H_2O$	2.07
$SO_4^{2-} + 4H^+ + 2e \rightleftharpoons H_2SO_3 + H_2O$	0.20	$O(g) + 2H^+ + 2e \longrightarrow H_2O$	2.421
$AgCl + e \rightleftharpoons Ag + Cl^-$	0.223	$F_2 + 2e \rightleftharpoons 2F^-$	2.87

附录24 难溶电解质的溶度积 (298.2K)

化学式	$K_{sp}^{\ominus}$	化学式	$K_{sp}^{\ominus}$	化学式	$K_{sp}^{\ominus}$
醋酸盐		$AgCl$	1.80×10^{-10}	PbS	3.00×10^{-27}
$Ag(CH_3COO)$	2.00×10^{-3}	Hg_2Cl_2	1.43×10^{-18}	CuS	6×10^{-36}
$Hg_2(CH_3COO)_2$	2.00×10^{-15}	铬酸盐		氢氧化物	
砷酸盐		$CaCrO_4$	6×10^{-4}	$Be(OH)_2$	4×10^{-15}
Ag_3AsO_4	1.12×10^{-22}	$SrCrO_4$	2.2×10^{-9}	$Zn(OH)_2$	2.10×10^{-16}
溴化物		Hg_2CrO_4	2.0×10^{-9}	$Mn(OH)_2$	1.90×10^{-13}
$PbBr_2$	3.9×10^{-5}	$BaCrO_4$	1.17×10^{-10}	$Cd(OH)_2$	5.9×10^{-15}
$CuBr$	5.2×10^{-9}	Ag_2CrO_4	1.12×10^{-12}	$Pb(OH)_2$	8.1×10^{-17}
$AgBr$	4.9×10^{-13}	$PbCrO_4$	1.8×10^{-14}	$Fe(OH)_2$	8×10^{-16}
Hg_2Br_2	5.8×10^{-23}	氰化物		$Ni(OH)_2$(新沉淀)	5.48×10^{-16}
碳酸盐		$AgCN$	2.3×10^{-16}	$Co(OH)_2$	6.00×10^{-15}
$MgCO_3$	1×10^{-5}	氟化物		$SbO(OH)_2$	1×10^{-17}
$NiCO_3$	1.3×10^{-7}	BaF_2	1.05×10^{-6}	$Cu(OH)_2$	2.00×10^{-19}
$CaCO_3$	3.36×10^{-9}	MgF_2	7.10×10^{-9}	$Hg(OH)_2$	4×10^{-26}
$BaCO_3$	4.90×10^{-9}	SrF_2	2.5×10^{-9}	$Sn(OH)_2$	6×10^{-27}
$SrCO_3$	9.3×10^{-10}	CaF_2	3.48×10^{-11}	$Cr(OH)_3$	1.00×10^{-31}
$MnCO_3$	5.0×10^{-10}	ThF_4	4×10^{-20}	$Al(OH)_3$	4.60×10^{-33}
$CuCO_3$	1.46×10^{-13}	磷酸盐		$Fe(OH)_3$	2.79×10^{-39}
$CoCO_3$	1.0×10^{-10}	Li_3PO_4	3×10^{-13}	$Sn(OH)_4$	10^{-56}
$FeCO_3$	3.13×10^{-11}	$Mg(NH_4)PO_4$	3×10^{-13}	$Ba(OH)_2$	2.00×10^{-18}
$ZnCO_3$	1.7×10^{-11}	$AlPO_4$	5.8×10^{-19}	$Sr(OH)_2$	6.4×10^{-3}
Ag_2CO_3	8.1×10^{-12}	$Mn_3(PO_4)_2$	1×10^{-22}	$Ca(OH)_2$	5.07×10^{-6}
$CaCO_3$	3.0×10^{-14}	$Ba_3(PO_4)_2$	3×10^{-23}	Ag_2O	2×10^{-8}
$PbCO_3$	7.40×10^{-14}	$BiPO_4$	1.3×10^{-23}	$Mg(OH)_2$	1.80×10^{-11}
碘化物		$Ca_3(PO_4)_2$	1×10^{-26}	$BiO(OH)_2$	1×10^{-12}
PbI_2	6.5×10^{-9}	$Sr_3(PO_4)_2$	4×10^{-28}	亚硝酸盐	
CuI	1.1×10^{-12}	$Mg_3(PO_4)_2$	1.04×10^{-24}	$AgNO_2$	6.0×10^{-4}
AgI	8.51×10^{-17}	$Pb_3(PO_4)_2$	2.0×10^{-44}	草酸盐	
HgI_2	3×10^{-25}	硫化物		MgC_2O_4	8.50×10^{-5}
Hg_2I_2	5.2×10^{-29}	MnS	3.00×10^{-13}	CoC_2O_4	4×10^{-6}
硫酸盐		FeS	6.0×10^{-18}	FeC_2O_4	2×10^{-7}
$CaSO_4$	4.93×10^{-5}	NiS	3×10^{-19}	NiC_2O_4	1×10^{-7}
Ag_2SO_4	1.58×10^{-5}	ZnS	1.6×10^{-24}	CuC_2O_4	3×10^{-8}
Hg_2SO_4	2.40×10^{-7}	CoS	2×10^{-25}	BaC_2O_4	1.60×10^{-7}
$SrSO_4$	3.0×10^{-7}	Cu_2S	3×10^{-48}	CdC_2O_4	1.51×10^{-8}
$PbSO_4$	2.53×10^{-8}	Ag_2S	6.0×10^{-50}	ZnC_2O_4	2×10^{-9}
$BaSO_4$	1.07×10^{-10}	HgS	4×10^{-53}	$Ag_2C_2O_4$	1.00×10^{-11}
氯化物		Fe_2S_3	1×10^{-39}	PbC_2O_4	3.0×10^{-11}
$PbCl_2$	1.70×10^{-5}	SnS	1.00×10^{-25}	$Hg_2C_2O_4$	1.00×10^{-13}
$CuCl$	1.10×10^{-7}	CdS	8.9×10^{-27}	MnC_2O_4	1×10^{-19}

附录 25　水的饱和蒸气压

温度/℃	饱和蒸气压/kPa	温度/℃	饱和蒸气压/kPa	温度/℃	饱和蒸气压/kPa	温度/℃	饱和蒸气压/kPa
0	0.610	25	3.168	50	12.333	75	38.543
1	0.657	26	3.361	51	12.959	76	40.183
2	0.706	26	3.565	52	13.612	77	41.876
3	0.758	28	3.780	53	14.292	78	43.636
4	0.813	29	4.005	54	14.999	79	45.462
5	0.872	30	4.242	55	15.732	80	47.342
6	0.925	31	4.493	56	16.55	81	49.288
7	1.002	32	4.754	57	17.305	82	51.315
8	1.073	33	5.030	58	18.145	83	53.409
9	1.148	34	5.319	59	19.011	84	55.568
10	1.228	35	5.623	60	19.918	85	57.808
11	1.312	36	5.941	61	20.851	86	60.114
12	1.403	37	6.275	62	21.838	87	62.487
13	1.497	38	6.625	63	22.851	88	64.940
14	1.599	39	6.991	64	23.904	89	67.473
15	1.705	40	7.375	65	24.998	90	70.100
16	1.824	41	7.778	66	26.144	91	72.806
17	1.937	42	8.199	67	27.331	92	75.592
18	2.064	43	8.639	68	28.557	93	78.472
19	2.197	44	9.100	69	29.824	94	81.445
20	2.338	45	9.583	70	31.157	95	84.512
21	2.486	46	10.086	71	32.517	96	87.671
22	2.644	47	10.612	72	33.943	97	90.938
23	2.809	48	11.160	73	35.423	98	94.297
24	2.948	49	11.735	74	36.956	99	97.750

附录 26　水的表面张力

温度/℃	表面张力/10^{-3}N·m^{-1}	温度/℃	表面张力/10^{-3}N·m^{-1}	温度/℃	表面张力/10^{-3}N·m^{-1}
5	74.92	17	73.19	25	71.97
10	74.22	18	73.05	26	71.82
11	74.07	19	72.90	27	71.66
12	73.93	20	72.75	28	71.50
13	73.78	21	72.59	29	71.35
14	73.64	22	72.44	30	71.18
15	73.49	23	72.28	31	70.38
16	73.34	24	72.13	32	69.56

附录 27　水的绝对黏度

单位：mPa·s

温度/℃	0	1	2	3	4	5	6	7	8	9
0	1.787	1.728	1.671	1.618	1.567	1.519	1.472	1.428	1.386	1.346
10	1.307	1.271	1.235	1.202	1.269	1.139	1.109	1.081	1.053	1.027
20	1.002	0.9779	0.9548	0.9325	0.9111	0.8904	0.8705	0.8513	0.8327	0.8148
30	0.7975	0.7808	0.7674	0.7491	0.7340	0.7194	0.7052	0.6915	0.6788	0.6654
40	0.6529	0.6408	0.6291	0.6178	0.6067	0.5960	0.5856	0.5755	0.5656	0.5561

附录 28　常用溶剂的物理常数

溶　剂	沸点(101kPa)/℃	熔点/℃	摩尔质量	密度(20℃)/g·cm⁻³	介电常数	溶解度①/(g/100g水)	闪点/℃
乙醚	35	−116	74	0.71	4.3	6.0	−45
戊烷	36	−130	72	0.63	1.8	不溶	−40
二氯甲烷	40	−95	85	1.33	8.9	1.30	无
二硫化碳	46	−111	76	1.26	2.6	0.29(20℃)	−30
丙酮	56	−95	58	0.79	20.7	∞	−18
氯仿	61	−64	119	1.49	4.8	0.28	无
甲醇	65	−98	32	0.79	32.7	∞	12
四氢呋喃	66	−109	72	0.89	7.6	∞	−14
己烷	69	−95	86	0.66	1.9	不溶	−26
三氟乙酸	72	−15	114	1.49	39.5	∞	无
四氯化碳	77	−23	154	1.59	2.2	0.08	无
乙酸乙酯	77	−84	88	0.90	6.0	8.1	−4
乙醇	78	−114	46	0.79	24.6	∞	13
环己烷	81	6.5	84	0.78	2.0	0.01	−17
苯	80	5.5	78	0.88	2.3	0.18	−11
丁酮	80	−87	72	0.80	18.5	24.0(20℃)	−1
乙腈	82	−44	41	0.78	37.5	∞	6
异丙醇	82	−88	60	0.79	19.9	∞	12
正丁醇	82	26	74	0.78(30℃)	12.5	∞	11
乙二醇二甲醚	83	−58	90	0.86	7.2	∞	1
三乙胺	90	−115	101	0.73	2.4	∞	−7
丙醇	97	−126	60	0.80	20.3	∞	25
甲基环己烷	101	−127	98	0.77	2.0	0.01	−6
甲酸	101	8	46	1.22	58.5	∞	—
硝基甲烷	101	−29	61	1.14	35.9	11.1	−41
1,4-二氧六环	101	12	88	1.03	2.2	∞	12
甲苯	111	−95	92	0.87	2.4	0.05	4
吡啶	115	−42	79	0.98	12.4	∞	23
正丁醇	118	−89	74	0.81	17.5	7.45	29
乙酸	118	17	60	1.05	6.2	∞	40
乙二醇单甲醚	125	−85	76	0.96	16.9	∞	42
吗啉	129	−3	87	1.00	7.4	∞	38
氯苯	132	−46	113	1.11	5.6	0.05(30℃)	29
乙酐	140	−73	102	1.08	20.7	反应	53
二甲苯(混合体)	138~142	13	106	0.86	2	0.02	17
二丁醚	142	−95	130	0.77	3.1	0.03(20℃)	38
均四氯乙烷	146	−44	168	1.59	8.2	0.29(20℃)	无
苯甲醚	154	−38	108	0.99	4.3	1.04	—
二甲基甲酰胺	153	−60	73	0.95	36.7	∞	67

溶　剂	沸点(101kPa)/℃	熔点/℃	摩尔质量	密度(20℃)/g·cm⁻³	介电常数	溶解度①/(g/100g 水)	闪点/℃
二甘醇二甲醚	160	—	134	0.94	—	∞	63
1,3,5-三甲基苯	165	−45	120	0.87	2.3	0.03(20℃)	—
二甲亚砜	189	18	78	1.10	46.7	25.3	95
二甘醇单醚	194	−76	120	1.02	—	∞	93
乙二醇	197	−16 −13	62	1.11	37.7	∞	116
N-甲基-2-吡咯烷酮	202	−24	99	1.03	32.0	∞	96
硝基苯	211	6	123	1.20	34.8	0.19(20℃)	88
甲酰胺	210	3	45	1.13	111	∞	154
六甲基磷酰三胺	233	7	179	1.03	30	∞	—
喹啉	237	−15	129	1.09	9.0	0.6(20℃)	—
二甘醇	245	−7	106	1.11	31.7	∞	143
二苯醚	258	27	170	1.07	3.7(>27℃)	0.39	205
三甘醇	288	−4	150	1.12	23.7	∞	166
四亚甲基砜	287	28	120	1.26(30℃)	43	∞(30℃)	177
甘油	290	18	92	1.26	42.5	∞	177
三乙醇胺	335	22	149	1.12(30℃)	29.4	∞	179
邻苯二甲酸二丁酯	340	−35	278	1.05	6.4	不溶	171

① 除另作注明外，皆为25℃的溶解度，溶解度<0.01 作为不溶解。

附录29　一些液体的蒸气压

化 合 物	25℃时的蒸气压/kPa	温度范围/℃	A	B	C
丙酮	60.370		7.02447	1161.0	224
苯	12.689		6.90565	1211.033	220.790
溴	30.173		6.83298	1133.0	228.0
甲醇	16.852	−20～140	7.87863	1473.11	230.0
甲苯	3.793		6.95464	1344.800	219.482
乙酸	2.078	0～36 36～170	7.80307 7.18807	1651.2 1416.7	225 211
氯仿	30.360	−30～150	6.90328	1163.03	227.4
四氯化碳	15.365		6.83389	1242.43	230.0
乙酸乙酯	12.571	−20～150	7.09808	1238.71	217.0
乙醇	7.507		8.04494	1554.3	222.65
乙醚	71.234		3.78574	994.195	220.0
乙酸甲酯	28.454		7.20211	1232.83	228.0
环己烷		−20～142	6.84498	1203.526	222.86

注：表中所列的各化合物的蒸气压可用下列方程式计算。

$$\lg p = A - B/(C+t)$$

式中，A、B、C 为常数，p 为化合物的蒸气压（mmHg），t 为摄氏温度。

附录 30　不同温度下液体的密度

单位：g·cm^{-3}

温度/℃	水	乙醇	苯	甲苯	汞	丙酮	环己烷	乙酸乙酯	丁醇
5	0.99999	0.80207	—	—	13.58383	0.80696	—	0.9186	0.8204
6	0.99997	0.80123	—	—	13.581	—	0.7906	—	—
7	0.99993	0.80039	—	—	13.578	—	—	—	—
8	0.99988	0.79956	—	—	13.576	—	—	—	—
9	0.99981	0.79872	—	—	13.573	—	—	—	—
0	0.99973	0.79788	0.887	0.875	13.571	0.80139	—	0.9127	—
11	0.99963	0.79704	—	—	13.568	—	—	—	—
12	0.99953	0.79620	—	—	13.566	—	0.7850	—	—
13	0.99941	0.79535	—	—	13.563	—	—	—	—
14	0.99927	0.79451	—	—	13.561	—	—	—	0.8135
15	0.99913	0.79367	0.883	0.870	13.559	0.79579	—	—	—
16	0.99897	0.79283	0.882	0.869	13.556	—	—	—	—
17	0.99880	0.79198	0.882	0.867	13.554	—	—	—	—
18	0.99863	0.79114	0.866	0.866	13.551	—	0.7836	—	—
19	0.99843	0.79029	0.881	0.865	13.549	—	—	—	—
20	0.99823	0.78945	0.879	0.846	13.546	0.79013	—	0.9008	—
21	0.99802	0.78860	0.879	0.863	13.544	—	—	—	—
22	0.99780	0.78775	0.878	0.862	13.541	—	—	—	0.8072
23	0.99757	0.78691	0.877	0.861	13.539	—	0.7736	—	—
24	0.99733	0.78606	0.876	0.860	13.536	—	—	—	—
25	0.99708	0.78522	0.875	0.859	13.534	0.78444	—	—	—
26	0.99681	0.78437	—	—	13.532	—	—	—	—
27	0.99654	0.78352	—	—	13.529	—	—	—	—
28	0.99626	0.78267	—	—	13.527	—	—	—	—
29	0.99598	0.78182	—	—	13.524	—	—	—	—
30	0.99568	0.78097	0.869	0.855	13.522	0.77855	0.7678	0.8888	0.8007

附录 31　常见离子及化合物的颜色

离子及化合物	颜色	离子及化合物	颜色	离子及化合物	颜色
Ag_2O	褐色	$BaSO_4$	白色	Bi_2O_3	黄色
$AgCl$	白色	$BaSO_3$	白色	$Bi(OH)_3$	黄色
Ag_2CO_3	白色	BaS_2O_3	白色	$BiO(OH)$	灰黄色
Ag_3PO_4	黄色	$BaCO_3$	白色	$Bi(OH)CO_3$	白色
Ag_2CrO_4	砖红色	$Ba_3(PO_4)_2$	白色	$NaBiO_3$	黄棕色
$Ag_2C_2O_4$	白色	$BaCrO_4$	黄色	CaO	白色
$AgCN$	白色	BaC_2O_4	白色	$Ca(OH)_2$	白色
$AgSCN$	白色	$CoCl_2 \cdot 2H_2O$	紫红色	$CaSO_4$	白色
$Ag_2S_2O_3$	白色	$CoCl_2 \cdot 6H_2O$	粉红色	$CaCO_3$	白色
$Ag_3[Fe(CN)_6]$	橙色	CoS	黑色	$Ca_3(PO_4)_2$	白色
$Ag_4[Fe(CN)_6]$	白色	$CoSO_4 \cdot 7H_2O$	红色	$CaHPO_4$	白色
$AgBr$	淡黄色	$CoSiO_3$	紫色	$CaSO_3$	白色
AgI	黄色	$K_3[CO(NO_2)_6]$	黄色	$[Co(H_2O)_6]^{2+}$	粉红色
Ag_2S	黑色	$BiOCl$	白色	$[Co(NH_3)_6]^{2+}$	黄色
Ag_2SO_4	白色	BiI_3	白色	$[Co(NH_3)_6]^{3+}$	橙黄色
$Al(OH)_3$	白色	Bi_2S_3	黑色	$[Co(SCN)_4]^{2-}$	蓝色

222

离子及化合物	颜色	离子及化合物	颜色	离子及化合物	颜色
CoO	灰绿色	$[Fe(CN)_6]^{4-}$	黄色	$PbSO_4$	白色
Co_2O_3	黑色	$[Fe(CN)_6]^{3-}$	红棕色	$PbCO_3$	白色
$Co(OH)_2$	粉红色	$[Fe(NCS)_n]^{3-n}$	血红色	$PbCrO_4$	黄色
$Co(OH)Cl$	蓝色	FeO	黑色	PbC_2O_4	白色
$Co(OH)_3$	褐棕色	Fe_2O_3	砖红色	$PbMoO_4$	黄色
$[Cu(H_2O)_4]^{2+}$	蓝色	$Fe(OH)_2$	白色	PbO_2	棕褐色
$[CuCl_2]^-$	白色	$Fe(OH)_3$	红棕色	Pb_3O_4	红色
$[CuCl_4]^{2-}$	黄色	$Fe_2(SiO_3)_3$	棕红色	$Pb(OH)_2$	白色
$[CuI_2]^-$	黄色	FeC_2O_4	淡黄色	$PbCl_2$	白色
$[Cu(NH_3)_4]^{2+}$	深蓝色	$Fe_3[Fe(CN)_6]_2$	蓝色	$PbBr_2$	白色
$K_2Na[Co(NO_2)_6]$	黄色	$Fe_4[Fe(CN)_6]_3$	蓝色	Sb_2O_3	白色
$(NH_4)_2Na[CO(NO_2)_6]$	黄色	HgO	红(黄)色	Sb_2O_5	淡黄色
CdO	棕灰色	Hg_2Cl_2	白黄色	$Sb(OH)_3$	白色
$Cd(OH)_2$	白色	Hg_2I_2	黄色	$SbOCl$	白色
$CdCO_3$	白色	HgS	红或黑	SbI_3	黄色
CdS	黄色	$[Mn(H_2O)_6]^{2+}$	浅红色	$Na[Sb(OH)_6]$	白色
$[Cr(H_2O)_6]^{2+}$	天蓝色	MnO_4^{2-}	绿色	$Sn(OH)Cl$	白色
$[Cr(H_2O)_6]^{3+}$	蓝紫色	MnO_4^-	紫红色	SnS	棕色
CrO_2^-	绿色	MnO_2	棕色	SnS_2	黄色
CrO_4^{2-}	黄色	$Mn(OH)_2$	白色	$Sn(OH)_4$	白色
$Cr_2O_7^{2-}$	橙色	MnS	肉色	TiO_2^{2+}	橙红色
Cr_2O_3	绿色	$MnSiO_3$	肉色	$[V(H_2O)_6]^{2+}$	蓝紫色
CrO_3	橙红色	$MgNH_4PO_4$	白色	$[Ti(H_2O)_6]$	紫色
$Cr(OH)_3$	灰绿色	$MgCO_3$	白色	$TiCl_3 \cdot 6H_2O$	紫或绿
$CrCl_3 \cdot 6H_2O$	绿色	$Mg(OH)_2$	白色	VO^{2+}	蓝色
$Cr_2(SO_4)_3 \cdot 6H_2O$	绿色	$[Ni(H_2O)_6]^{2+}$	亮绿色	V_2O_5	红棕，橙
$Cr_2(SO_4)_3$	桃红色	$[Ni(NH_3)_6]^{2+}$	蓝色	$[V(H_2O)_6]^{3+}$	绿色
$Cr_2(SO_4)_3 \cdot 18H_2O$	紫色	NiO	暗绿色	VO_2^+	黄色
CuO	黑色	NiS	黑色	ZnO	白色
Cu_2O	暗红色	$NiSiO_3$	翠绿色	$Zn(OH)_2$	白色
$Cu(OH)_2$	淡蓝色	$Ni(CN)_2$	浅绿色	ZnS	白色
$Cu(OH)$	黄色	$Ni(OH)_2$	淡绿色	$Zn_2(OH)_2CO_3$	白色
$CuCl$	白色	$Ni(OH)_3$	黑色	ZnC_2O_4	白色
CuI	白色	Hg_2SO_4	白色	$ZnSiO_3$	白色
CuS	黑色	$Hg_2(OH)_2CO_3$	红褐色	$Zn_2[Fe(CN)_6]$	白色
$CuSO_4 \cdot 5H_2O$	蓝色	I_2	紫色	$Zn_3[Fe(CN)_6]_2$	黄褐色
$Cu_2(OH)_2SO_4$	浅蓝色	I_3^-(碘水)	棕黄色	$NaAc \cdot Zn(Ac)_2 \cdot$	黄色
$Cu_2(OH)_2CO_3$	蓝色	$\begin{bmatrix} O \diagdown\diagup^{Hg}_{Hg} \diagdown\diagup NH_2 \end{bmatrix} I$	红棕色	$3UO_2(Ac)_2 \cdot 9H_2O$	
$Cu_2[Fe(CN)_6]$	红棕色			$Na_3[Fe(CN)_5NO] \cdot 2H_2O$	红色
$Cu(SCN)_2$	黑绿色	PbI_2	黄色	$(NH_4)_3PO_4 \cdot 12MoO_3 \cdot$	黄色
$[Fe(H_2O)_6]^{2+}$	浅绿色	PbS	黑色	$6H_2O$	
$[Fe(H_2O)_6]^{3+}$	淡紫色				

内 容 提 要

本书是根据工科院校四大化学实验课程教学的基本要求，结合教学改革成果（教育部世行贷款 21 世纪初高等教育教学改革项目研究成果——21 世纪初一般院校工科人才培养模式改革的研究与实践）编写的。

本书以较短的篇幅融合了原无机化学、有机化学、分析化学和物理化学的实验内容，选取了其中比较具有代表性的实验，使学生既能了解四大化学实验中的经典内容，又能锻炼自己的动手能力和创新能力。本书包括基本知识和基本操作、实验内容、附录三部分，全书共 72 个实验，由基本操作实验、测定实验、制备实验、性质实验、综合性实验和设计性实验六部分组成。为适应 21 世纪初工科院校化学教育发展的需要，本书选取的实验素材与化工生产、生命科学、材料科学以及环境科学密切相关。

本书可作为工科院校化学、化工类专业的本科实验教材，也可供农、林、医等院校的广大师生和相关工作人员参考使用。